高职高专规划教材

工程制图

邢国清 主编　陆家才 主审

化学工业出版社

·北京·

本书根据高职高专教育土建类专业教学指导委员会建筑设备类专业分指导委员会制定的专业培养方案要求，以国家最新标准为基础，系统介绍了画法几何、制图基础、建筑工程施工图、给水排水工程施工图、采暖工程施工图、燃气工程施工图、建筑电气工程施工图。

本书适合高职高专建筑设备类工程技术、供热通风与空调工程技术、建筑电气工程技术、楼宇智能化工程技术、给水排水工程技术、城市燃气工程技术等专业作为制图课程的教材，也可供从事相关专业的工程技术人员参考。

图书在版编目（CIP）数据

工程制图/邢国清主编. —北京：化学工业出版社，2010.8（2024.9重印）
高职高专规划教材
ISBN 978-7-122-09126-0

Ⅰ. 工… Ⅱ. 邢… Ⅲ. 工程制图-高等学校：技术学院-教材 Ⅳ. TB23

中国版本图书馆CIP数据核字（2010）第133692号

责任编辑：王文峡　　文字编辑：项　潋
责任校对：吴　静　　装帧设计：尹琳琳

出版发行：化学工业出版社（北京市东城区青年湖南街13号　邮政编码100011）
印　　装：北京科印技术咨询服务有限公司数码印刷分部
787mm×1092mm　1/16　印张 13½　字数 344 千字　2024年9月北京第1版第3次印刷

购书咨询：010-64518888　　售后服务：010-64518899
网　　址：http://www.cip.com.cn
凡购买本书，如有缺损质量问题，本社销售中心负责调换。

定　　价：45.00元

前　言

本教材是根据教育部《关于进一步加强高等学校本科教学工作的若干意见》和《教育部关于以就业为导向深化高等职业教育改革的若干意见》的精神，结合高职高专院校教学改革的实际经验编写的，同时还编写了与之配套使用的《工程制图习题集》。主要适用于高职高专给水排水工程技术、供暖通风与空调工程技术、建筑设备工程技术、建筑电气工程技术、楼宇智能化工程技术、燃气工程技术等专业教学使用，其他土建类专业，如城市规划、村镇建设等专业也可选用。

本教材编写时，在认真总结、吸取有关高职院校近年来教学改革经验与成果的基础上，精选了本课程的内容和知识。教材具有以下特点：

(1) 根据高职、高专教育的培养目标和特点，贯彻"基础理论教育以应用为目的，以必需、够用为度，以掌握概念、强化应用为教学重点"的原则，在教材内容的选择及课程结构体系方面满足适应高职、高专技术教育的要求，充分体现高职、高专技术教育的特点。

(2) 全面贯彻、采用了现行最新的制图国家标准，强调工程图样的规范性和严肃性。

(3) 在保证能正确、熟练表达工程图样的前提下，适当降低画法几何的难度，并可根据不同专业的教学要求，或选修或删减。

(4) 以增强应用性和注重培养能力与素质为指导，加强实践性教学环节，提高读图能力，培养学生分析和解决实际工程绘图的能力，以适应社会对应用型人才的需求。

(5) 注重基本理论、基本概念和基本方法的阐述，深入浅出、图文结合，理论联系实际，便于教学。

本书由山东城市建设职业学院邢国清担任主编，编写人员有：山东城市建设职业学院刘彬（第一章）、常蕾（第二、三章）、冀翠莲（第四、五章）、焦盈盈（第八章）、董霞（第十三章）、邢国清（绪论、第六、七、九、十、十一章）、张培新（第十二章）。全书由山东城市建设职业学院陆家才担任主审。

本书在编写过程中得到了山东城市建设职业学院有关领导和同志的支持，在此谨向他们表示衷心感谢。

因编者水平有限，书中不当之处在所难免，恳请广大读者提出宝贵意见。

编者

2010年6月

目　录

绪　论

一、本课程的性质和任务

工程制图被喻为“工程界的技术语言”，是研究设计方案、指导和组织施工的重要依据，是进行工程规划、设计和施工不可缺少的工具之一。

工程制图是研究工程图样绘制和识读规律的一门学科，是工程技术人员表达设计意图、交流技术思想、指导生产施工等必须具备的基本知识和技能。

本课程是工科土建类专业的一门实践性很强的技术基础课，其主要任务是培养学生的图示、图解、读图能力和空间想象能力，并掌握一定的绘图技能。

二、本课程的内容和学习方法

1. 课程内容

本课程内容包括以下三部分。

（1）制图基本知识　内容包括：制图工具，仪器及用品的使用和维护，绘图的一般步骤和方法，基本制图标准和几何作图等基本知识。

（2）投影作图　内容包括：投影的基本知识，点、直线、平面的投影，基本几何体的投影及尺寸标注，组合体的投影及尺寸标注，轴测投影，体表面的展开，剖面图、断面图等。

（3）专业制图　内容包括：建筑工程施工图、给水排水工程施工图、采暖工程施工图、燃气工程施工图、电气工程施工图。

2. 学习方法

① 要深刻理解和掌握基本概念、投影规律和基本作图方法，必须认真听课和反复练习。只有通过反复练习，巩固所学的知识，才能不断地提高空间想象能力和读图能力。

② 要熟记制图标准，并通过反复的绘图训练，不断提高绘图能力和绘图质量。

③ 工程制图要求完整、正确和严密，图中任何细小的错误、忽略或多余都会给工程建造带来严重的损失，所以制图是一项非常细致的技术工作，需要有耐心和细致的工作态度与高度认真负责的工作精神。

第一章 制图基本知识

第一节 建筑制图国家标准

工程图样是工程界的技术语言。为了统一图样的画法，便于技术交流，适应工程建设的需要，就必须在制图格式、内容和表达方法等方面有统一的标准。《房屋建筑制图统一标准》(GB/T 50001—2001) 是房屋建筑制图的基本规定，是各专业制图的通用部分，自2002年3月1日起施行。

本节参照《房屋建筑制图统一标准》(GB/T 50001—2001)，主要介绍图纸幅面规格、图线、字体、比例、尺寸标注等制图标准，其他标准规定在后面有关章节中介绍。

一、图纸幅面规格

图纸幅面是指图纸的大小。绘制图样时，图纸应采用表1-1中规定的幅面尺寸。

表 1-1 图纸的幅面及图框尺寸表 mm

尺寸代号	图幅代号				
	A0	A1	A2	A3	A4
$b\times l$	841×1189	594×841	420×594	297×420	210×297
c	10			5	
a	25				

如图纸幅面不够，在必要时可将图纸的长边加长，但短边不得加长。其加长尺寸应符合表1-2的规定。

表 1-2 图纸长边加长尺寸 mm

幅面代号	长边尺寸	长边加长后尺寸
A0	1189	1486 1635 1783 1932 2080 2230 2378
A1	841	1050 1261 1471 1682 1892 2102
A2	594	743 891 1041 1189 1338 1486 1635 1783 1932 2080
A3	420	630 841 1051 1261 1471 1682 1892

图纸以短边作为垂直边称为横式，以短边作为水平边称为立式，一般A0～A3图纸宜作横式使用；必要时，也可作立式使用（图1-1）。图纸的裁切见图1-2。

二、图框线

图纸上限定绘图区域的线框称为图框。图框线用粗实线绘制，图框线的位置见图1-1。

三、标题栏与会签栏

每张图纸都应在图框右下角设置标题栏（简称图标），用以填写设计单位名称、工程名称、图名、图号、设计编号以及设计人、制图人、校对人、审核人的签名和日期等。标题栏应根据工程需要选择确定其尺寸、格式及分区，一般按图1-3所示的格式绘制。

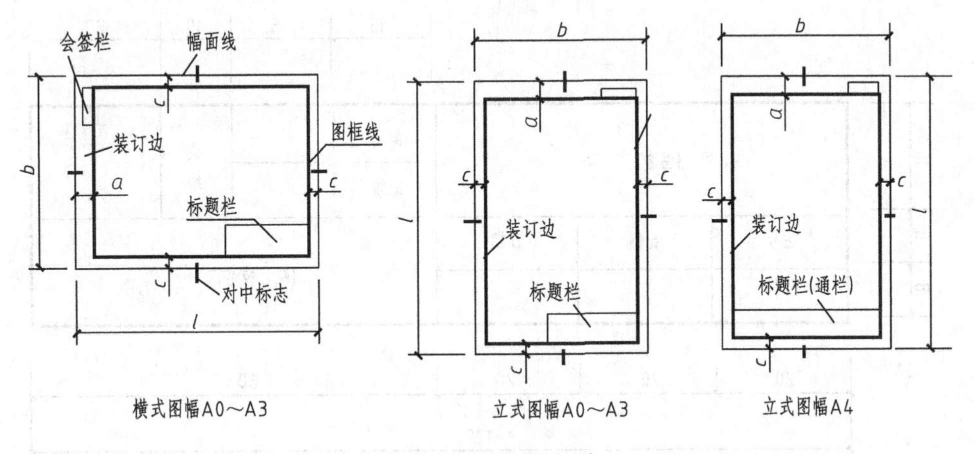

图 1-1　图纸幅面规格

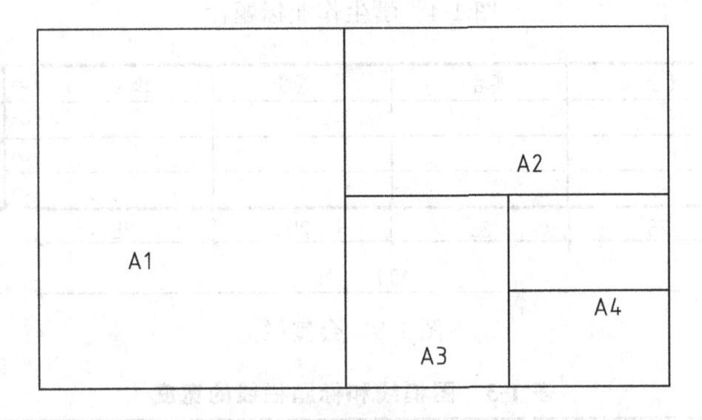

图 1-2　图纸的裁切

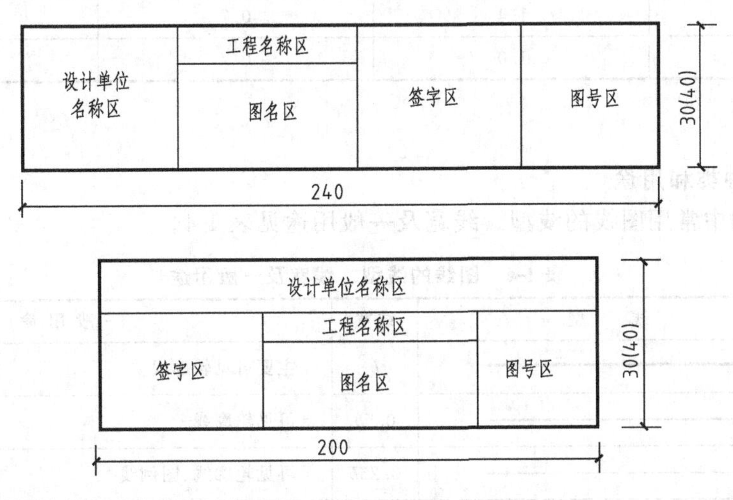

图 1-3　标题栏

学生制图作业所用的标题栏，可采用图 1-4 所示的格式。

除图标外，建筑工程图在图框线外左上角，尚应绘出会签栏，作为图纸会审后签名用。会签栏的格式如图 1-5 所示。不需会签的图纸，可不设会签栏。

图纸的标题栏、会签栏及装订边的位置，应按图 1-1 所示的形式布置。对中标志应画在图纸各边长的中点处，线宽 0.35mm，伸入框内 5mm。图纸的图框线和标题栏线的宽度，可根据图纸幅面的大小按表 1-3 选用。

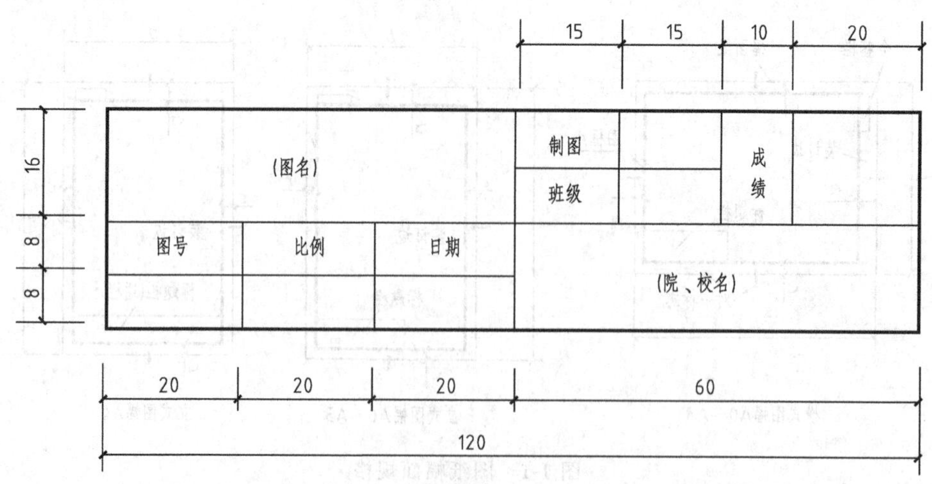

图 1-4 学生作业标题栏

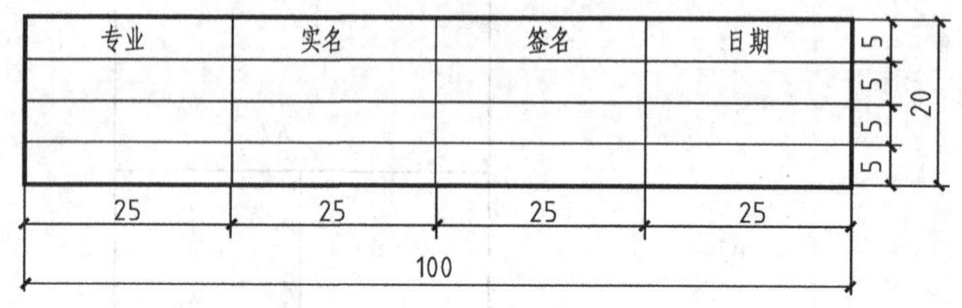

图 1-5 会签栏

表 1-3 图框线和标题栏线的宽度

mm

图纸幅面	图框线	图标外框线	图标分格线、会签栏线
A0、A1	1.4	0.7	0.35
A2、A3、A4	1.0	0.7	0.35

四、图线

1. 图线的种类和用途

建筑工程图中常用图线的线型、线宽及一般用途见表 1-4。

表 1-4 图线的线型、线宽及一般用途

名称		线型	线宽	一般用途
实线	粗	————————	b	主要可见轮廓线
	中	————————	$0.5b$	可见轮廓线
	细	————————	$0.25b$	可见轮廓线、图例线
虚线	粗	----------------	b	见有关专业制图标准
	中	----------------	$0.5b$	不可见轮廓线
	细	----------------	$0.25b$	不可见轮廓线、图例线
单点长画线	粗	——·——·——	b	见有关专业制图标准
	中	——·——·——	$0.5b$	见有关专业制图标准
	细	——·——·——	$0.25b$	中心线、对称线

续表

名称		线　型	线宽	一般用途
双点长画线	粗	 ——-··-——-··-——	b	见有关专业制图标准
	中	——-··-——-··-——	$0.5b$	见有关专业制图标准
	细	 ——-··-——-··-——	$0.25b$	假想轮廓线、成型前原始轮廓线
折断线		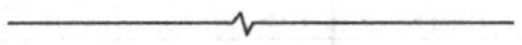 ——\/——	$0.25b$	断开界线
波浪线		 ～～	$0.25b$	断开界线

2. 图线的画法要求

① 在《房屋建筑制图统一标准》(GB/T 50001—2001) 中规定，图线的宽度 b，宜从下列线宽系列中选取：2.0mm、1.4mm、1.0mm、0.7mm、0.5mm、0.35mm。画图时，每个图样应根据复杂程度与比例大小，先确定基本线宽 b 为粗线，中线为 $0.5b$，细线为 $0.25b$。粗、中、细形成一组，称为线宽组，见表1-5。

表 1-5　线宽组　mm

线宽比	线宽组					
b	2.0	1.4	1.0	0.7	0.5	0.35
$0.5b$	1.0	0.7	0.5	0.35	0.25	0.18
$0.25b$	0.5	0.35	0.25	0.18	—	—

注：1. 需要缩微的图纸，不宜采用 0.18mm 及更细的线宽。
2. 同一张图纸内，各不同线宽中的细线，可统一采用较细的线宽组的细线。

② 同一张图纸内，相同比例的各图样应选用相同的线宽组。

3. 画线时应注意的事项

① 相互平行的图线，其间隔不宜小于其中的粗线宽度，且不宜小于 0.7mm。

② 虚线、单点长画线或双点长画线的线段长度和间隔，宜各自相等。

③ 单点长画线或双点长画线的两端，不应是点。点画线与点画线相交或点画线与其他图线相交时，应是线段相交。

④ 单点长画线或双点长画线在较小的图形中绘制有困难时，可用实线代替。

⑤ 虚线与虚线交接或虚线与其他线相交时，应是线段相交。虚线是实线的延长线时，不得与实线连接。

⑥ 图线不得与文字、数字或符号重叠、混淆，不可避免时，图线可断开，以保证字的清晰。

各种图线的画法见表 1-6。

表 1-6　各种图线的画法

注意事项	正确画法	错误画法
两实线、两虚线或实线与虚线相交时，应交在线段处。相交处不得留有缝隙	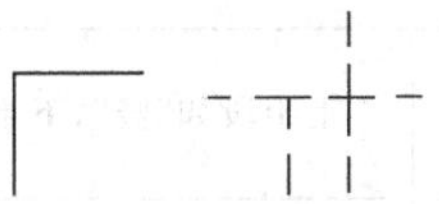	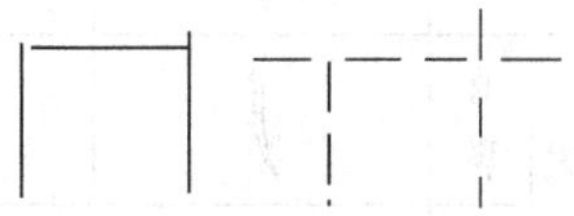
点画线与其他图线相交，不应交于点画线的点处，应交在画处	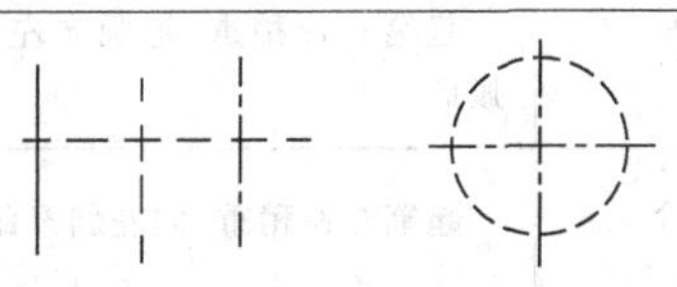	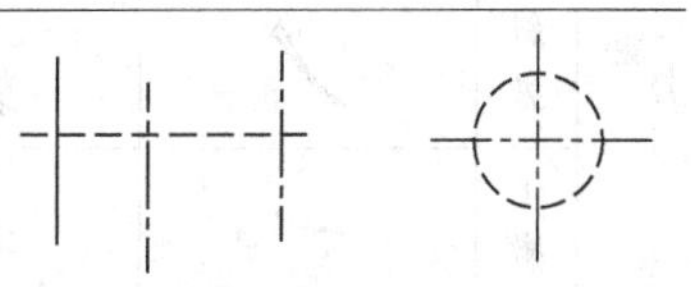

续表

注意事项	正确画法	错误画法
虚线为实线的延长线时，应留有空隙		
圆的中心线用细点画线绘制，两端应超出圆周 3～5mm，图形较小时，点画线可用细实线	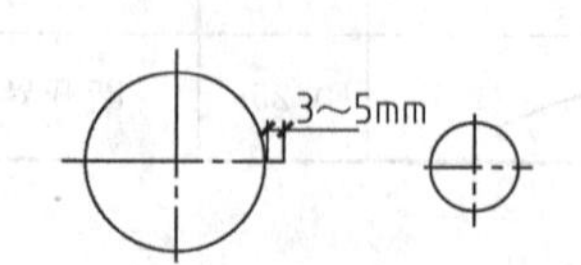	 

五、字体

在工程图样中，经常要用文字说明各部分尺寸和技术要求。工程图上书写的文字、数字或符号等均应笔画清晰、字体端正、间隔均匀、排列整齐，标点符号应清楚正确。

字号即字高，常用的字号有：2.5mm、3.5mm、5mm、7mm、10mm、14mm、20mm，如需书写更大的字，其高度按$\sqrt{2}$的比值递增。

1. 汉字

图样中的汉字，宜采用长仿宋体，并应采用国家规定的简化字。长仿宋体汉字的宽度与高度的比例为 2∶3，如表 1-7 所示。长仿宋体汉字的高度不应小于 3.5mm。

表 1-7　长仿宋体字高宽的关系　mm

字高	20	14	10	7	5	3.5
字宽	14	10	7	5	3.5	2.5

汉字的基本笔画有点、横、竖、撇、捺、挑、钩、折。长仿宋体字的基本笔画见表1-8，其起笔和落笔处，要有钝笔或笔锋。练习时除注意写好基本笔画外，还要仔细分析字体结构特点，合理安排其各部分所占的比例和位置（表 1-8），使写出的字匀称美观。练写长仿宋字的要领是“满、锋、匀、劲”，“满”指充满方格；“锋”指笔端钝笔或做锋；“匀”指结构匀称；“劲”指竖直横平（横宜微向上倾）。长仿宋体字例如图 1-6 所示。

表 1-8　长仿宋体字的基本笔画

笔画名称		笔画形状	笔画	运笔说明	字型
横				起笔有尖锋，笔画均匀，平直，末端略向上方抬起，落笔稍重呈三角形	工　上
竖				起笔有尖锋，笔画均匀垂直，落笔稍重呈三角形	十　中
撇	直撇			上半段如“竖”，下半段略向左弯渐细尖	月　厂
	斜撇			起笔有锋稍重，笔画向左下方斜渐尖细，微似弧形	大　方
	平撇			起笔有锋稍重，向左斜渐细	毛　利

续表

笔画名称		笔画形状	笔画	运笔说明	字型
捺	斜捺			起笔轻细，挺劲渐粗，捺笔重而平尖	木　是
	平捺			起笔平弯，要挺直略向下斜，捺笔如同斜捺	建　造
点	一、二			起笔尖细，落笔稍重呈三角形	寸　宁
	三、四			起笔尖细，而后稍重，回笔中间轻挑尖	光　雨
挑	挑点			起笔如“点”的三、四，回笔中间向右上挺进挑尖	江　决
	平挑			起笔粗略，微向上斜，挺挑渐细尖	技　地
钩	直钩			“竖”下端接钩	制　村
	弯钩			起笔尖细，略向右弯，下粗，下端接钩	学　部
	弯钩			起笔如“竖”同，钩尖垂直	民　心
	平钩			起笔如“竖”，略向上斜，笔画粗细一致，角成弧形，钩尖垂直	北　老
折	折钩			似为“横”和“直钩”所构成，但笔画挺劲，略向左斜	为　局
	直折			为“横”和“竖”所构成	国　囱

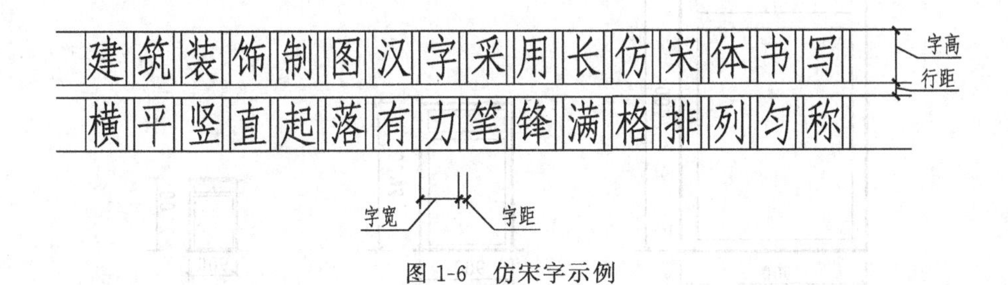

图 1-6　仿宋字示例

2. 数字和字母

数字和字母在图样上可写成直体和斜体两种，但在同一张图纸上必须统一。如需写成斜体字，其斜度应是从字的底线逆时针向上倾斜 75°。斜体字的高度与宽度应与相应的直体字相等，如图 1-7 所示。在汉字中的拉丁字母、阿拉伯数字或罗马数字，其字高宜比汉字字高小一号，但应不小于 2.5mm。

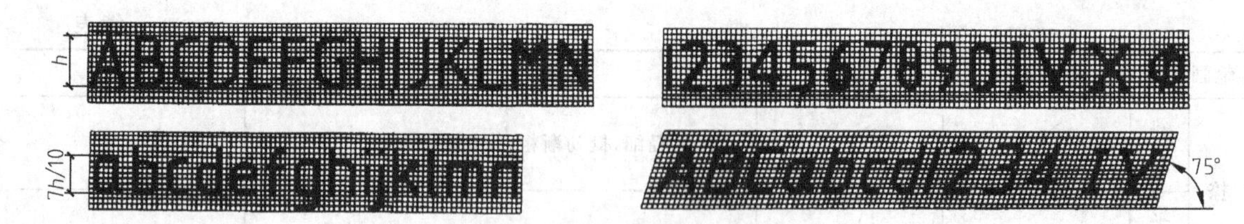

图 1-7 数字和字母示例

六、比例

图样的比例，应为图形与实物相对应的线性尺寸之比。比例的大小，是指比值的大小，如图样上某线段长为 10mm，而实物上与其相对应的线段长也是 10mm 时，比例等于 1∶1；若图样上某线段长为 10mm，而实物上与其对应的线段长为 1000mm 时，则比例等于 1∶100。

比例应以阿拉伯数字表示，如 1∶1、1∶5、1∶100 等。比例应注写在图名的右侧，字的基准线应取平，比例的字高宜比图名的字高小一号或两号，如图 1-8 所示。

平面图 1:100 (5) 1:20

图 1-8 比例的注写位置

绘图所用比例，应根据图样的用途与被绘对象的复杂程度从表 1-9 中选用，并应优先选用常用比例。

表 1-9 绘图所用比例

常用比例	1∶1 1∶2 1∶5 1∶10 1∶20 1∶50 1∶100 1∶150 1∶200 1∶500 1∶1000 1∶2000 1∶5000 1∶10000 1∶20000 1∶50000 1∶100000 1∶200000
可用比例	1∶3 1∶4 1∶6 1∶15 1∶25 1∶30 1∶40 1∶60 1∶80 1∶250 1∶300 1∶400 1∶600

用不同的比例画出的门的外形如图 1-9 所示。

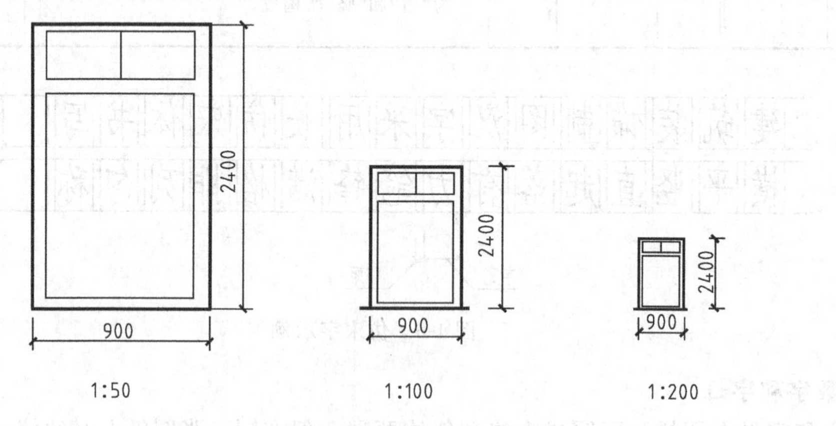

图 1-9 用不同的比例画出的门的外形

七、尺寸标注

图纸上的图形仅表达物体的形状，而物体各部分的具体位置和大小，必须由图上标注的尺寸来确定。图中的尺寸数值，表明物体的真实大小，与绘图时所采用的比例无关。尺寸是施工的重要依据，应注写准确、清晰、整齐。

1. 尺寸标注的组成

尺寸标注由尺寸界线、尺寸线、尺寸起止符号和尺寸数字组成，如图 1-10 所示。

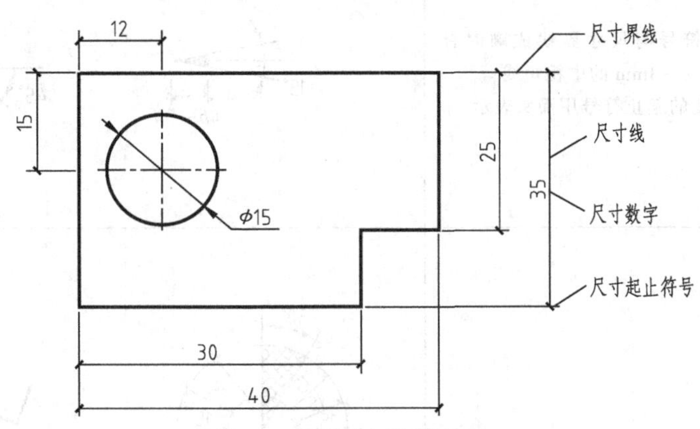

图 1-10　尺寸标注的组成

(1) 尺寸界线　确定标注尺寸的范围，与所标注线段垂直，用细实线绘制。

(2) 尺寸线　与所标注尺寸部位轮廓线相平行，且垂直于尺寸界线，表示标注尺寸的方向，用细实线绘制。

(3) 尺寸起止符号　尺寸线与尺寸界线的交点为尺寸起止点，用尺寸起止符号表示。尺寸起止符号用中粗短线绘制，方向为尺寸界线顺时针转 45°，其长度约 2～3mm。

(4) 尺寸数字　图样上所注尺寸数值是物体的真实大小，与画图时所用比例无关。除标高和总平面图以米（m）为单位外，其余一律以毫米（mm）为单位，且数字后不必带单位。

2. 标注尺寸的方法

标注尺寸的方法见表 1-10。

表 1-10　标注尺寸的方法

内容	说　明	画法示例
尺寸界线	1. 尺寸界线与被注线段垂直，其一端离开图形轮廓线不小于 2mm，另一端超出尺寸线 2～3mm 2. 图形的轮廓线和中心线可用作尺寸界线 3. 总尺寸的尺寸界线应靠近所指部位，中间的分尺寸界线可稍短，但其长度应相等	10　10　10　20　2～3mm　≥2mm
尺寸线	1. 尺寸线应与被标注线段平行，且不得超出尺寸界线 2. 图形的轮廓线和中心线不得用作尺寸线 3. 尺寸线到轮廓线的距离不宜小于 10mm；平行排列的尺寸线之间的距离宜为 7～10mm 4. 相互平行的尺寸，应小尺寸在内，大尺寸在外	(a)正确画法　(b)错误画法

续表

内容	说明	画法示例
尺寸起止符号	1. 尺寸起止符号与尺寸界线成顺时针45°倾斜，长度为2～3mm的中粗短线 2. 半径与角度的起止符号用箭头表示	≥15° 4b～5b 45° 长2～3mm
尺寸数字	1. 线性尺寸的尺寸线为水平方向时数字字头朝上，竖直方向的尺寸数字字头朝左。倾斜时应按图(a)所示的方向标注，并尽量避免在图示30°范围内标注尺寸，当无法避免时，可按图(b)的形式标注	(a)尺寸线倾斜时数字的斜线区注写方向　(b)尺寸线在30°内时的注写方法 (a)正确标注　(b)错误标注
	2. 线性尺寸的数字应依据读数方向注写在尺寸线的上方中部，如没有足够的注写位置，最外边的可注在尺寸界线的外侧，中间相邻的尺寸数字可错开注写，也可引出注写	正确注法
	3. 任何图线不得与尺寸数字相交，无法避免时，应将图线断开	(a)正确画法　(b)错误画法

续表

内容	说　明	画法示例
直径与半径	1. 标注圆的直径时，直径数字前加符号“ϕ”，标注半径时，加符号“R” 2. 标注直径的尺寸线应经过圆心，两端画箭头指向圆弧。半径的尺寸线，一端从圆心开始，另一端画箭头指至圆弧 3. 较大和较小的直径和半径按图示标注	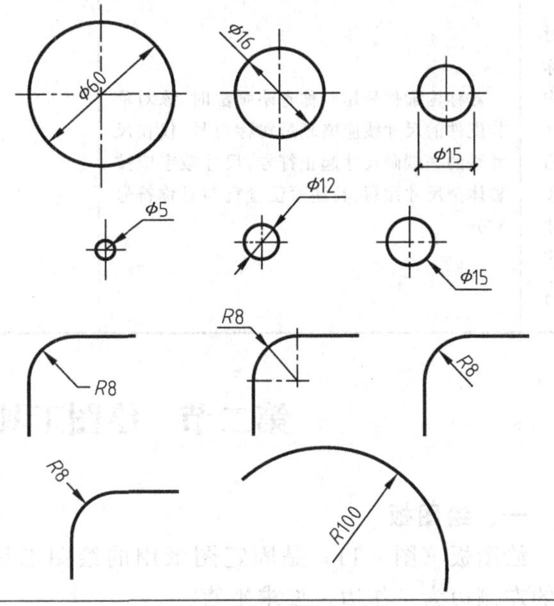 ϕ60　ϕ16　ϕ15　ϕ5　ϕ12　ϕ15　R8　R8　R8　R8　R100
坡度	坡度的符号是单箭头，箭头指向下坡方向。坡度也可用直角三角形的形式标注	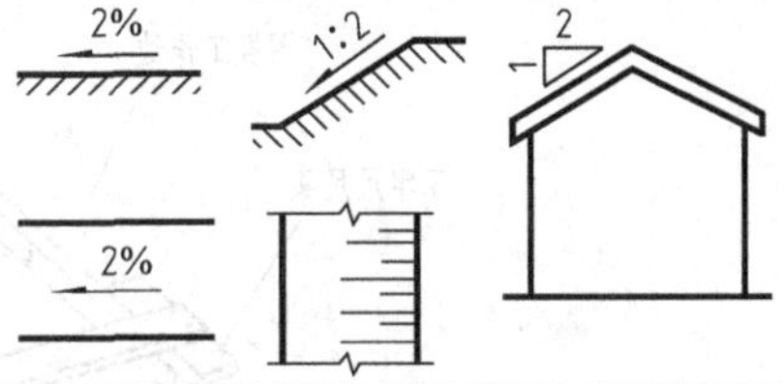 2%　1:2　2　1　2%
角度、弧长	1. 角度的尺寸线应以圆弧线表示，角的两个边为尺寸界线，起止符号用箭头表示，如没有足够的位置，可用圆点代替，角度数字应水平方向注写 2. 弧的尺寸线为该圆弧同心的圆弧，尺寸界线应垂直该圆弧的弦，起止符号用箭头表示，在弧长数字上方加注弧线	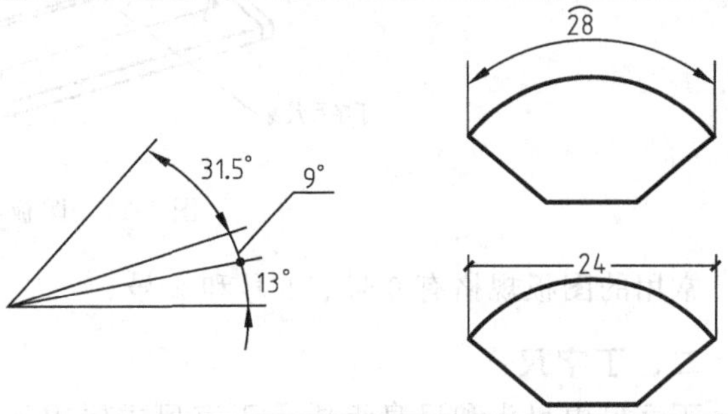 31.5°　9°　13°　$\overset{\frown}{28}$　24
尺寸的简化画法	1. 杆线或管线的长度，直接将尺寸数字写在杆线或管线的一侧 2. 连续排列的等长尺寸，可用“个数×等长尺寸＝总尺寸”的形式标注 3. 构配件内的构造要素如相同，可仅标注其中一个要素的尺寸	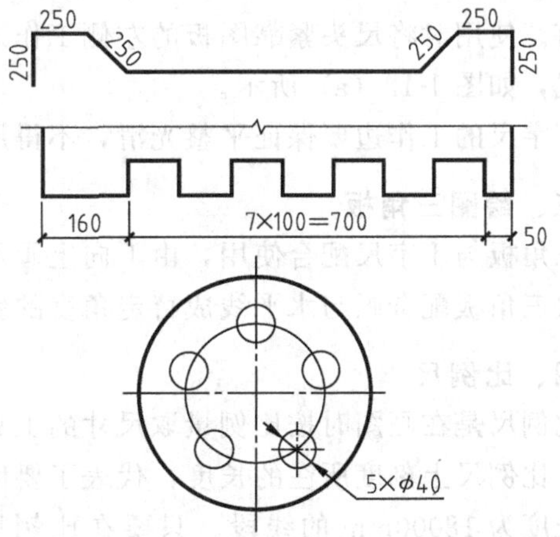 250　250　250　250　250　250　160　7×100=700　50　5×ϕ40

续表

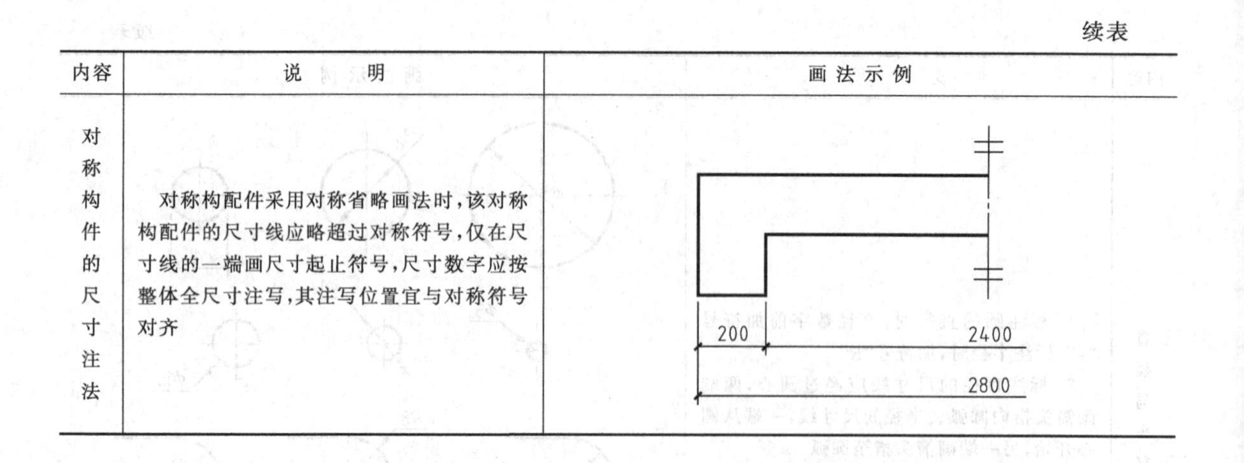

内容	说 明	画 法 示 例
对称构件的尺寸注法	对称构配件采用对称省略画法时，该对称构配件的尺寸线应略超过对称符号，仅在尺寸线的一端画尺寸起止符号，尺寸数字应按整体全尺寸注写，其注写位置宜与对称符号对齐	

第二节　绘图工具、仪器及用品

一、绘图板

绘图板（图 1-11）是固定图纸用的绘图工具，因此，要求图板的表面平整、光滑。图板的左侧边为工作边，要求平直。

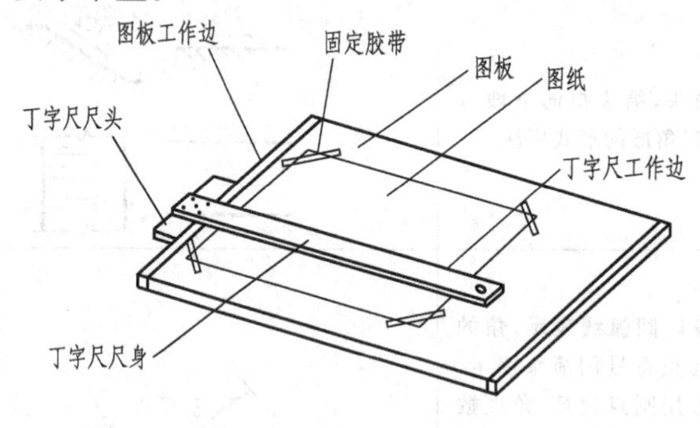

图 1-11　图板与丁字尺

常用的图板规格有 0 号、1 号和 2 号。

二、丁字尺

丁字尺由尺头和尺身组成。丁字尺主要用于画水平线。尺身有刻度的一边为工作边，必须平直。使用时将尺头紧靠图板的左侧工作边，上下移动丁字尺，自左向右画出不同位置的水平线，如图 1-12（a）所示。

丁字尺的工作边要保证平整光滑，不得用利器刻、割、划。

三、绘图三角板

三角板与丁字尺配合使用，由下向上画不同位置的垂直线，如图 1-12（b）所示。也可和两块三角板配合画与水平线成特定角度的斜线。

四、比例尺

比例尺是在画图时按比例量取尺寸的工具。常用的比例尺有三棱柱和直尺状，如图1-13所示。比例尺上刻度所注的长度，代表了要度量的实物的长度。如图 1-13 中以 1∶500 的比例画长度为 18000mm 的线段，只要在比例尺 1∶500 的刻度面上直接量取 18m 就可以绘

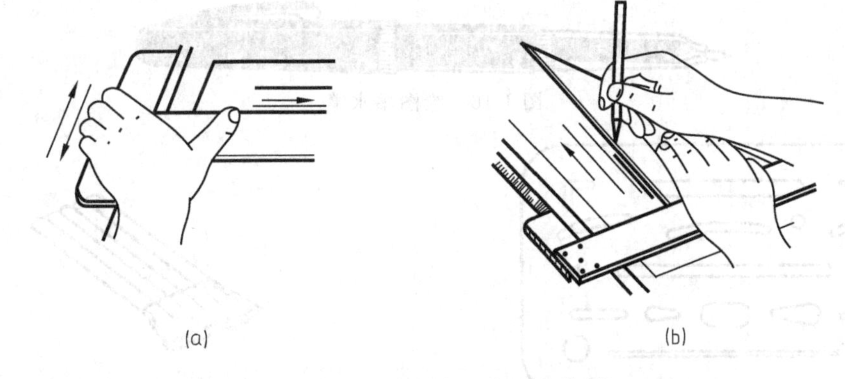

图 1-12　丁字尺与三角板的使用

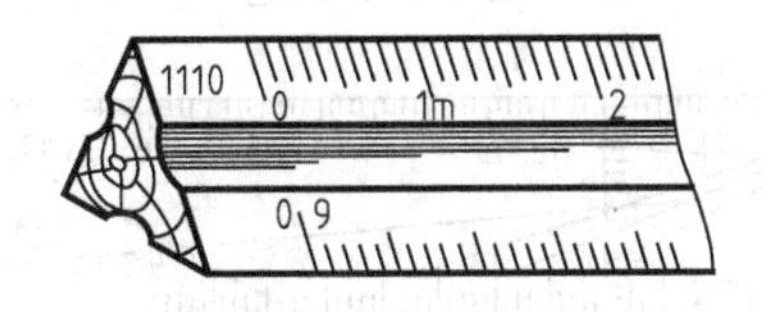

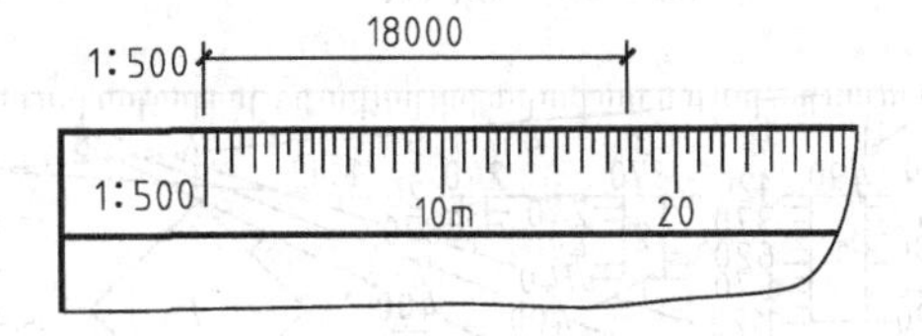

图 1-13　比例尺

图了。

五、圆规

圆规是画圆的工具。在画圆时，应使圆规按顺时针方向转动。转动时圆规可稍向画线方向倾斜，画大圆时，应使圆规两脚都大致与纸面垂直，如图 1-14 所示。

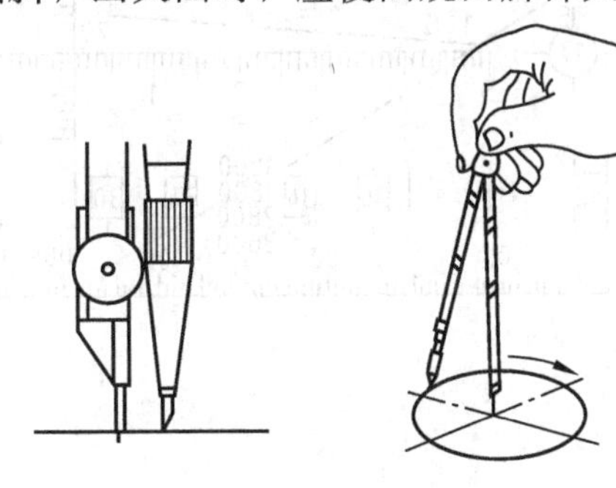

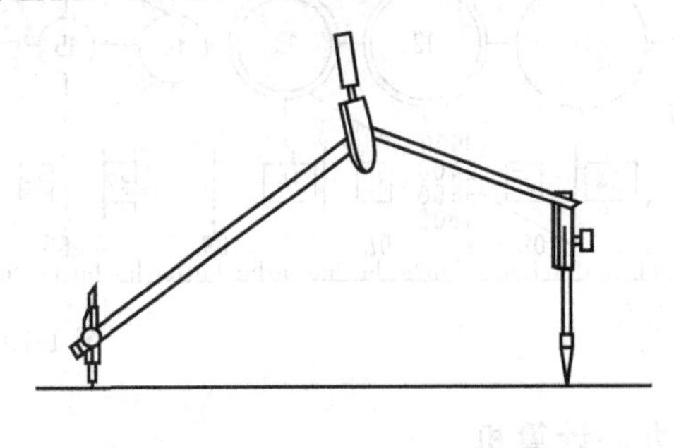

图 1-14　圆规的用法

六、铅笔

铅笔是画线用的工具。铅笔的铅芯有不同的软硬度。常用 H、2H 铅笔画底稿，用 HB、B 加深图线。铅芯的长度与形状如图 1-15 所示。

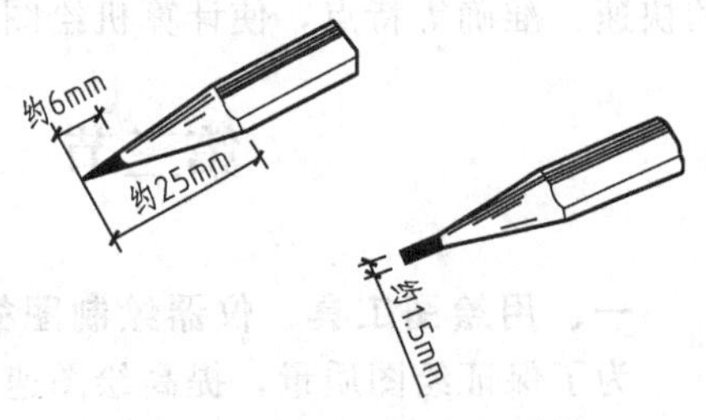

图 1-15　铅芯的长度与形状

七、绘图墨水笔

绘图墨水笔如图 1-16 所示，是画墨线图的工具。针管直径有粗细不同的规格。

八、其他用品

除了以上介绍的绘图工具和仪器用品外，绘图常用的还有分规、曲线板、建筑模板、擦图片、绘图墨水等，如图 1-17～图 1-19 所示。

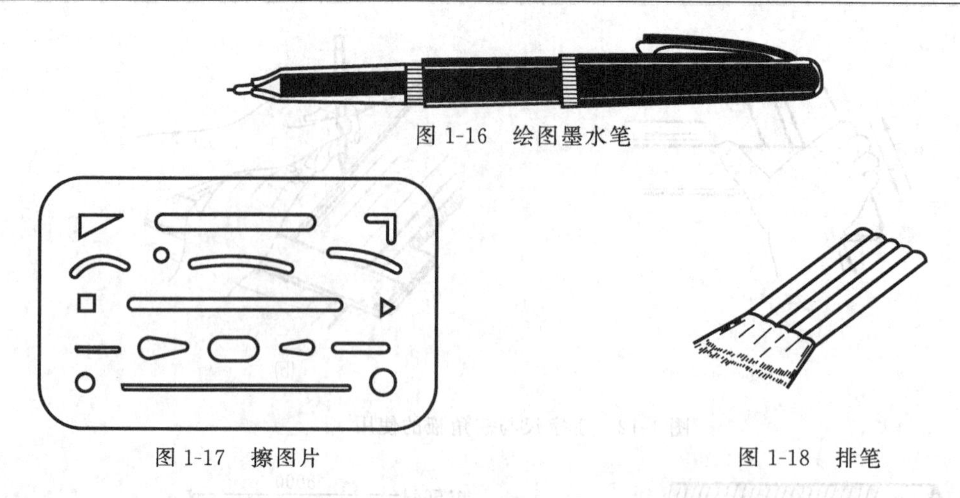

图 1-16 绘图墨水笔

图 1-17 擦图片

图 1-18 排笔

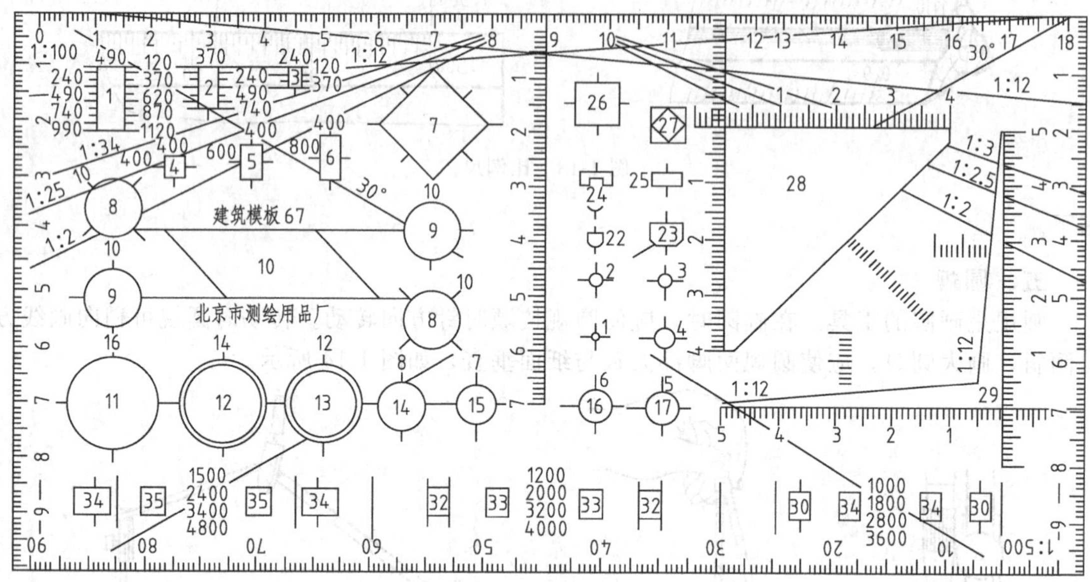

图 1-19 建筑模板

九、计算机

前面介绍的绘图工具都是传统的手工绘图的常用工具。随着计算机的普及，计算机绘图的快速、准确等特点，使计算机绘图逐渐取代了传统的手工绘图。

第三节 绘图的一般方法与步骤

一、用绘图工具、仪器绘制图样

为了保证绘图质量，提高绘图速度，除正确使用绘图仪器、工具和严格遵守有关的建筑制图国家标准外，还需要按照一定的程序、正确的绘图步骤进行。

1. 准备工作

① 熟悉所绘图样，对作业的内容、目的、要求要了解清楚。

② 准备好必要的制图仪器、工具和用品，并把图板、丁字尺、三角板等擦拭干净，洗净双手。

③ 选好图纸，鉴别图纸的正反面，可用橡皮在纸边擦拭，不易起毛的面为正面。

④ 将图纸按规定大小裁切后用胶带纸固定在图板上，位置要适当。固定时，应使图纸的上边对准丁字尺的上边缘，然后下移使丁字尺的上边缘对准图纸的下边。最好使图纸的下边与图板的下边保持大于一个丁字尺宽度的距离。

2. 画底稿

（1）画底稿的步骤

① 按国标规定，将图框线及标题栏的位置画好。

② 依据所画图形的大小、多少及复杂程度选择好比例，然后安排好各图形的位置，定好图形的中心线或基线。图面布置要适中、匀称。

③ 首先画图形的主要轮廓线，然后由大到小，由外到里，由整体到细部，完成图形所有轮廓线。

④ 画出尺寸线和尺寸界线等。

⑤ 检查修正底稿，擦去多余线条。

（2）画底稿注意事项

① 采用 H、2H、3H 的铅笔画底稿，所有的线应轻、淡、细、准，不要重复描绘，以目光能辨认即可。

② 对有错误或过长的线条，不必立即擦除，可标以记号，待整个图样绘制完成后，再用橡皮、擦图片擦除。

③ 为了保持图面干净，在作图时，可用白纸覆盖，只露出所要画的部分。

3. 铅笔加深

（1）铅笔加深的步骤

① 加深图线时，一般是先曲线，再直线，后斜线；各类图线的加深顺序为细点画线、细实线、粗实线、粗虚线。

② 同类图线其粗细、深浅要保持一致，按照水平线从上到下、垂直线从左到右的顺序依次完成。

③ 最后画出起止符号，注写尺寸数字、说明，填写标题栏，加深图框线。

（2）铅笔加深的注意事项

① 加深粗线的铅笔宜选用 B、2B，加深细实线的铅笔宜用 H、HB，写字的铅笔用 H 或 HB。加深圆或圆弧时所用的铅芯，应比加深同类直线所用的铅芯软一号。

② 加深粗实线时，要以底稿线为中心线，以保持图形的准确性。

③ 要勤修削铅笔，用力要均匀，粗实线或圆弧可重复几次画成。

④ 修正铅笔加深图，可用擦图片配合橡皮进行，尽量缩小擦拭的面积，以免损坏图纸。

4. 描图

建筑工程在施工过程中，往往需要多份图纸，这些图纸通常采用描图和晒图的方法进行复制。描图就是用墨线把图样描绘在描图纸（也称硫酸纸）上，它是用来复制直接指导生产的施工图的底图。

描图的步骤与铅笔加深的顺序相同，同一粗细的线要尽量一次画出，以便提高描图的效率。

描图注意事项如下：

① 描图时，图板要放平，墨水瓶千万不可放在图板上，以免翻倒弄污图纸。手和用具一定要保持清洁。

② 描图时，每画完一条线一定要等墨水干透再画，否则容易弄脏图面。

③ 描图时，若画错或有墨污，一定要等墨迹干后再修改。修改时，可用双面刀片轻轻地将画错的线或墨污刮掉。刮时，要将图纸放平，力量轻而均匀。千万不要着急，以免刮破描图纸。刮过的地方用软橡皮擦净并压平后重描。

二、徒手作图

徒手作出的图称为草图。草图是工程技术人员表达新的构思、拟定设计方案、创作、现场参观记录及交谈等的有力工具。工程技术人员应熟练掌握徒手作图的技能。

徒手作图同样有一定的作图要求，即布图、图线、比例、尺寸大致合理，但不潦草。

徒手作图，可以使用钢笔、铅笔等画线工具。选用铅笔最好选软一些的，一般选用 B 或 2B 的，铅笔削长一点，笔芯不要过尖，要圆滑些。

徒手作图要手眼并用，作垂直线、等分线段或圆弧、截取相等的线段等，都要靠眼睛目测、估计决定。

1. 直线的画法

画直线时，要注意执笔方法。画短线时，用手腕运笔；画长线时，用整个手臂动作。

画水平线时，铅笔要放平些。画长水平线可先标出直线两端点，掌握好运笔方向，眼睛此时不要看笔尖，要盯住终点，用较快的速度轻轻地画出底线。加深底线时，眼睛要盯住笔尖，沿底线画出直线并改正底线不平滑之处，如图 1-20（a）所示。画竖线和斜线时，铅笔要竖高些，画法与画水平线的方法相同，如图 1-20（b）、（c）所示。

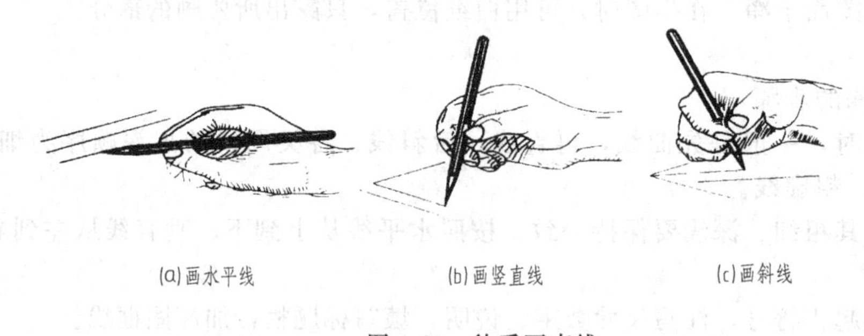

图 1-20　徒手画直线

2. 角度的画法

画角度时，先画出互相垂直的两相交直线，交点为 O，如图 1-21（a）所示，在两相交直线上适当截取相同的尺寸，并各标出一点，徒手作出圆弧，如图 1-21（b）所示。若需画出 45°角，则取圆弧的中点与两直线交点 O 的连线，即得连线与水平线间的夹角为 45°，如图 1-21（c）所示。若画 30°角与 60°角时，则把圆弧作三等分。自第一等分点起与交点 O 连线，即得连线与水平线间的夹角为 30°角；第二等分点与交点 O 连线，即得连线与水平线间的夹角为 60°角，如图 1-21（d）所示。

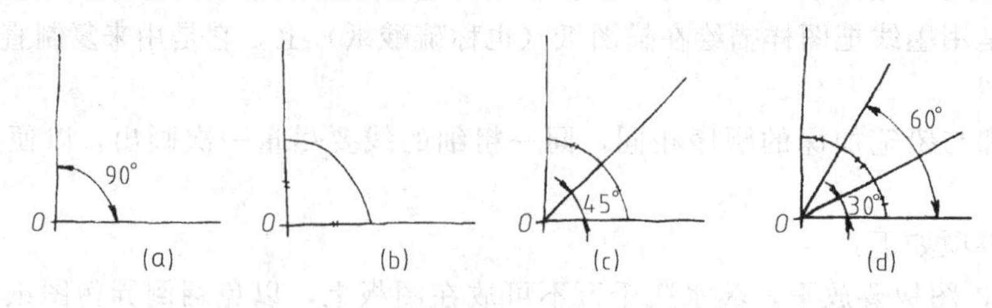

图 1-21　徒手画角度

3. 圆的画法

画圆时，先画出互相垂直的两直线，交点 O 为圆心，如图 1-22（a）所示；在两直线上取半径 $OA=OB=OC=OD$，得点 A、B、C、D，过点作相应直线的平行线，可得到正方形线框，AB、CD 为直径，如图 1-22（b）所示；再作出正方形的对角线，分别在对角线上截取 $OE=OF=OG=OH=OA$（半径），于是在正方形上得到 8 个对称点，如 1-22（c）所示；徒手将点用圆弧连接起来，即得徒手画的圆，如图 1-22（d）所示。

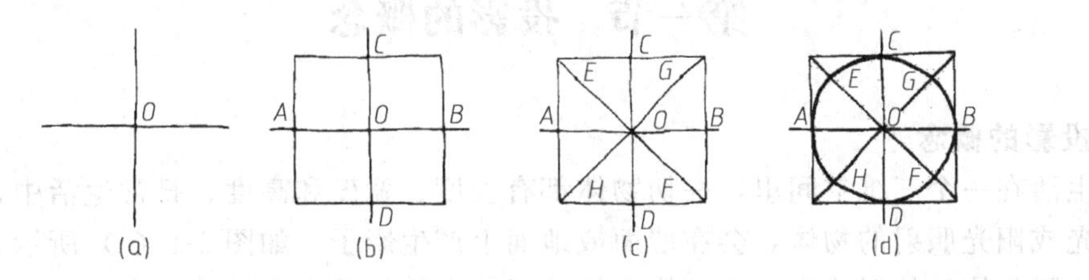

图 1-22　徒手画圆

4. 椭圆的画法

画椭圆时，先画出椭圆的长、短轴，具体画图步骤与徒手画圆的方法相同，如图 1-23 所示。

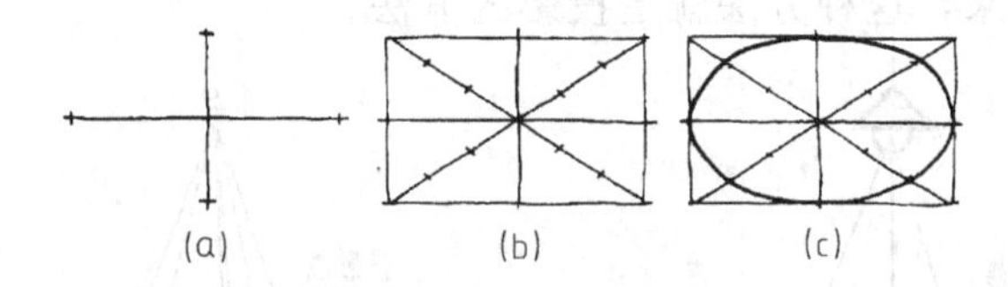

图 1-23　徒手画椭圆

5. 任意等分直线（以五等分为例）

把已知直线 AB 五等分，可用平行线求得。其作图方法和步骤（图 1-24）如下。

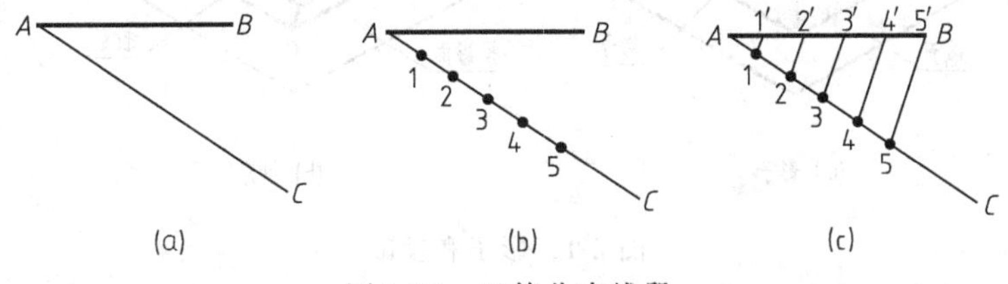

图 1-24　五等分直线段

① 自 A 点任意引一直线 AC；

② 在 AC 上截取任意等分长度的五个等分线段得 1、2、3、4、5 点；

③ 连接 5、B，分别过各点作 $5B$ 的平行线，即得等分点 $1'$、$2'$、$3'$、$4'$、$5'$。

第二章　投影的基本知识

第一节　投影的概念

一、投影的概念

人们生活在一个三维空间里，一切物体都有长度、宽度和高度。日常生活中，经常可以看到经灯光或阳光照射的物体，会在墙面或地面上产生影子，如图 2-1（a）所示，但是这个影子只反映了物体的外形轮廓，却不能确切地反映出物体的实际尺寸。人们从物体与其影子的关系中认识到影子是在有光线、物体、承接影子的平面（如墙面、地面等）的条件下产生的，如果设想从光源 S 发出的投影线能够透过物体向选定的投影面 P 投射，并且将各个顶点和各条侧棱线都在平面 P 上投下投影，这些点和线的投影将组成一个能够反映出物体形状的图形，因此，可以利用这种原理，把三维空间中物体的形状和大小，在一张只有长度和宽度的纸上准确表达出来，这种方法就是投影的方法。

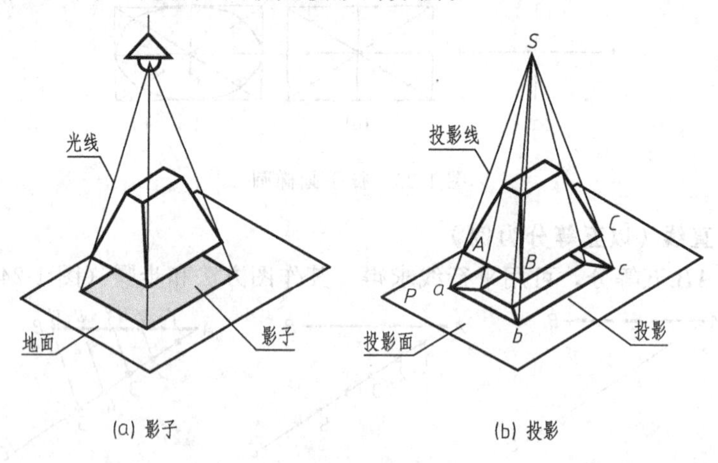

图 2-1　影子和投影

在制图时，只研究物体的空间形状和大小，不考虑物体的物理组成和性质，因此物体通称为“形体”。

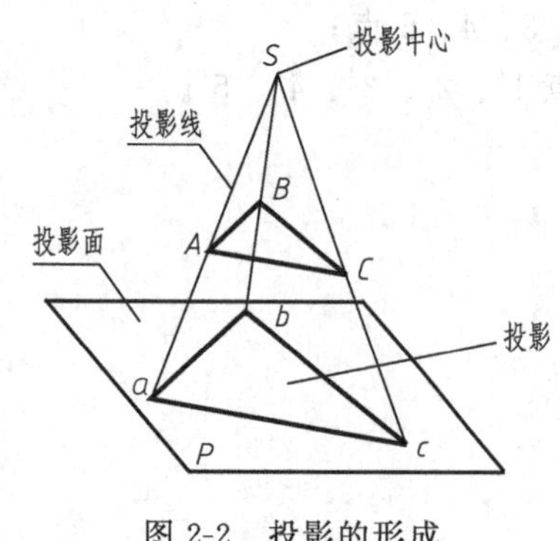

图 2-2　投影的形成

很明显，“影子”只能概括地反映形体的外轮廓形状，而不能确切地反映形体上各个不同表面间的界限，而对形体的投影，应包括形体的全部几何要素，而不仅仅只是形体的外轮廓。如图 2-2 所示，三角形 ABC 在点光源 S 的照射下，在平面 P 上投下的影子为三角形 abc。所产生的影子 abc 称为投影，通常也称为投影图；能够产生光线的光源 S 称为投影中心；光线 SAa、SBb、SCc 称为投影线；承接影子的平面 P 称为投影面。投影面、投影线、形体是产生投影的三个基本要素。

工程制图是按照投影的原理和方法绘制的。

二、投影的分类

随着投影线、形体、投影面这三者之间相互变化，投影可分为中心投影和平行投影两大类。

1. 中心投影

投影中心 S 在有限的距离内发出锥状放射投影线，这些投影线与投影面相交作出形体的投影，称为中心投影，如图 2-3（a）所示。这种作出中心投影的方法称为中心投影法。显然，在形体与投影面距离保持不变的情况下，投影中心 S 的高度发生变化时，影子的大小也会发生变化，所以用这种投影法作出的投影图不能准确地反映形体的真实大小，故不能作为施工图使用。

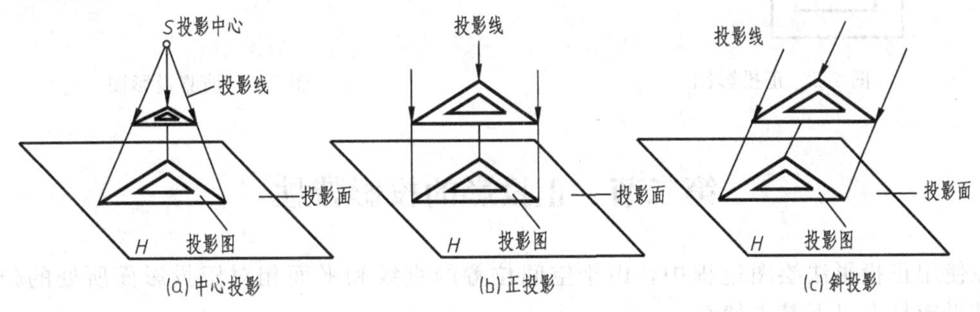

图 2-3　投影的分类

在建筑设计方案的比较及工艺美术和宣传广告时，常用中心投影法作出形体的投影图，这种投影图称为透视图，如图 2-4 所示，其特点是图形逼真，直观性强。

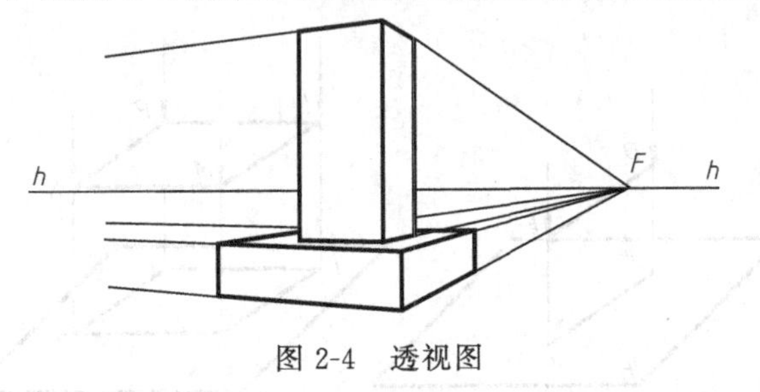

图 2-4　透视图

2. 平行投影

假设将投影中心移至无限远处，所有投影线可以看成按一定的方向平行地投射下来。用平行投影线作出的投影，称为平行投影。这种作出平行投影的方法称为平行投影法。

根据投影线与投影面的角度不同，平行投影又可分为正投影和斜投影两种。

（1）正投影　投影方向垂直于投影面时所作出的平行投影，称为正投影，如图 2-3（b）所示。这种作出正投影的方法称为正投影法。

用正投影法作出的形体投影图称为正投影图，如图 2-5 所示。正投影图能反映形体的真实形状和大小，且作图方便，但是，正投影图缺乏立体感。

工程施工图除管道系统图外都是采用这种正投影法绘制的正投影图。正投影图通常简称为投影，若无特殊说明，本书中所指的投影均为正投影。

（2）斜投影　投影方向倾斜于投影面时所作出的平行投影，称为斜投影，如图 2-3（c）所示。这种作出斜投影的方法称为斜投影法。显然，用这种投影法作出的投影图也不能准确地反映形体的真实大小，故也不能作为施工图使用。

用斜投影法作出的形体投影图称为轴测投影图，工程上也称系统图，如图 2-6 所示。其特点是直观性强，但不能准确地反映形体的形状，在视觉上会产生变形和失真，只能作为工程上的辅助图样。

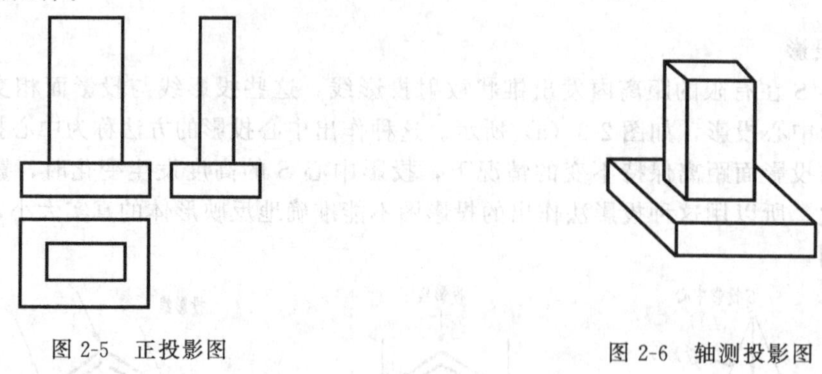

图 2-5 正投影图　　　　图 2-6 轴测投影图

第二节 正投影的投影特性

在使用正投影法绘图过程中，由于空间位置的直线和平面相对于投影面所处的位置不同，其投影具有以下基本特性。

1. 全等性

又称为实形性。当直线平行于投影面时，其投影反映直线的实长，如图 2-7（a）中直线 DE。当平面平行于投影面时，其投影反映实际形状和大小，如图 2-7（b）中平面 $PLMN$。

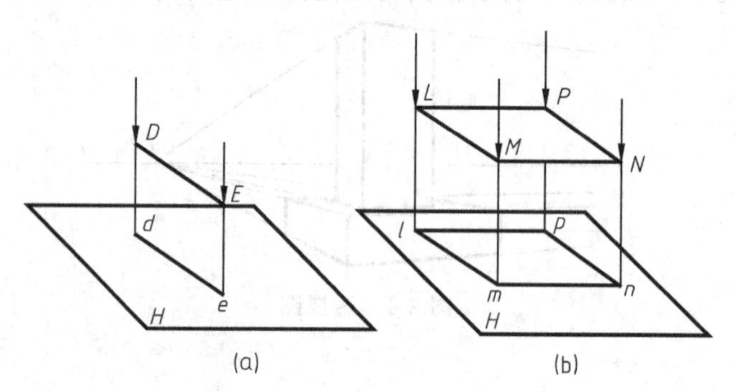

图 2-7 正投影的全等性

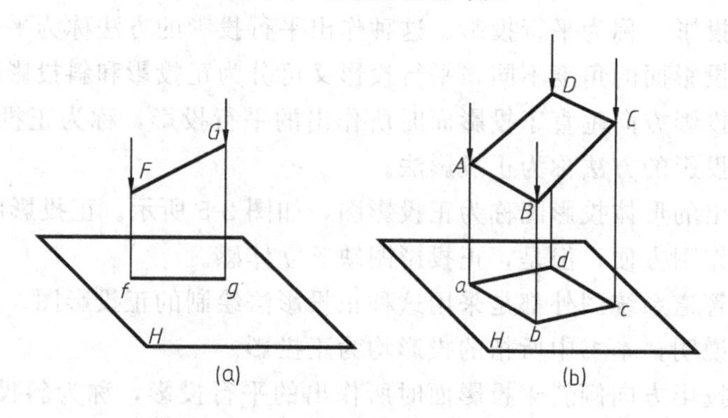

图 2-8 正投影的类似性

2. 类似性

当直线倾斜于投影面时，其投影仍为直线，但比实长短，如图 2-8（a）中直线 FG；当平面倾斜于投影面时，其投影与平面类似，但比实形小，如图 2-8（b）中平面 $ABCD$。这种只反映几何形状，而不反映真实大小的特性称为类似性。

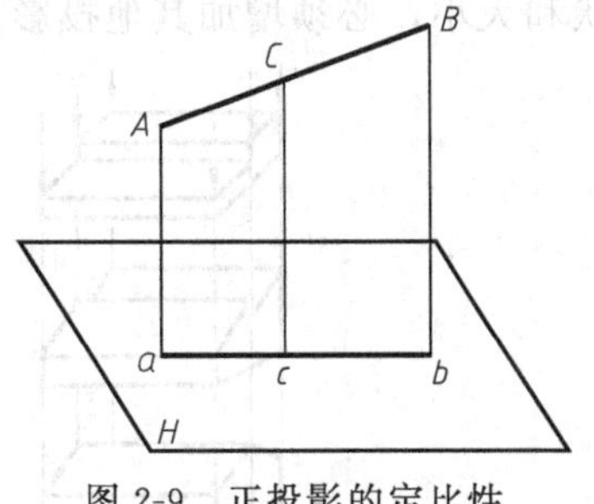

图 2-9　正投影的定比性

3. 定比性

直线上一点所分直线段的长度之比等于它们的投影长度之比，这种特性称为定比性，如图 2-9 中，$AC:CB=ac:cb$。

4. 积聚性

垂直于投影面的直线，其投影积聚为一个点，如图 2-10（a）中直线 BC，在投影面 H 上投影为一个点 b（c）。当平面垂直于投影面时，其投影积聚成一条直线，如图 2-10（b）中平面 $HIJK$ 的投影面 H 上的投影为一条直线。

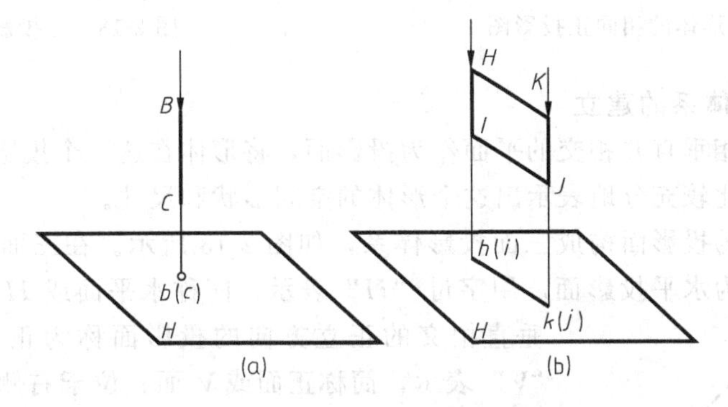

图 2-10　正投影的积聚性

5. 平行性

相互平行的两直线在同一投影面上的投影保持平行，并且其实长之比等于其没有积聚性的投影长度之比，如图 2-11 中，$AB\parallel CD$，且 $AB:CD=ab:cd$。

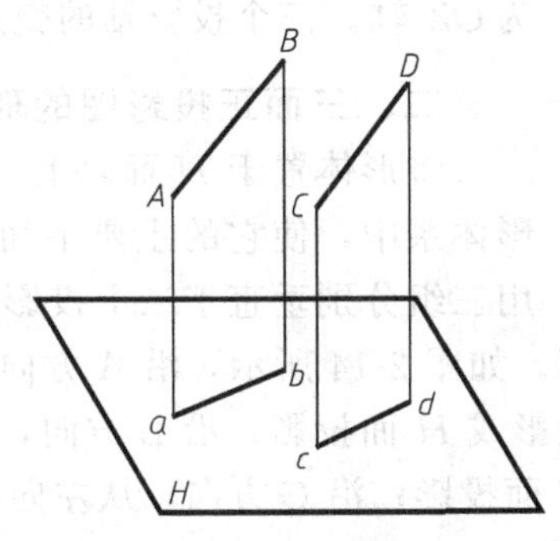

图 2-11　正投影的平行性

第三节　三面正投影图

在投影面和投影方向确定后，形体在一个投影面上产生的投影是唯一的，但是形体的一个投影却不能确定形体的真实形状。

如图 2-12 中三个不同形状的形体，它们在同一个投影面上的投影是相同的。这说明仅仅根据一个面的投影是不能够表达出形体的真实形状和大小的。要确切地表达形体的真实形状和大小，必须增加其他投影方向的投影进行补充。

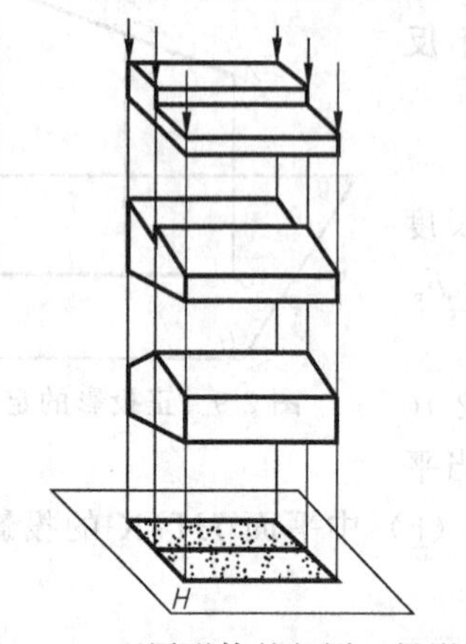

图 2-12 不同形体的相同正投影图

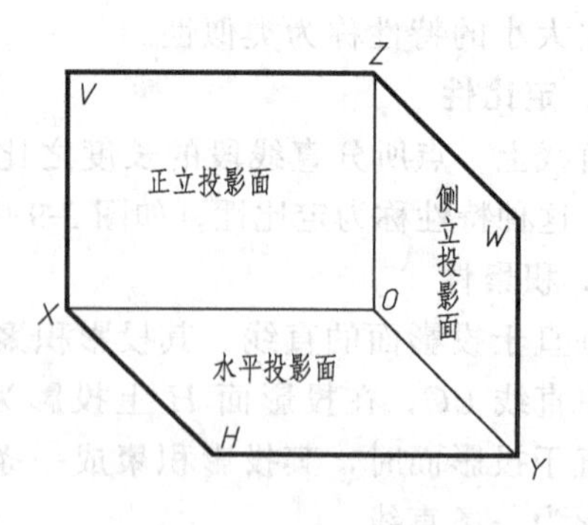

图 2-13 三投影面体系

一、三面投影体系的建立

通常用三个互相垂直并相交的平面作为投影面，将形体在这三个投影面上产生的三个投影结合起来，才能比较充分地表示出这个形体的空间形状和尺寸。

三个互相垂直的投影面构成三面投影体系，如图 2-13 所示。在三面投影体系中，呈水平位置的投影面称为水平投影面，用字母“H”表示，简称水平面或 H 面；与水平投影面垂直相交的正立方向的投影面称为正立投影面，用字母“V”表示，简称正面或 V 面；位于右侧、与水平投影面及正立投影面同时垂直相交的投影面，称为侧立投影面，用字母“W”表示，简称侧面或 W 面。

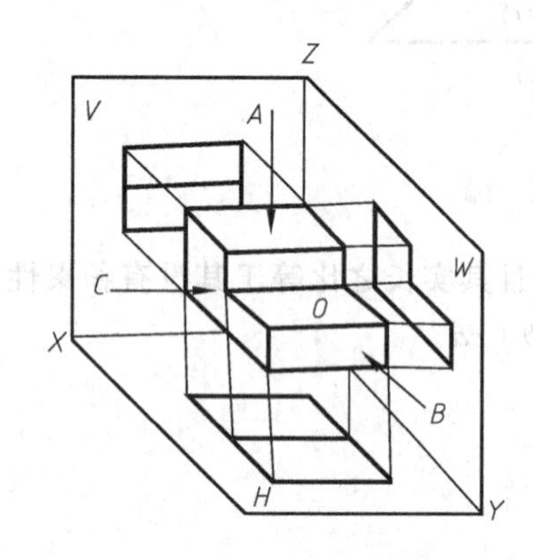

图 2-14 形体的三面正投影图

两投影面的交线称为投影轴。V 面与 H 面的交线为 OX 轴；H 面与 W 面的交线为 OY 轴；V 面与 W 面的交线为 OZ 轴。三个投影轴的交点称为原点，用“O”表示。

二、三面正投影图的形成

将形体置于 H 面之上、V 面之前、W 面之左的三面投影体系中，使它的主要平面分别平行于三个投影面，然后用三组分别垂直于三个投影面的投影线，对该形体进行投影，即可得到它的三面正投影图。如图 2-14 所示，沿 A 方向，从上向下投影，在 H 面上得到水平面投影图，简称水平面投影或 H 面投影；沿 B 方向，从前向后投影，在 V 面上得到正面投影图，简称正面投影或 V 面投影；沿 C 方向，从左向右投影，在 W 面上得到侧面投影图，简称侧面投影或 W 面投影。

由于三个投影面是两两相互垂直的关系，因此形体的三个投影不在同一个平面上。为了能在一个平面上同时反映这三个投影，需要把三面投影体系中的三个投影面按一定规则展开于一个平面上。方法如图 2-15（a）所示，按规定 V 面不动，H 面绕 OX 轴向下旋转 90°，W 面绕 OZ 轴向右旋转 90°，这样展开后的 H、V、W 三个投影面就处于同一平面上，如图 2-15（b）所示。三个投影面展开后，三条投影轴成为两条垂直相交的直线。原 OX、OZ 轴位置不变，OY 轴则分为两条，位于 H 面上的用 OY_H 来表示，它与 OZ 轴成一直线；位于

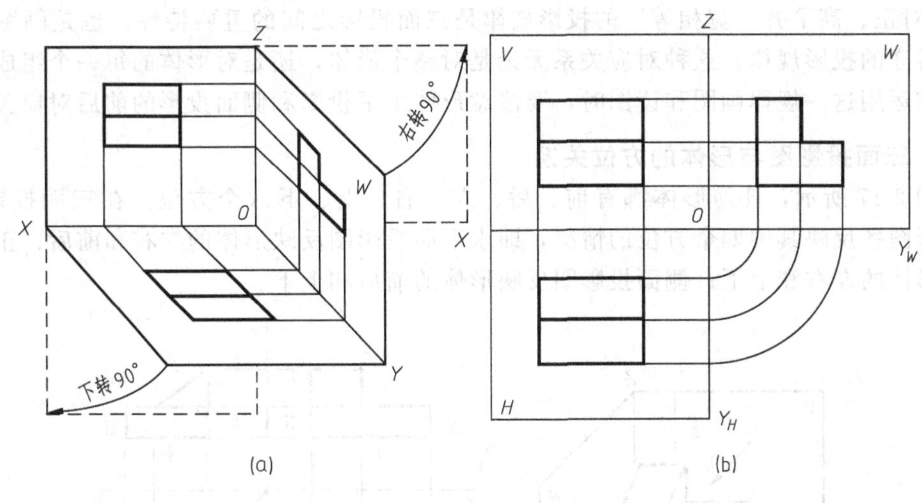

图 2-15 三面投影体系的展开

W 面的用 OY_W 轴来表示，它与 OX 轴成一直线。

H、V、W 面的相对位置是固定的，投影图与投影面的大小无关，所以作图时可以不必画出投影面的外框。在工程图中，投影轴一般也不画出，但是初学投影作图时还需将投影轴保留，用细实线画出。

三、三面正投影图的投影规律

空间形体都有长、宽、高三个方向的尺度。在作投影图时对形体的长度、宽度和高度方向，统一按下述方法确定：当形体的正面确定之后，形体上最左和最右两点之间平行于 OX 轴方向的距离称为形体的长度；形体上最前和最后两点之间平行于 OY 轴方向的距离称为形体的宽度；形体上最上和最下两点之间平行于 OZ 轴方向的距离称为形体的高度。因此，形体的 V 面投影反映了形体的长度及高度，以及形体上平行于正立投影面的各个面的真实形状；形体的 H 面投影反映了形体的长度和宽度，以及形体上平行于水平投影面的各个面的真实形状；而 W 面投影反映了形体的高度和宽度，以及形体上平行于侧立投影面的各个面的真实形状。将三个投影图联系起来看，即可知：V 面投影和 H 面投影同时反映形体的长度、且左右对齐；V 面投影和 W 面投影同时反映形体的高度、且上下平齐；H 面投影和 W 面投影同时反映形体的宽度，如图 2-16 所示。

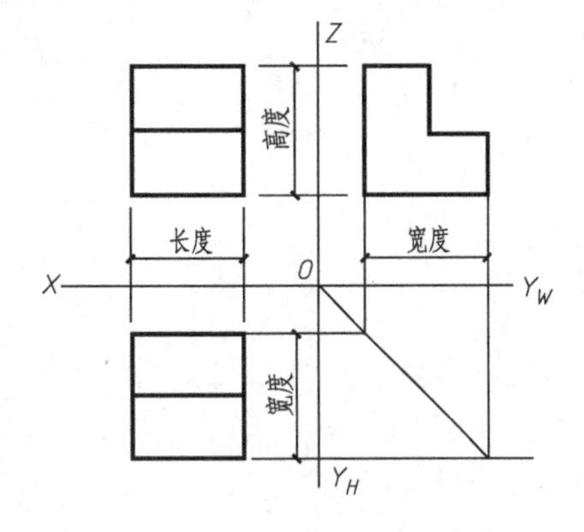

图 2-16 三面正投影图的投影规律

为便于作图和记忆，三面正投影图投影规律可概括为：

① 正面投影（V 面）和水平面投影（H 面）都反映出形体的长度，应保持“长对正”关系；

② 正面投影（V 面）和侧面投影（W 面）都反映出形体的高度，应保持“高平齐”关系；

③ 水平面投影（H 面）和侧面投影（W 面）都反映出形体的宽度，应保持“宽相等”关系。

“长对正、高平齐、宽相等”的投影规律是三面投影之间的重要特性，也是画图和读图时必须遵守的投影规律。这种对应关系无论是对整个形体，还是对形体的每一个组成部分都成立。在运用这一规律画图和读图时，要注意形体水平投影和侧面投影的前后对应关系。

四、三面投影图与形体的方位关系

如图 2-17 所示，任何形体都有前、后、左、右、上、下六个方位。在三面投影图中，每个投影图各反映其中四个方位的情况，即水平面投影图反映形体的左右和前后；正面投影图反映形体的左右和上下；侧面投影图反映形体的前后和上下。

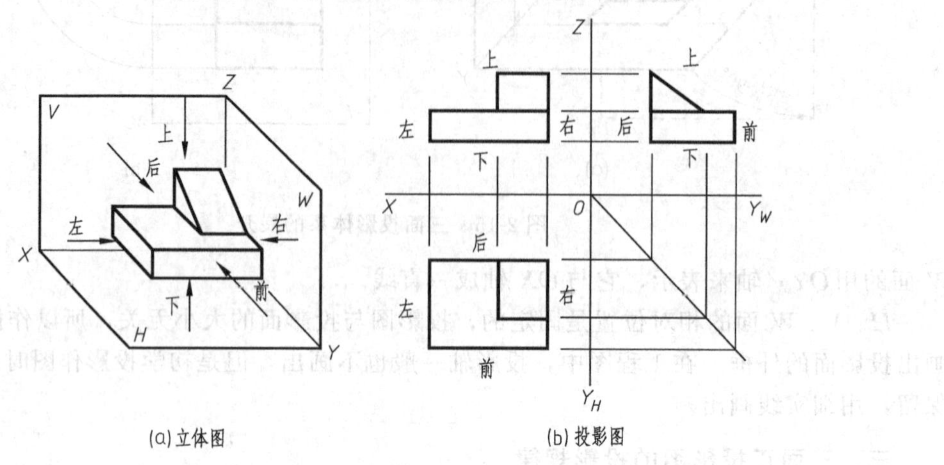

图 2-17 三面投影图的方位关系

第三章　点、直线、平面的投影

第一节　点的投影

一、点的三面投影及其投影标注

将空间点 A 置于三投影面体系中，由 A 点分别向三个投影面作垂线（即投影线），三个垂足点就是点 A 在三个投影面上的投影，如图 3-1 所示。

图 3-1（a）是空间点 A 及其三面投影的立体图。图 3-1（b）是三个投影面展开后所得点 A 的三面正投影图。

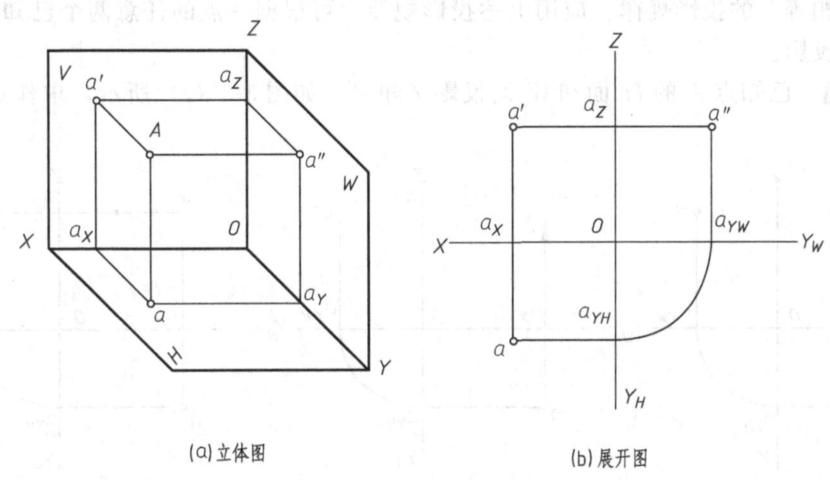

图 3-1　点的三面投影

在投影中，空间的点用大写字母“A”表示，其在 H 面上的投影称为水平面投影，用同名的小写字母“a”表示；在 V 面上的投影称为正面投影，用同名小写字母并在右上角加一撇“a'”表示；在 W 面上的投影称为侧面投影，用同名的小写字母并在右上角加两撇“a''”表示，如图 3-1 所示。

二、点的投影规律

由图 3-1（a）中可以看出，通过两条投影线 Aa、Aa'的平面 $Aa'a_Xa$ 与 V 面和 H 面同时垂直相交，交线分别是 $a'a_X$ 和 aa_X，因此 OX 轴必然垂直于平面 $Aa'a_Xa$，所以 $OX\perp a'a_X$、$OX\perp aa_X$。又因为 $a'a_X\perp aa_X$，所以当 H 面绕 OX 轴展开与 V 面成为同一平面时，aa_X 和 $a'a_X$ 就成为一条垂直于 OX 轴的直线，即 $aa'\perp OX$，如图 3-1（b）所示。同理 $a'a''\perp OZ$。点 a_Y 在投影面展平后，被分为 a_{YH} 和 a_{YW} 两个点，所以 $aa_{YH}\perp OY_H$，$a''a_{YW}\perp OY_W$，且 $aa_X=a''a_Z$。从图 3-1（a）中还可以看出：$Aa=a'a_X=a''a_Y$，其中 Aa 是空间点 A 到 H 面的距离；$Aa'=aa_X=a''a_Z$，其中 Aa'是空间点 A 到 V 面的距离；$Aa''=a'a_Z=aa_Y$，其中 Aa''是空间点 A 到 W 面的距离。因此可以得出：点的三面投影到各投影轴的距离分别代表空间点到相应的投影面的距离，如图 3-2 所示。

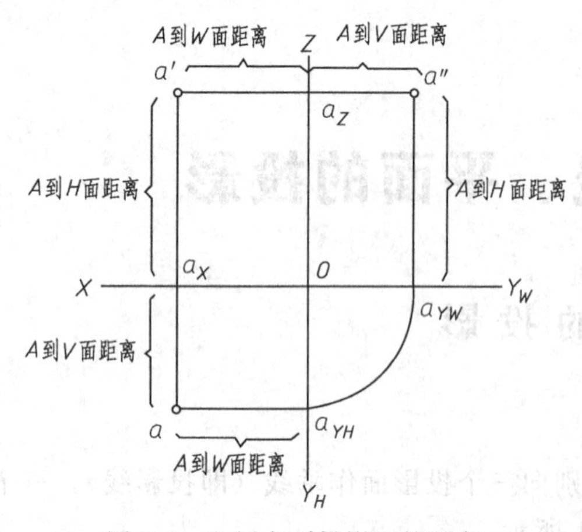

图 3-2 空间点到投影面的距离

由上所述可以得出点的投影规律：

① 点的正面投影和水平面投影的连线必定垂直于 OX 轴，即：$aa'\perp OX$；点的正面投影和侧面投影的连线必定垂直于 OZ 轴，即：$a'a''\perp OZ$；由于水平投影面与侧立投影面展开后不相连，则 $aa_{YH}\perp OY_H$，$a''a_{YW}\perp OY_W$。

② 点的正面投影到 OX 轴的距离等于其侧面投影到 OY_W 轴的距离，即：$a'a_X=a''a_{YW}$；点的正面投影到 OZ 轴的距离等于其水平面投影到 OY_H 轴的距离，即：$a'a_Z=aa_{YH}$；点的水平面投影到 OX 轴的距离等于其侧面投影到 OZ 轴的距离，即：$aa_X=a''a_Z$。

不难看出，点的三面投影也符合“长对正、高平齐、宽相等”的投影规律。应用上述投影规律，可根据一点的任意两个已知投影，求得它的第三个投影。

【例 3-1】 已知点 A 的 H 面和 W 面投影 a 和 a''，如图 3-3（a）所示，求作点 A 的 V 面投影 a'。

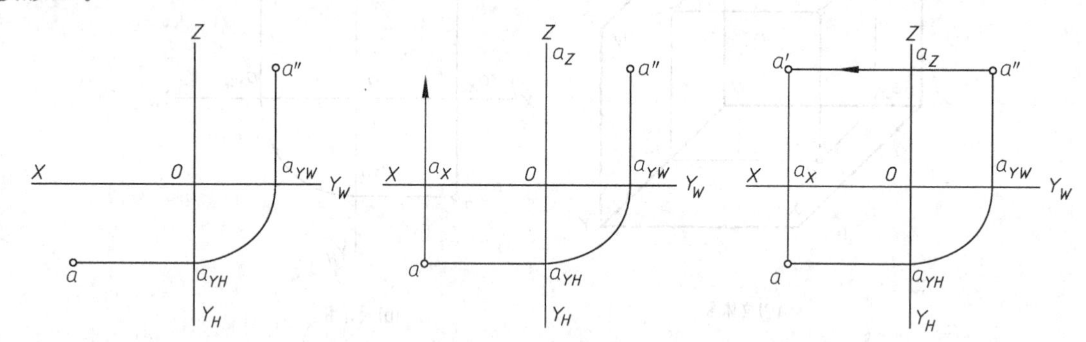

图 3-3 已知点的 H、W 面投影求作点的 V 面投影

解： 作图步骤如下。

① 过点 a 作 OX 轴的垂线 aa_X 并延长，见图 3-3（b）。

② 过 a'' 作 OZ 轴的垂线 $a''a_Z$ 并延长与 aa_X 的延长线相交，交点 a' 点即为所求，见图 3-3（c）。

【例 3-2】 已知点 B 的 V 面和 H 面投影 b' 和 b，如图 3-4（a）所示，求作点 B 的 W 面投影 b''。

解： 作图步骤如下。

① 过点 b' 作 OZ 轴的垂线 $b'b_Z$ 并延长，如图 3-4（b）所示。

② 过 b 作 OY_H 轴的垂线 bb_{YH}，如图 3-4（c）所示。

③ 以 O 为圆心，Ob_{YH} 为半径作圆弧，交 OY_W 于 b_{YW}，即 $Ob_{YH}=Ob_{YW}$，如图 3-4（d）所示。

④ 过 b_{YW} 作 OY_W 轴的垂线，与 $b'b_Z$ 的延长线相交，交点 b'' 即为所求，如图 3-4（e）所示。

三、点的投影与坐标

1. 点的坐标

在三面投影体系中，空间点及其投影的位置，除了用投影表示以外，还可以用点的坐标

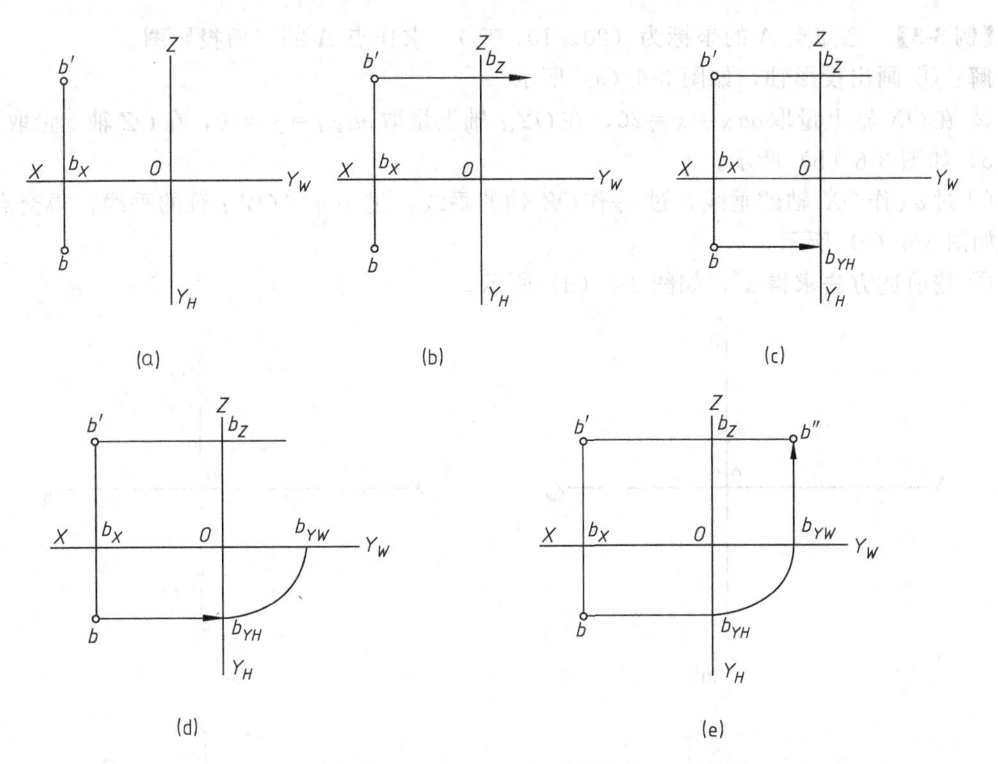

图 3-4 已知点的 H、V 面投影求作其 W 面投影

来表示。把三面投影体系看成空间直角坐标系，投影轴 OX、OY、OZ 相当于坐标系 X、Y、Z 轴，投影面 H、V、W 相当于三个坐标面，投影轴原点 O 则相当于坐标系原点。

如图 3-5 所示，空间一点到三投影面的距离，就是该点的三个坐标，用字母 x、y、z 表示。

点 A 到 W 面的距离为 x 坐标，即 $Aa''=a'a_Z=aa_{YH}=x$ 坐标；

点 A 到 V 面的距离为 y 坐标，即 $Aa'=aa_X=a''a_Z=y$ 坐标；

点 A 到 H 面的距离为 z 坐标，即 $Aa=a'a_X=a''a_{YW}=z$ 坐标。

空间点及其投影位置可用坐标值表示，如点 A 的空间位置是 A（x、y、z），那么点 A 的 H 面投影 a 可反映点的 x 坐标和 y 坐标，即 a（x，y）；点 A 的 V 面投影 a' 可反映点的 x 坐标和 z 坐标，即 a'（x，z）；点 A 的 W 面投影 a'' 可反映点的 y 坐标和 z 坐标，即 a''（y，z）。

可见，已知点的三个投影（a，a'，a''）就能确定该点的一组坐标（x，y，z）；反之，已知点的一组坐标，就能确定点的空间位置。

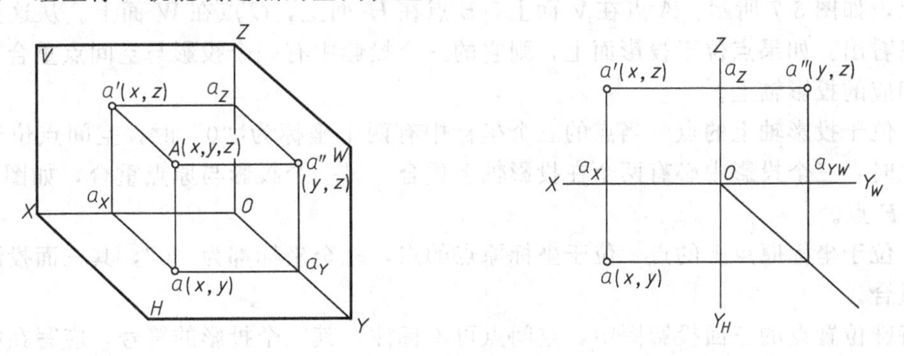

图 3-5 点的坐标与点的三面投影的关系

【例 3-3】 已知点 A 的坐标为（20、10、15），求作点 A 的三面投影图。

解： ① 画出投影轴，如图 3-6（a）所示。

② 在 OX 轴上量取 $oa_X=x=20$，在 OY_H 轴上量取 $oa_{YH}=y=10$，在 OZ 轴上量取 $oa_Z=z=15$，如图 3-6（b）所示。

③ 过 a_X 作 OX 轴的垂线，过 a_Z 作 OZ 轴的垂线，过 a_{YH} 作 OY_H 轴的垂线，得交点 a 和 a'，如图 3-6（c）所示。

④ 按前述方法求得 a''，如图 3-6（d）所示。

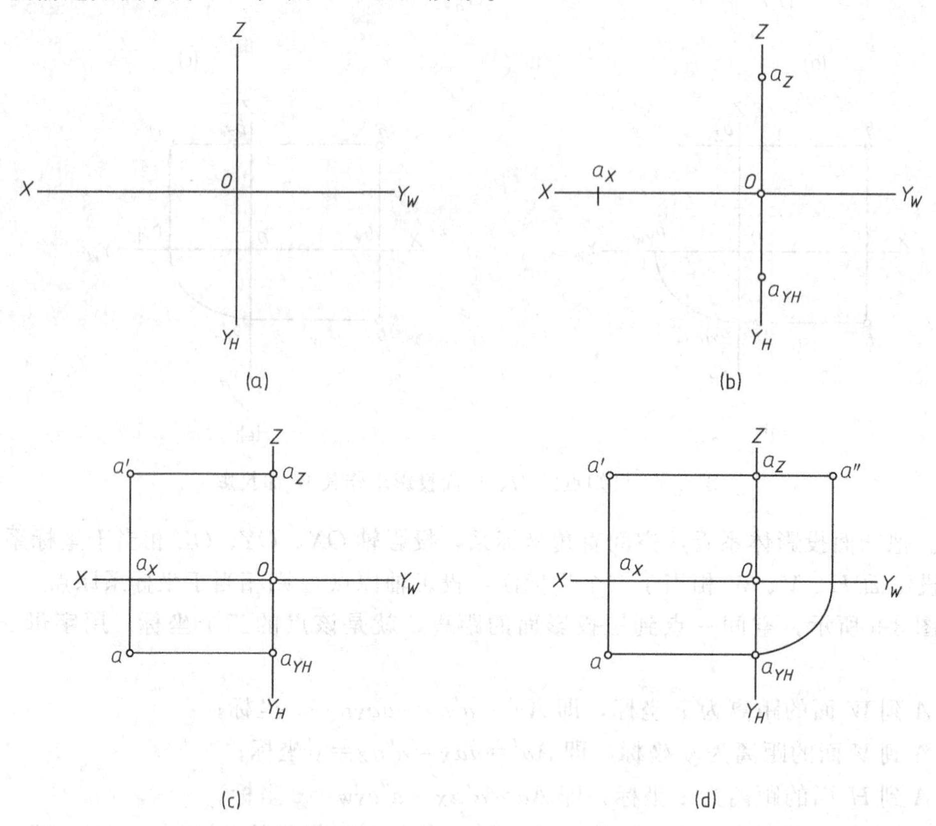

图 3-6 根据点的坐标作三面投影图

2. 特殊位置点的投影

位于投影面、投影轴或坐标原点上的点，称为特殊位置的点。

（1）位于投影面上的点　若点的三个坐标中有一个坐标为“0”时，则空间点位于某一投影面上，如图 3-7 所示：A 点在 V 面上，B 点在 H 面上，C 点在 W 面上。从这些点的投影图可以看出：如果点位于投影面上，则它的三个投影中有一个投影与空间点重合，另两个投影在相应的投影轴上。

（2）位于投影轴上的点　当点的三个坐标中有两个坐标为“0”时，空间点位于某投影轴上，此时，三个投影中必有两个在投影轴上重合，另一个投影与原点重合，如图 3-8 中的 D、E 和 F 点。

（3）位于坐标原点上的点　位于坐标原点的点，三个坐标都为“0”，其三面投影均与坐标原点重合。

在特殊位置点的三面投影图中，空间点可不标注，其三个投影的符号，应写在相应的投影面上。

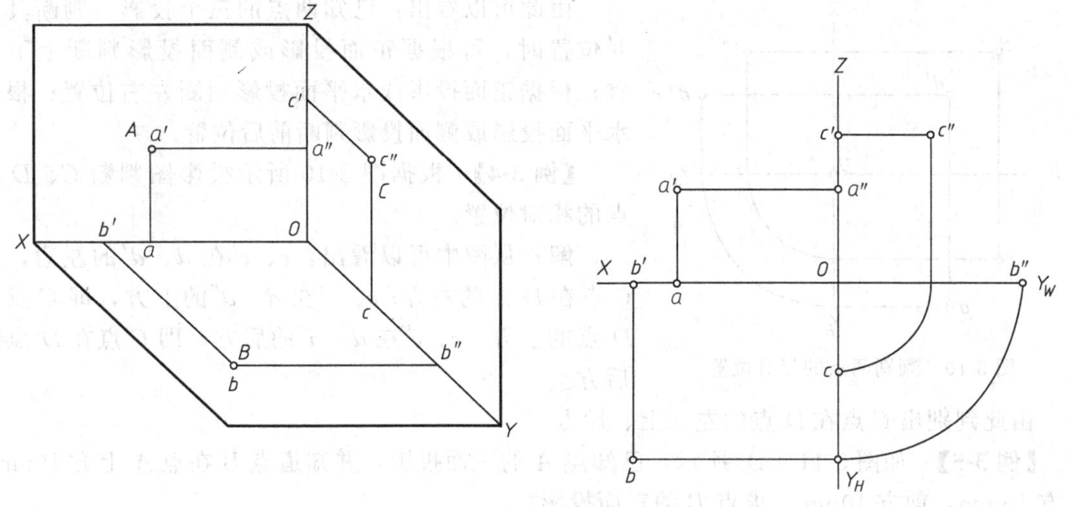

图 3-7　位于投影面上的点

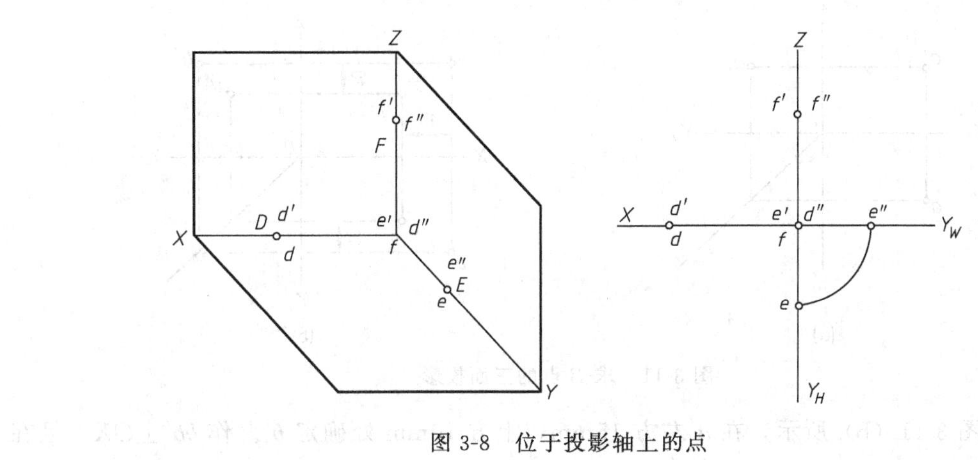

图 3-8　位于投影轴上的点

四、两点的相对位置

空间三面投影体系中有上下、左右、前后六个方位，可以根据两点投影的方位来判别两点在空间的相对位置，如图 3-9 所示。

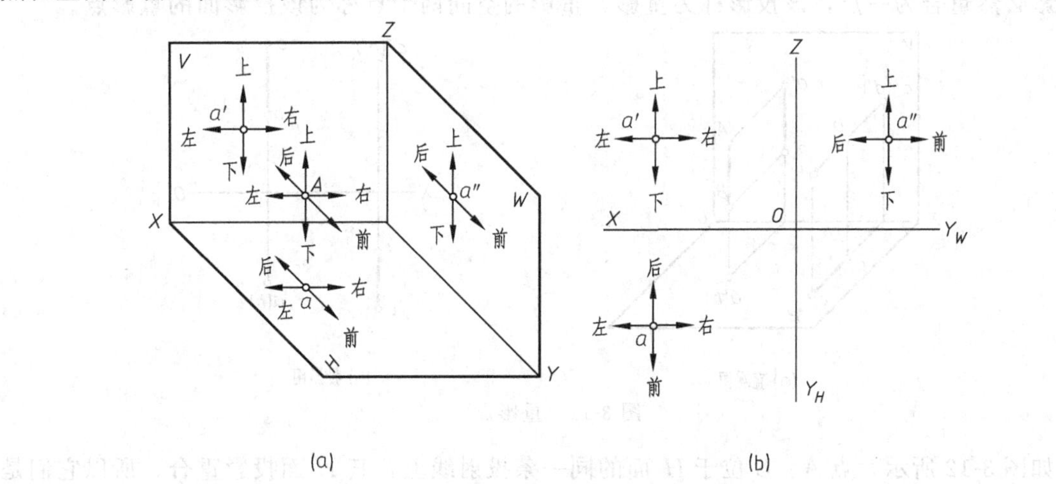

图 3-9　投影图上的方位

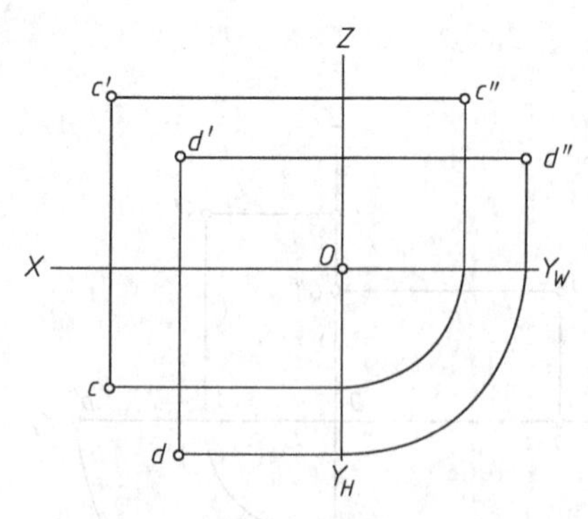

图 3-10 判别两点的相对位置

由此可以看出：已知两点的三个投影，判断其相对位置时，可根据正面投影或侧面投影判断上下位置；根据正面投影或水平面投影判断左右位置；根据水平面投影或侧面投影判断前后位置。

【例 3-4】 根据图 3-10 所示投影图判断 C、D 两点的相对位置。

解： 从图中可以看出，c、c'在 d、d'的左边，即 C 点在 D 点的左方；c、c''在 d、d''的上方，即 C 点在 D 点的上方；c、c''在 d、d''的后方，即 C 点在 D 点的后方。

由此判别出 C 点在 D 点的左、上、后方。

【例 3-5】 如图 3-11（a）所示，已知点 A 的三面投影，并知道点 B 在点 A 上方 10mm，左方 15mm，前方 10mm，求点 B 的三面投影。

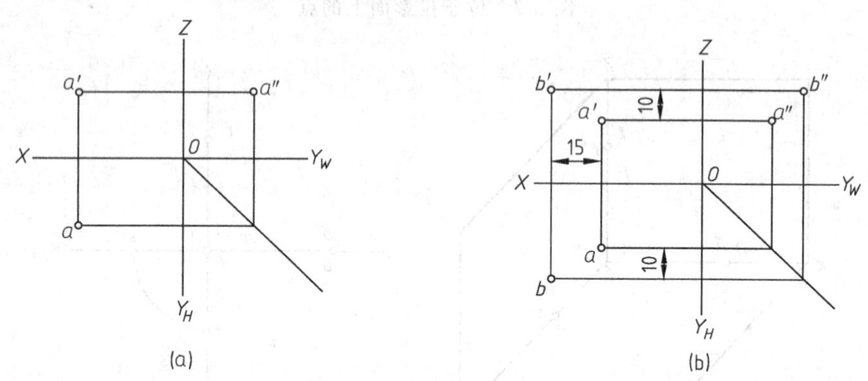

图 3-11 求 B 点的三面投影

解： 如图 3-11（b）所示，在 a'左方 15mm，上方 10mm 处确定 b'。作 $bb' \perp OX$，且在 a 前方 10mm 处确定 b。由三面投影规律求得 b''。

五、重影点及其可见性的判别

由正投影特性可知，当空间两点位于某投影面的同一投影线上，则此两点在该投影面上的投影必然重合为一点，该投影称为重影，重影的空间两个点称为该投影面的重影点。

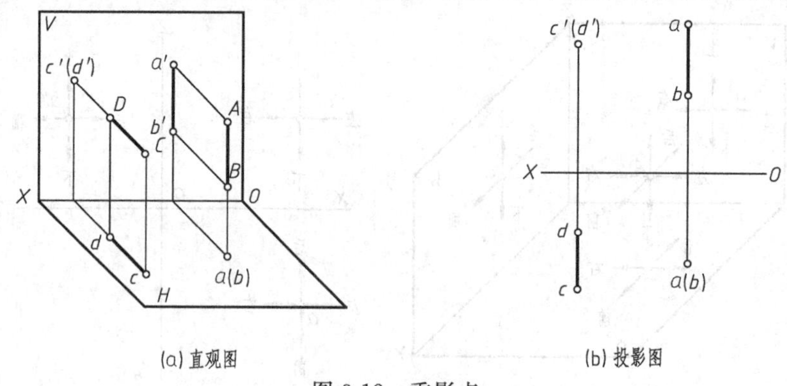

图 3-12 重影点

如图 3-12 所示，点 A、B 位于 H 面的同一条投射线上，其 H 面投影重合，所以它们是对 H 面的重影点，而点 C、D 则是对 V 面的重影点。重影点有两个坐标值相等，而第三个坐标值不等。在图 3-12 中，A、B 两点的 X 坐标及 Y 坐标是相等的，而 Z 坐标不等，也就是 A、B 两点距离 W 面及 V 面是相等的，但距离 H 面不相等。由于点 A 在点 B 的上方，所以对 H 面来说 A 是可见的，点 B 则认为是不可见的。同理，C、D 两点 X 坐标及 Z 坐标相等，Y 坐标不等，由于点 C 在点 D 的前方，所以点 C 对 V 面为可见，而点 D 不可见。对于不可见点的投影，在标记时，应加括号表示。

第二节　直线的投影

一、直线投影图的作法

直线是点的集合，因此直线的投影为直线上各点投影的集合。如图 3-13 所示，通过直线 AB 上 A、B、C、D 各点，向投影面作投影线，这些投影线形成了一个与投影面垂直的平面，此平面与投影面的交线必然为一条直线，该直线就是直线 AB 在投影面上的投影。从图中可以看出，直线的投影一般为直线。

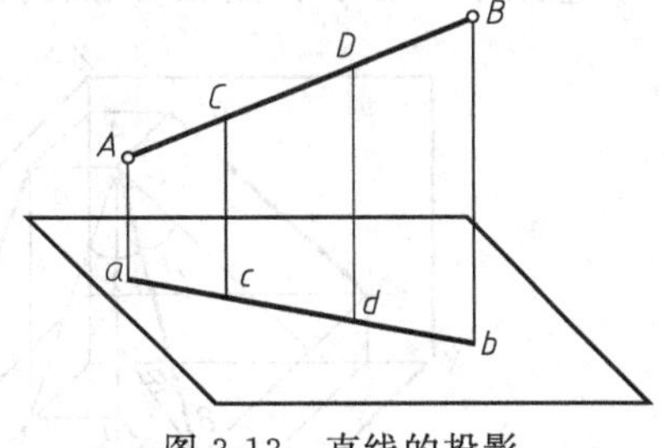

图 3-13　直线的投影

由几何知识可知，直线的长度是无限的。根据两点可以确定一直线的原则，直线的空间位置可由线上任意两点而确定。所以求作直线的投影时，只需求出直线上任意两点的投影（一般取其两个端点），然后连接该两点的同名投影，即得该直线的投影。

【例 3-6】 已知直线 AB 两端点为 A（20、10、15）、B（10、5、5），求作直线 AB 的三面正投影图。

解：具体做题步骤如下。

① 根据坐标作出点 A、点 B 的三面投影图，如图 3-14（a）所示。

② 分别连接 A、B 两点的同名投影，即得直线 AB 的三面正投影图，如图 3-14（b）所示。

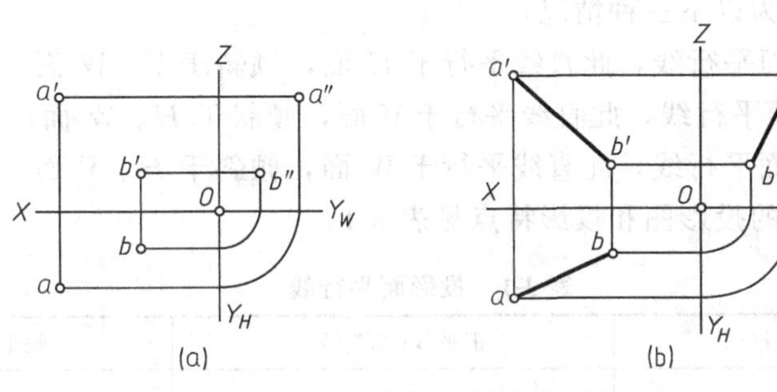

图 3-14　直线投影图的作法

二、直线的投影特性

根据直线与投影面相对位置的不同，直线分为一般位置直线、投影面平行线、投影面垂直线三种。其中投影面平行线和投影面垂直线，又称为特殊位置直线。

如图 3-15 所示，直线 AE、BF 为一般位置直线；直线 AC 为投影面平行线；直线 AB、EF 为投影面垂直线。

1. 一般位置直线的投影特性

与三个投影面都倾斜（既不平行也不垂直）的直线，称为一般位置直线。

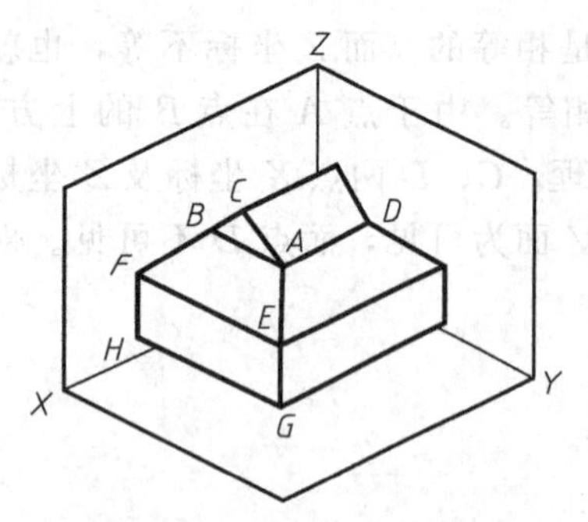

图 3-15　直线的空间位置

从图 3-16 中可以看出：由于直线 AB 与各投影面都倾斜，即直线上各点与投影面距离都不相等，所以在投影图中，直线上各点的同名投影距相应的投影轴的距离也不相等，因此直线 AB 在三个投影面上的投影 ab、$a'b'$ 和 $a''b''$ 都倾斜于各投影轴。所以一般位置直线的投影具有以下特性：

① 直线倾斜于投影面，则直线在三个投影面的投影均为倾斜于投影轴的直线，且投影的长度小于实长；

② 直线的三面投影与投影轴的夹角，均不反映直线对投影面的倾角如图 3-16（a）所示。直线对 H 面、V 面和 W 面的倾角分别用 α、β 和 γ 表示。

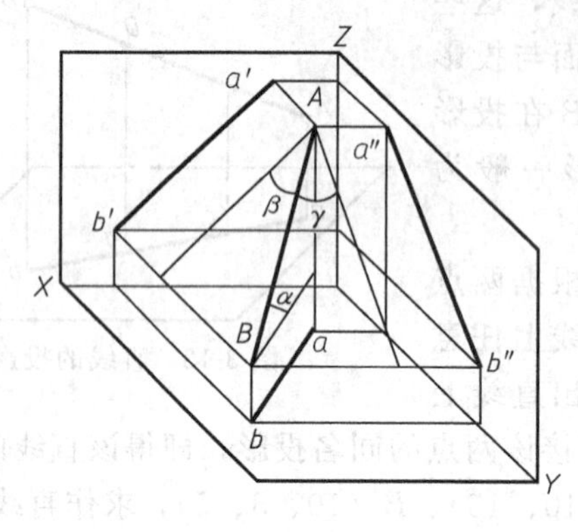

(a) 直观图　　(b) 投影图

图 3-16　一般位置直线的投影

2. 投影面平行线的投影特性

投影面平行线是指仅平行于一个投影面，而倾斜于另两个投影面的直线。

投影面平行线可分为以下三种情况：

① 水平线，即 H 面平行线，此直线平行于 H 面，倾斜于 V、W 面；

② 正平线，即 V 面平行线，此直线平行于 V 面，倾斜于 H、W 面；

③ 侧平线，即 W 面平行线，此直线平行于 W 面，倾斜于 H、V 面。

三种投影面平行线的投影图和投影特点见表 3-1。

表 3-1　投影面平行线

名称	水平线（$AB/\!/H$）	正平线（$AC/\!/V$）	侧平线（$AD/\!/W$）
立体图			

续表

名称	水平线（$AB /\!/ H$）	正平线（$AC /\!/ V$）	侧平线（$AD /\!/ W$）
投影图	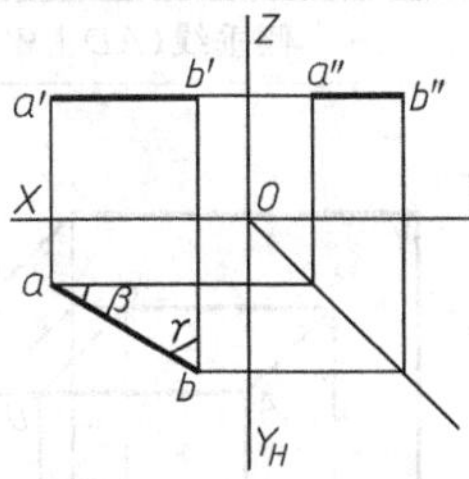	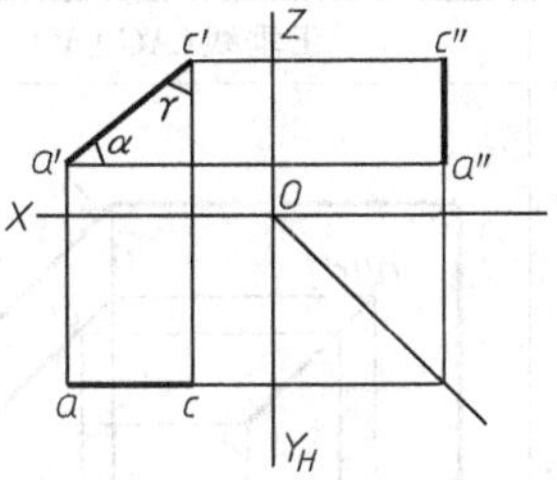	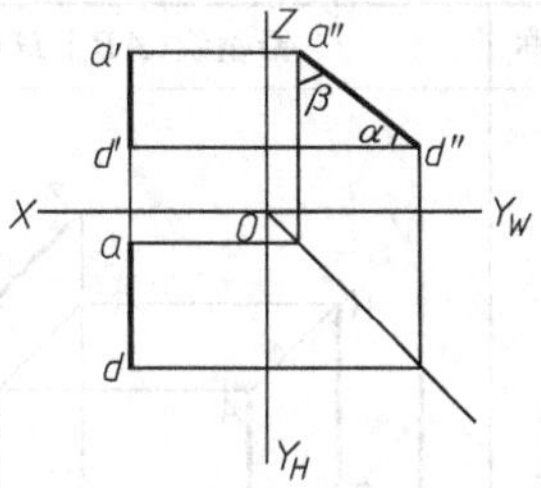
在形体投影图中的位置	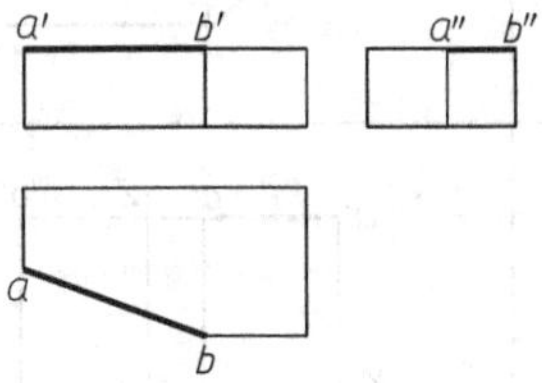	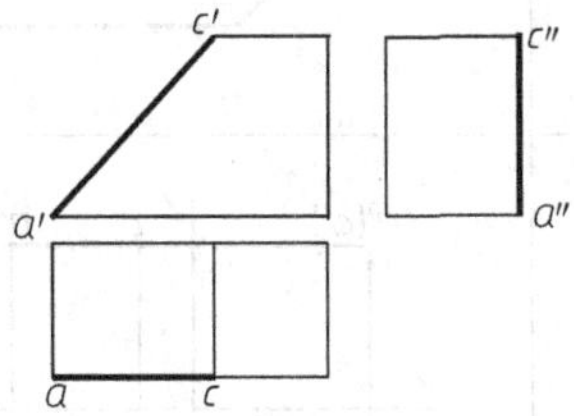	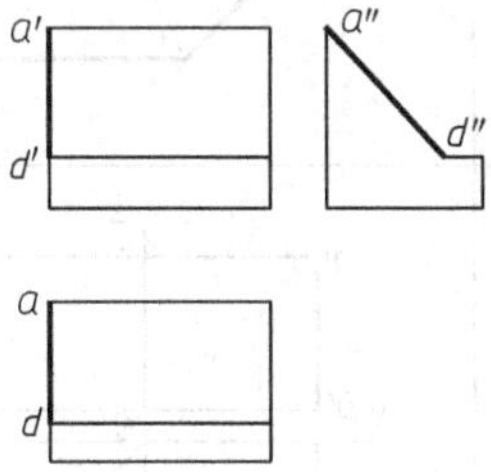
在形体立体图中的位置	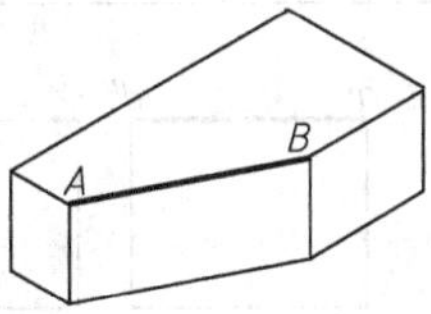	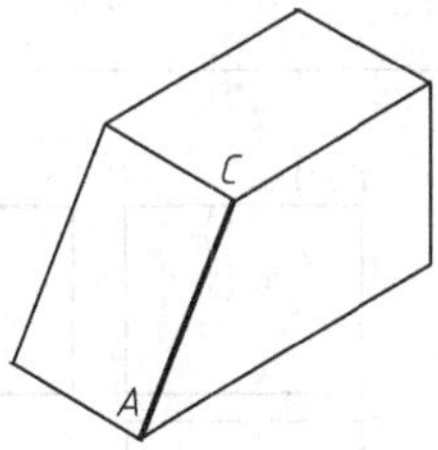	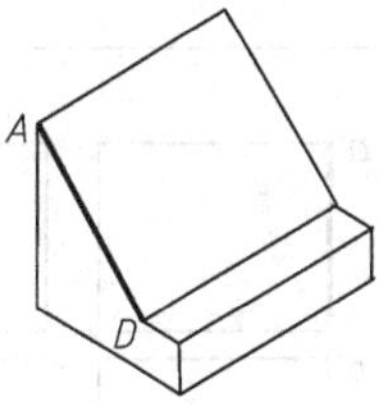
投影规律	(1)ab 与投影轴倾斜，$ab=AB$；反映倾角 β、γ 的实形 (2)$a'b' /\!/ OX$，$a''b'' /\!/ OY_W$	(1)$a'c'$ 与投影轴倾斜，$a'c'=AC$；反映倾角 α、γ 的实形 (2)$ac /\!/ OX$，$a''c'' /\!/ OZ$	(1)$a''d''$ 与投影轴倾斜，$a''d''=AD$，反映倾角 α、β 的实形 (2)$ad /\!/ OY_H$，$a'd' /\!/ OZ$

由表 3-1 中可以得出投影面平行线的投影具有以下特性。

① 直线平行于某一投影面，则在该投影面上的投影倾斜于投影轴、反映直线实长，并且在该投影面上的投影与两个投影轴的夹角分别反映直线对其他两个投影面的倾角。

② 直线在另外两个投影面上的投影，分别平行于相应的投影轴、共同垂直于某一投影轴，但长度小于实长。

3. 投影面垂直线的投影特点

投影面垂直线是指垂直于一个投影面，平行于另两个投影面的直线。

投影面垂直线可分为以下三种情况：

(1) 铅垂线，即 H 面垂直线，此直线垂直于 H 面，平行于 V、W 面；

(2) 正垂线，即 V 面垂直线，此直线垂直于 V 面，平行于 H、W 面；

（3）侧垂线，即 W 面垂直线，此直线垂直于 W 面，平行于 H、V 面。

三种投影面垂直线的投影图和投影特点见表 3-2。

表 3-2 投影面垂直线

名称	铅垂线（$AB \perp H$）	正垂线（$AC \perp V$）	侧垂线（$AD \perp W$）
立体图	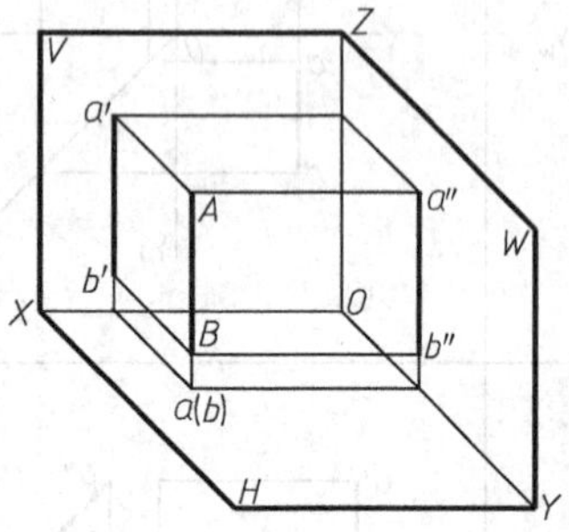	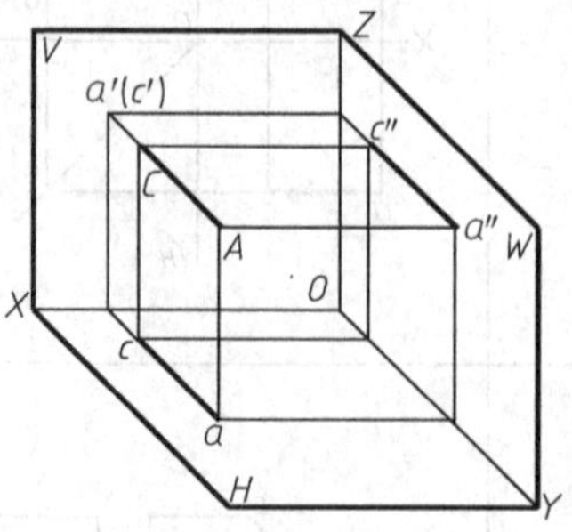	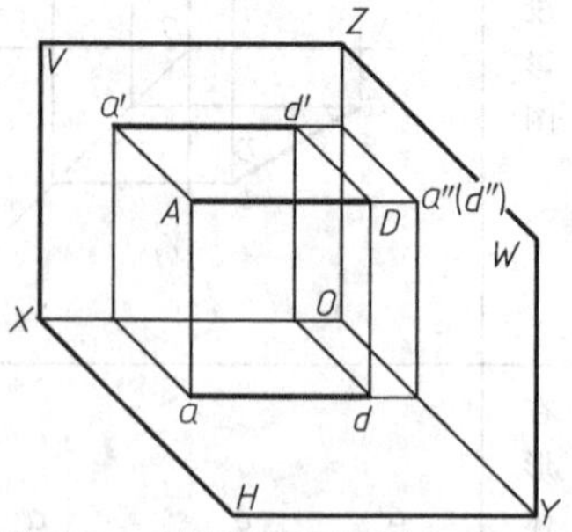
投影图	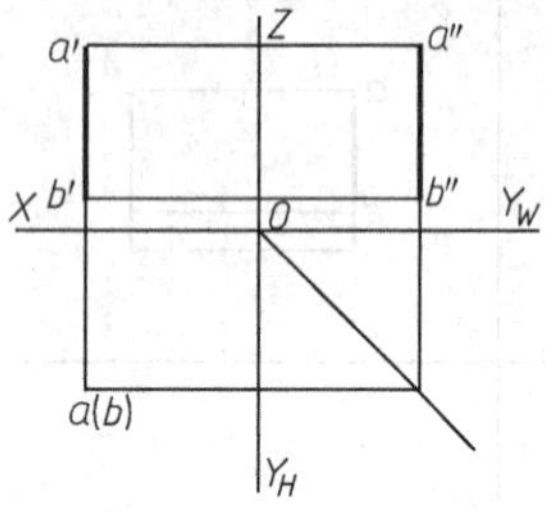	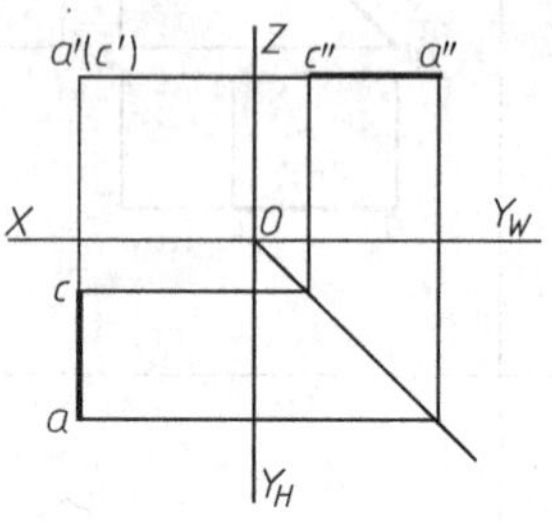	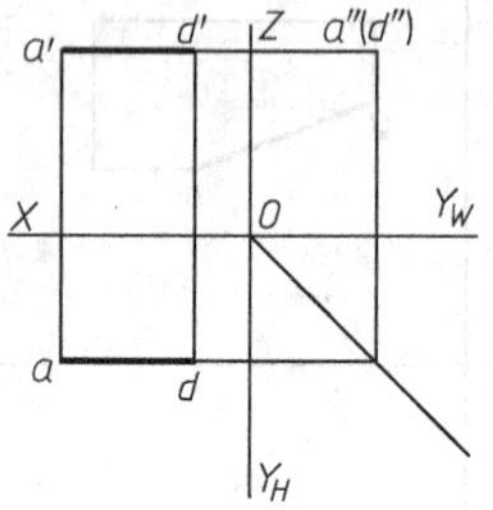
在形体投影图中的位置	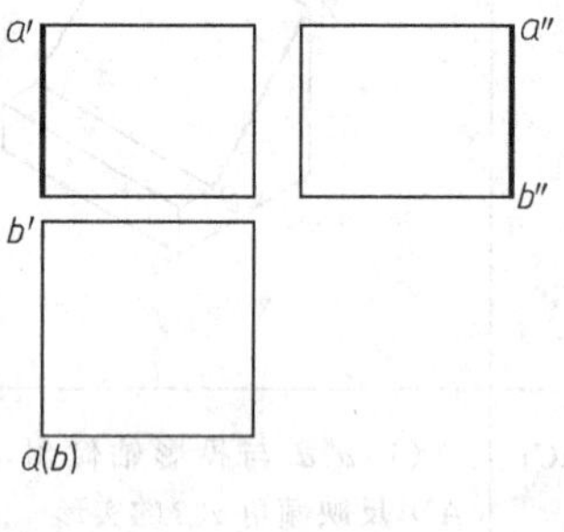	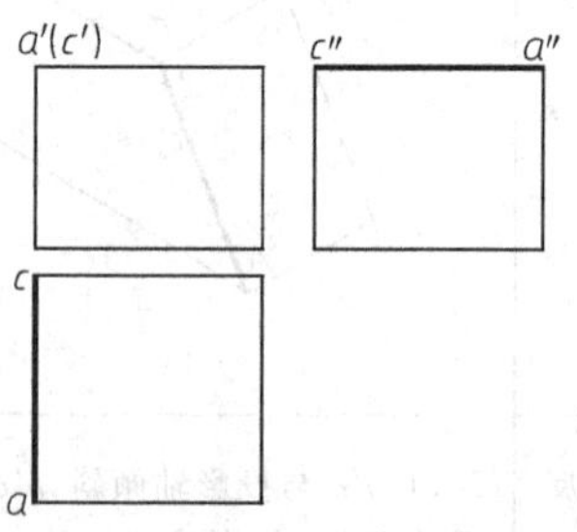	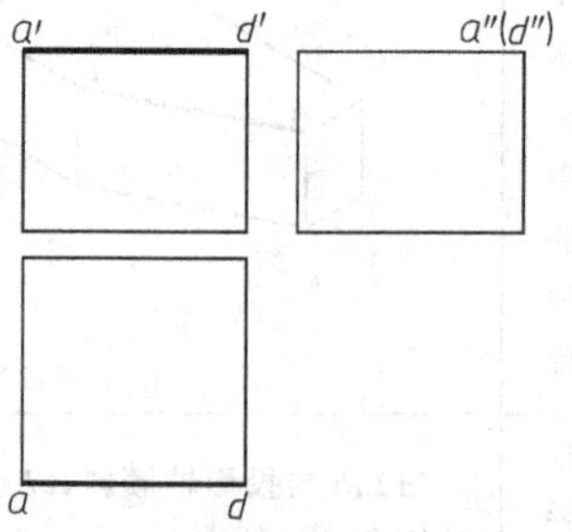
在形体立体图中的位置	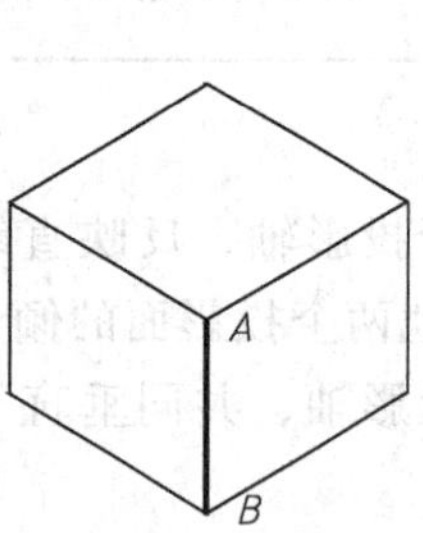	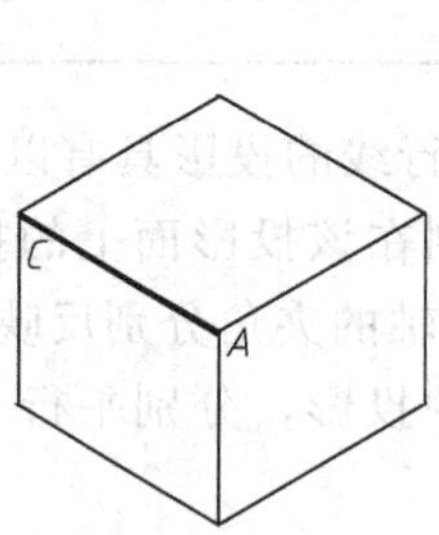	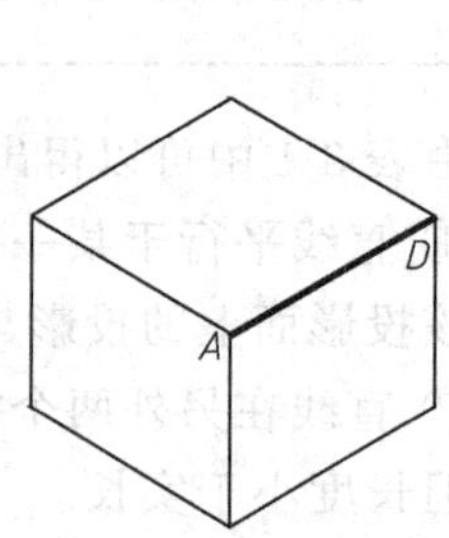
投影规律	(1)ab 积聚为一点 (2)$a'b' \perp OX$；$a''b'' \perp OY_W$ (3)$a'b' = a''b'' = AB$	(1)$a'c'$ 积聚为一点 (2)$ac \perp OX$；$a''c'' \perp OZ$ (3)$ac = a''c'' = AC$	(1)$a''d''$ 积聚为一点 (2)$ad \perp OY_H$；$a'd' \perp OZ$ (3)$ad = a'd' = AD$

由表 3-2 可以得出投影面垂直线的投影具有以下特性：

① 直线垂直于某一投影面，则在该投影面上的投影积聚成一点。

② 直线在另外两个投影面上的投影，分别垂直于相应的投影轴，共同平行于某一投影轴且反映实长。

【例 3-7】 已知水平线 AB 的长为 25mm，$\beta=30°$及点 A（30，5，10），已知点 B 在点 A 的右前方。求作直线 AB 的投影。

解：具体作图步骤如下。

① 根据 A 点坐标作出点 A 的三面投影图，见图 3-17（a）。

② 过 a 作 $ab=25$mm，且与 X 轴成 30°夹角，见图 3-17（b）。

③ 过 a'及 a''分别作 X 轴及 Y 轴的平行线，并根据 b 作出 b'及 b''，见图 3-17（c）。

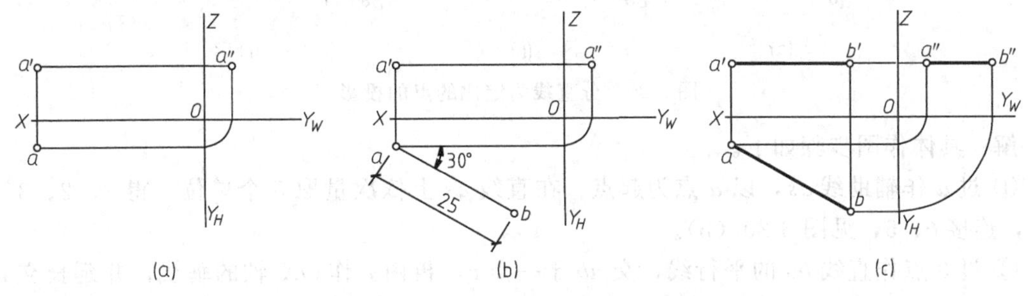

图 3-17　作水平线 AB 的三面投影

三、直线上的点

1. 直线上点的投影的从属性

位于直线上的点，它的投影必然也在该直线的同名投影上，这是正投影的从属性。根据这一特性，可以求作直线上点的投影，或判别直线与点的相对位置。如果点的三面投影都在直线的同名投影上，则此点在直线上。反之，此点不在直线上。

如图 3-18 所示，空间点 C 的三面投影 c、c'、c''都在直线的同名投影上，说明点 C 是直线 AB 上的点。而点 D 的三面投影中，d 和 d'在直线 AB 的同名投影上，但 d''不在直线 AB 的 W 面投影 $a''b''$上，故点 D 不是直线 AB 上的点。

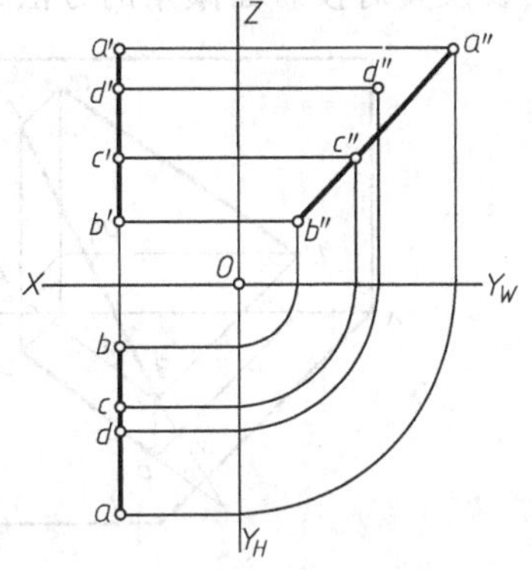

图 3-18　直线与点的相对位置

2. 直线上的点分线段成定比

如果直线上一个点把直线分为两段，则该点的投影也分直线的各同名投影为相同比例的两段，这种性质称为定比性。

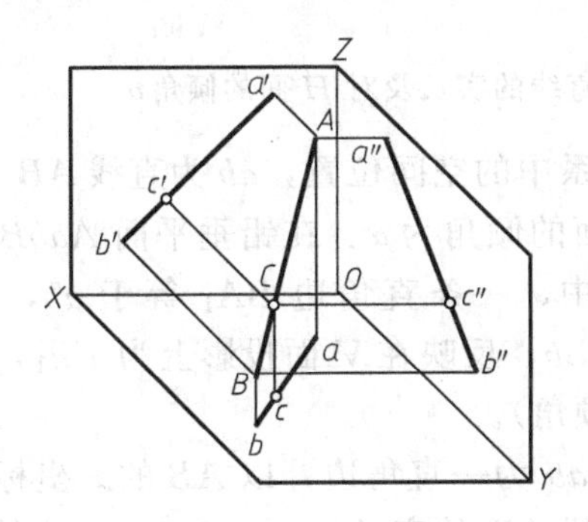

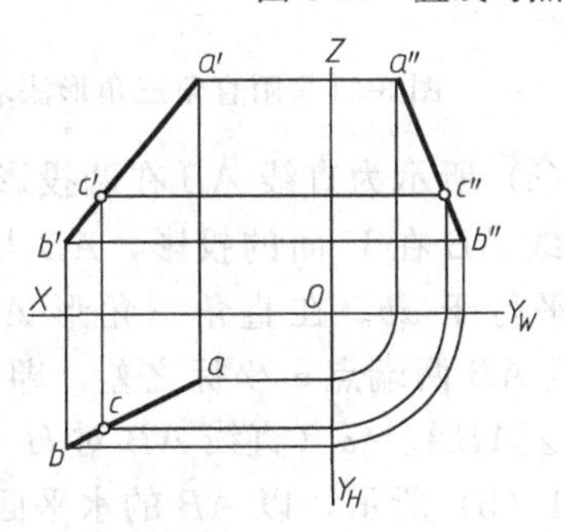

图 3-19　直线上点的投影

如图 3-19 所示，直线 AB 及线上一点 C，由上述性质可知：$AC:CB=ac:cb$。同理，$AC:CB=a'c':c'b'=a''c'':c''b''$。

【例 3-8】 如图 3-20（a）所示，已知直线 AB 的投影 ab 和 $a'b'$，求作直线 AB 上一点 C 的投影，使 $AC:CB=3:2$。

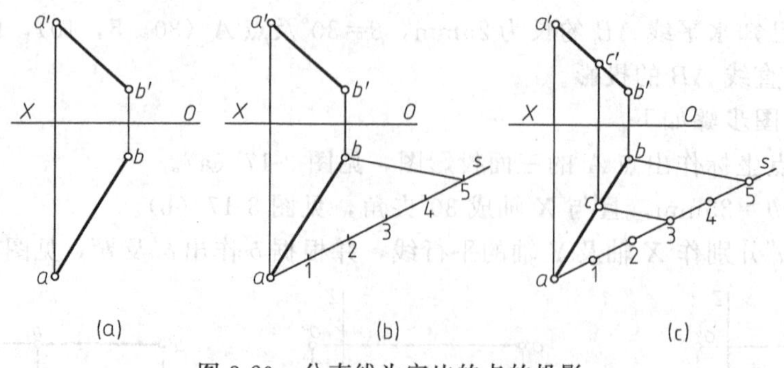

图 3-20 分直线为定比的点的投影

解：具体作图步骤如下。

① 过 a 作辅助线 as，以 a 点为起点，在直线 as 上依次量取 5 个单位，得 1、2、3、4、5 点，连接 b、5，见图 3-20（b）。

② 过 3 点作直线 $b5$ 的平行线，交 ab 于一点 c，再由 c 作 OX 轴的垂线，并延长交 $a'b'$ 于 c'，则 c 和 c' 即为所求，见图 3-20（c）。

四、用直角三角形法求一般位置直线的实长及其对投影面的倾角

一般位置直线在三个投影面上的投影都不反映直线的实长，也不反映直线与投影面所成的倾角。下面根据一般位置直线与投影面之间的几何关系，来介绍用直角三角形法求作直线实长及其对投影面倾角的方法。

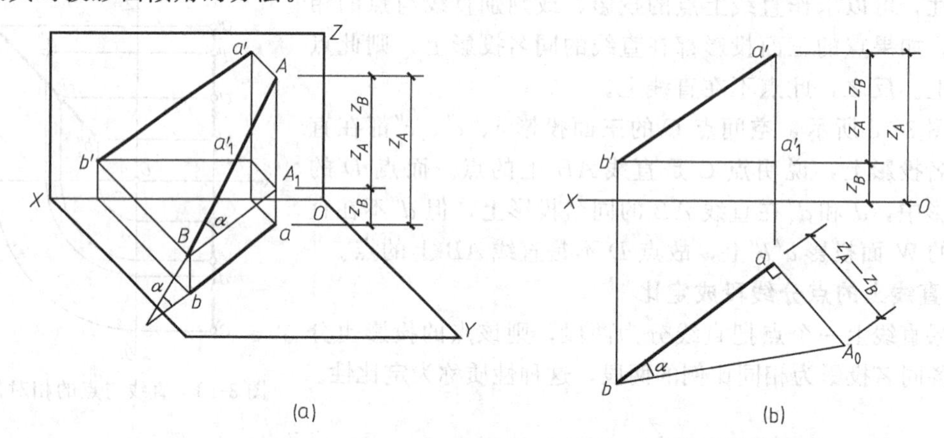

图 3-21 用直角三角形法求一般直线的实长及对 H 面的倾角 α

图 3-21（a）所示为直线 AB 在两投影面体系中的空间位置，ab 为直线 AB 在 H 面的投影，$a'b'$ 为直线 AB 在 V 面的投影，AB 与 H 面的倾角为 α。在铅垂平面 $AabB$ 内，过点 B 作直线 BA_1 平行于 ab。在直角三角形 ABA_1 中，一条直角边 BA_1 等于 ab，另一直角边 AA_1 等于直线 AB 两端点 z 坐标之差，即 $Aa-Bb$，反映在 V 面投影上为 $a'a'_1$，斜边为直线 AB 的实长，$\angle ABA_1=\alpha$（直线 AB 对 H 面的倾角）。

如图 3-21（b）所示，以 AB 的水平面投影 ab 为一直角边，以 AB 的 z 坐标差作为另一条直角边，作直角三角形 A_0ab，则 A_0b 即为直线 AB 的实长，$\angle A_0ba=\alpha$。这种方法称为直

角三角形法。

同理，可以作出线段与 V 面的倾角 β、与 W 面的倾角 γ，其作图方法如图 3-22 所示。

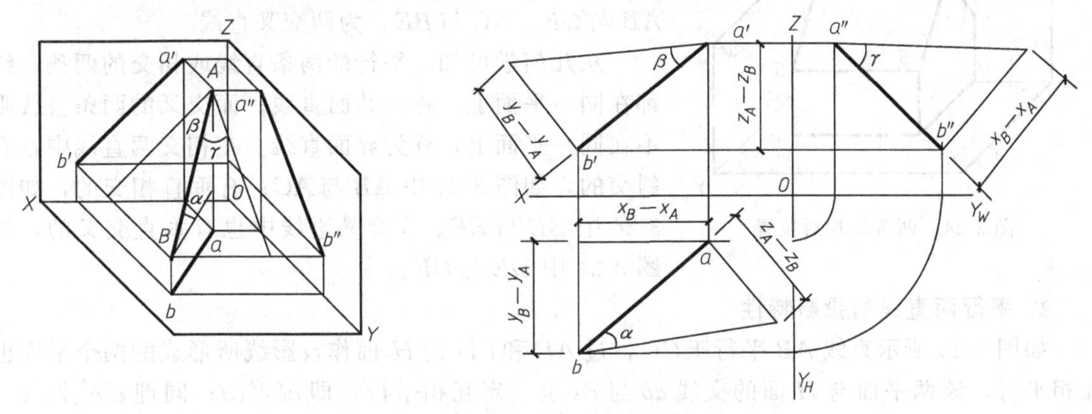

图 3-22　用直角三角形法求实长及 α、β、γ

从以上作图分析可知，用直角三角形法求作一般位置直线的实长和对投影面倾角的方法如下。

① 以直线在一个投影面的投影为一条直角边；

② 以直线在另一个投影面投影的两个端点在相应投影轴的差值作为另一条直角边；

③ 连接两直角边得直角三角形，其斜边长即为直线的实长，斜边与该投影面投影的夹角即为直线对该投影面的倾角。

【例 3-9】 如图 3-23（a）所示，已知直线 AB 的 V 面投影及点 A 的 H 面投影，$\beta=30°$，B 在 A 的前方，试补全 AB 的 H 面投影。

分析：已知投影 $a'b'$ 和 a，求 b。需先求出 A、B 两点的 y 坐标之差值。由于已知 $a'b'$ 和 β 角，所以可作出包含有 $a'b'$ 和 β 角的直角三角形。

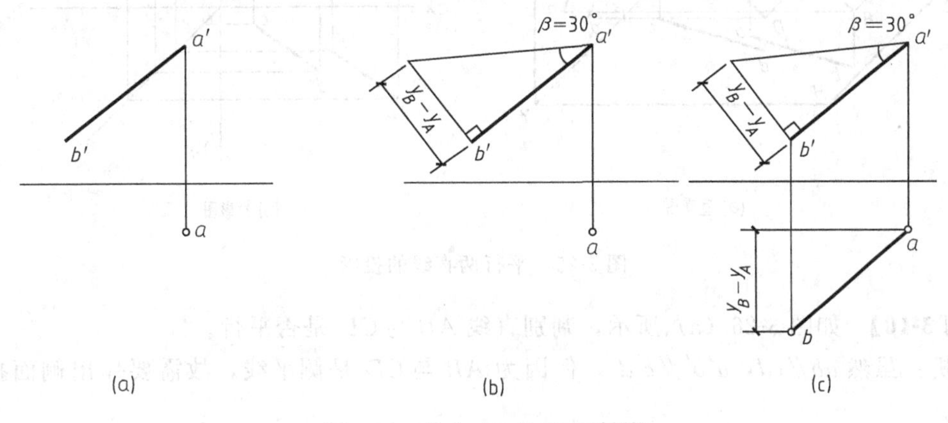

图 3-23　补全 AB 的 H 面投影

解： 具体作图步骤如下。

① 以 $a'b'$ 为一条直角边，过 b' 点作 $a'b'$ 的垂直线，再过 a' 点作与 $a'b'$ 成 30°的斜线，得直角三角形。则该直角三角形的另一条直角边为 A、B 两点的 y 坐标差，见图 3-23（b）。

② 在 H 面上量取两点的 y 坐标差得 b 点，连接 a、b 即为所求，见图 3-23（c）。

五、两直线的相对位置及投影特性

空间两直线的相对位置有平行、相交、交叉三种。

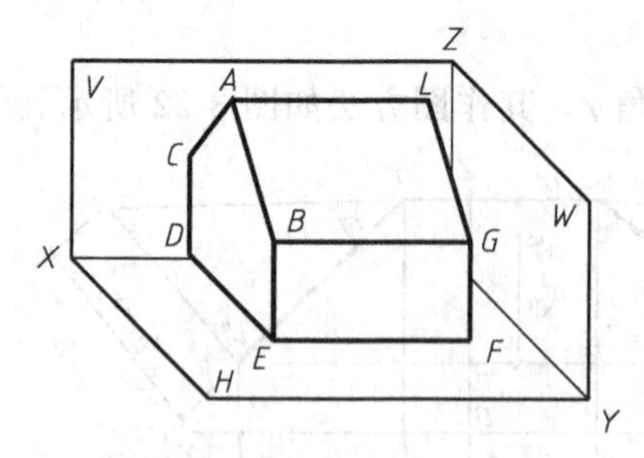

图 3-24 两直线相对位置

图 3-24 中，直线 GF 与 CD、GF 与 BE，为两平行直线；AC 与 AB、DE 与 EF，为两相交直线；直线 AB 与 GF、AC 与 BE，为两交叉直线。

从几何学可知，平行的两条直线或相交的两条直线都在同一平面上，称为共面直线；而交叉的两条直线则不在同一平面上，称为异面直线。在相交两直线中，有斜交的，如图 3-24 中 AB 与 AC；有垂直相交的，如图 3-24 中 BE 与 EF。在交叉直线中也有垂直交叉的，如图 3-24 中 DE 与 GF。

1. 平行两直线的投影特性

如图 3-25 所示直线 AB 平行于 CD，过 AB 和 CD 向 H 面作投影线所形成的两个平面也互相平行，该两平面与 H 面的交线 ab 与 cd 也一定互相平行，即 $ab /\!/ cd$；同理 $a'b' /\!/ c'd'$，$a''b'' /\!/ c''d''$。由此可以得出：空间两直线互相平行，则它们的同名投影必定互相平行，如图 3-25（b）所示。反之，若两直线的同名投影都互相平行，则此两直线在空间也一定互相平行。需要指出的是，某些特殊位置的空间直线，只根据它们在两投影面体系中的同名投影互相平行，还不能说明这两条空间直线是相互平行的，常需作出第三个投影才能进行判别。

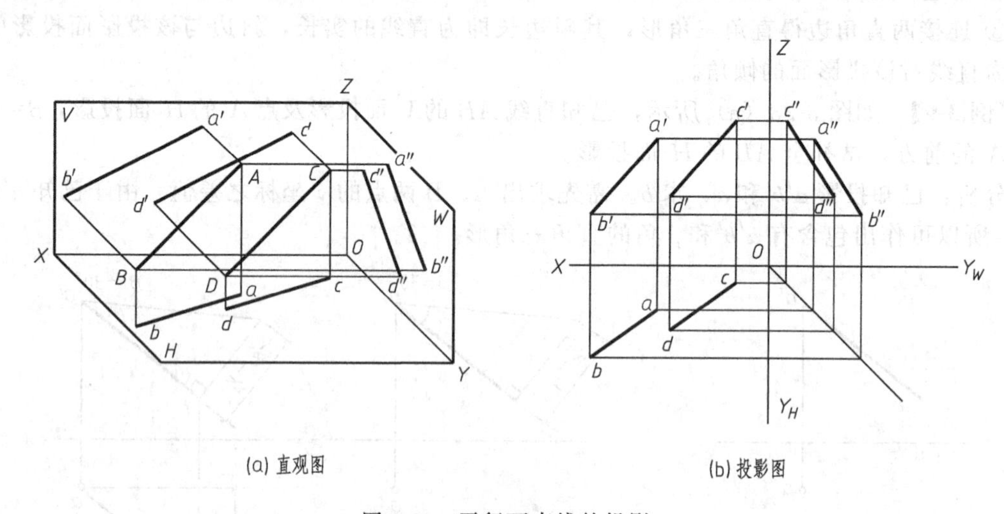

(a) 直观图 (b) 投影图

图 3-25 平行两直线的投影

【例 3-10】 如图 3-26（a）所示，判别直线 AB 与 CD 是否平行。

分析：虽然 $ab /\!/ cd$，$a'b' /\!/ c'd'$，但因为 AB 与 CD 是侧平线，故需要作出侧面投影才能判断。

解： 如图 3-26（b）所示，具体作图步骤如下。

① 根据三面投影规律作出直线 AB、CD 的 W 面投影 $a''b''$、$c''d''$。

② 由三面投影图可知，$a''b''$与 $c''d''$不平行，所以空间直线 AB 与 CD 不平行。

【例 3-11】 如图 3-27（a）所示，已知直线 AB 和点 C 的投影，求过点 C 作直线 CD 的投影，使得 $CD /\!/ AB$。

解： 具体作图步骤如下。

① 过 c' 作 $a'b'$ 的平行线 $c'd'$，自 d' 向下引一与 X 轴垂直的直线，如图 3-27（b）所示；

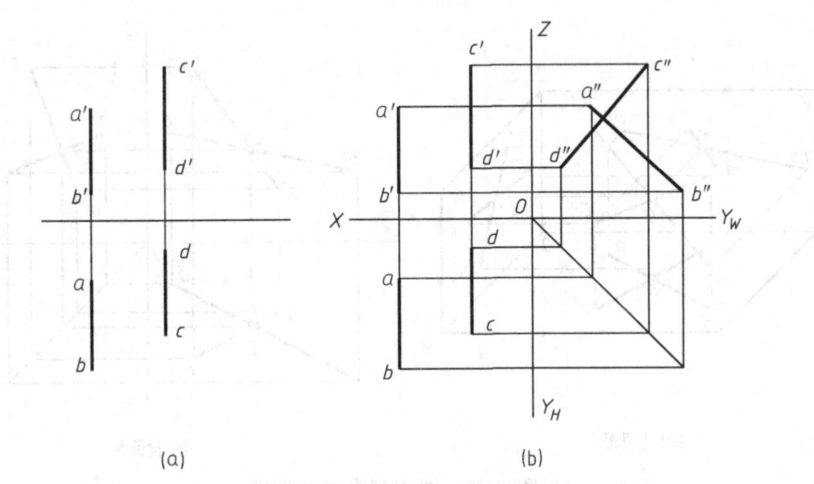

图 3-26　判断两直线是否平行

② 过 c 作 ab 的平行线，与过 d' 所引 X 轴的垂线相交于 d，连接 c、d，cd 与 $c'd'$ 即为所求，如图 3-27（c）所示。

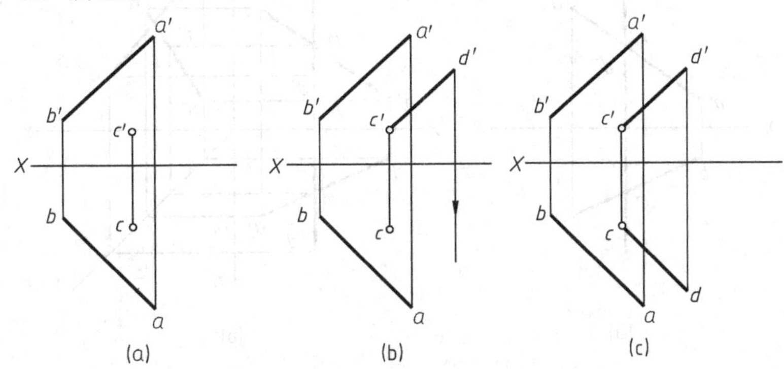

图 3-27　过已知点作已知直线的平行线

2. 两相交直线的投影特性

图 3-28（a）所示直线 AB 与 CD 相交于 O 点，O 点是 AB 和 CD 两直线的共有点。按照直线上点的投影特性，点 O 的投影必然在直线 AB 的各同名投影上，同时也在直线 CD 的各同名投影上。所以 ab 与 cd 必然交于 o 点，$a'b'$ 与 $c'd'$ 必然交于 o'，$a''b''$ 与 $c''d''$ 必然交于 o'' 点。因此可以得出：两直线相交，它们的各同名投影必然相交，且各同名投影的交点应符合直线上点的投影规律，如图 3-28（b）所示；反之，若两直线的各同名投影相交，而且交点符合直线上点的投影规律，则这两条空间直线必然相交。对空间两条一般位置直线来说，可根据它们的两组同名投影来判断它们是否相交，但是某些特殊位置的空间直线是否相交，常需作出第三投影后才能正确判断。

由图 3-29（a）所示，虽然 ab 与 cd 相交于 m，$a'b'$ 与 $c'd'$ 相交于 m'，但由于 CD 是侧平线，故需要作出第三面投影，才能判断出其空间位置。由图 3-29（b）可知，在侧面投影上虽然 $a''b''$ 与 $c''d''$ 相交，但交点不符合点的投影规律，显然不是 m'' 的位置，所以空间直线 AB 与 CD 不相交。

【例 3-12】 如图 3-30（a）所示，直线 AB 与 CD 相交，其中直线 CD 为侧平线，并且已知直线 AB、CD 的 V 面投影，直线 CD 及点 A 的 H 面投影，试完成直线 AB 的 H 面投影 ab。

分析：空间两直线相交，则各同名投影必相交，且交点符合点的投影规律。因为 CD 是

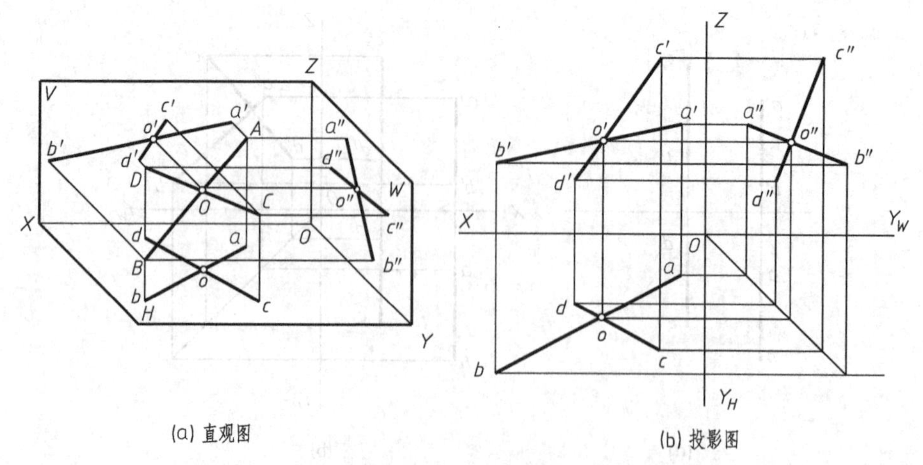

图 3-28 两相交直线的投影

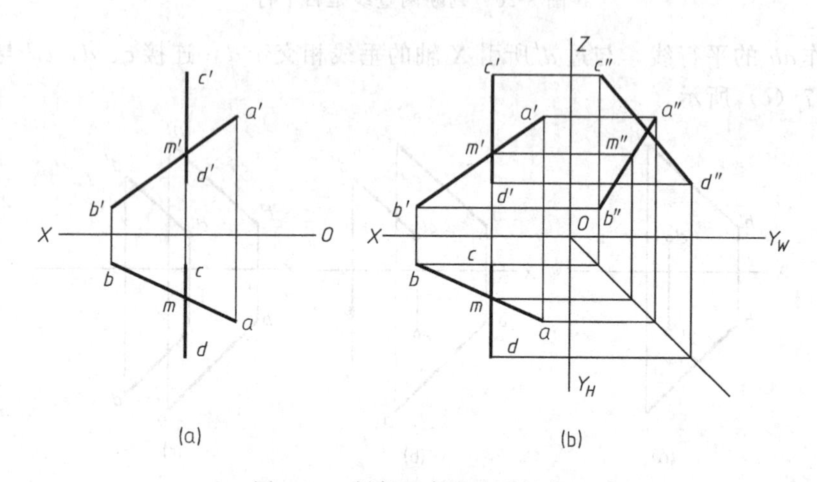

图 3-29 判断两直线是否相交

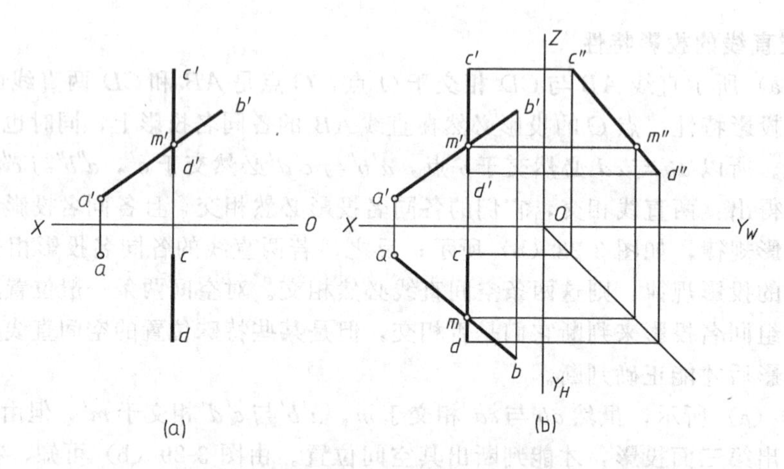

图 3-30 求直线 AB 的 H 面投影 ab

侧平线，所以须作出侧面投影才能定出交点的位置，从而完成 AB 的水平投影。

解： 如图 3-30（b）所示，具体作图步骤如下。

① 根据 CD 的水平面投影 cd 和正面投影 $c'd'$，作出 W 面投影 $c''d''$；

② 根据点的从属性，参照 m' 在 $c''d''$ 上作出 m''；

③ 参照 m''在 cd 上作出 m；

④ 过 b'作 OX 轴的垂直线，连接 a、m 并延长，交过 b'的垂线于一点 b，此 ab 即为所求。

3. 两交叉直线的投影特性

既不平行也不相交的空间直线，称为交叉直线。图 3-31（a）中，直线 AB 与 CD 的同名投影都不平行。虽然它们的同名投影都相交，但各同名投影的交点不符合同一点的投影规律，所以直线 AB 与 CD 在空间既不平行又不相交，而是两交叉直线。在特殊情况下，交叉直线的同名投影中可能有一个或两个投影面的同名投影互相平行，但不可能三个投影面上的同名投影都互相平行。

如图 3-31（b）中，AB 与 CD 为交叉直线，其 H 面投影 ab 与 cd 的交点 1（2）实际上是 AB 上的 1 点与 CD 上的 2 点在 H 面的重影点，1 点在上，2 点在下。因此 1 点可见，2 点不可见。同样，其 V 面投影 $a'b'$与 $c'd'$的交点 3′（4′）实际上是直线 AB 上的 3 点与 CD 上的 4 点在 V 面上投影的重影点，3 点在前，4 点在后。因此，3′点可见，4′点不可见。

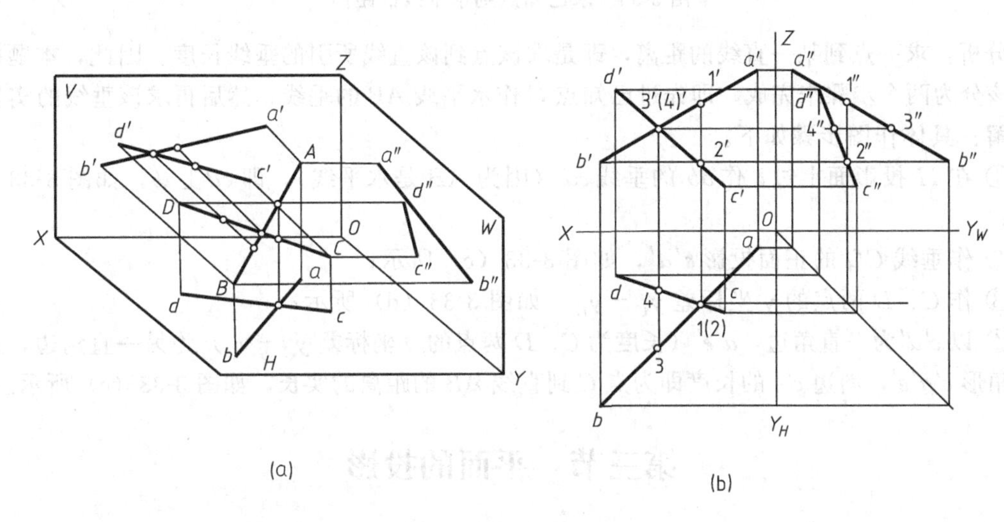

图 3-31　两交叉直线的投影

4. 互相垂直两直线的投影特征

如果两条直线互相垂直，且其中一条直线平行于某一投影面，则此两直线在该投影面上的投影也互相垂直。如图 3-32（a）所示，直线 AB 垂直于直线 BC，其中 AB 是水平线，所以 AB 必垂直于投影线 Bb，并且 AB 垂直于 BC 和 Bb 所决定的平面 $BCcb$。因为 ab 平行于直线 AB，所以 ab 也垂直于平面 $BCcb$，因而也必然垂直于该面内的 bc 线，如图 3-32（b）所示。

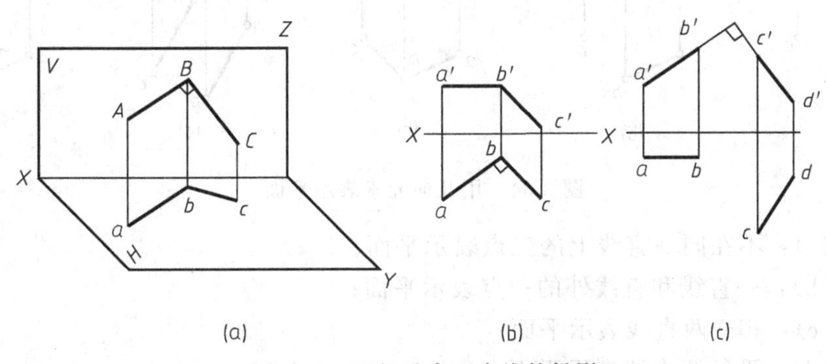

图 3-32　互相垂直两直线的投影

如图 3-32（c）所示，正平线 AB 与一般直线 CD 是交叉两直线，延长 $a'b'$ 和 $c'd'$，如果它们的夹角是直角，即 $a'b'$ 垂直于 $c'd'$，则直线 AB 与直线 CD 交叉垂直。

【例 3-13】 如图 3-33（a）所示，已知直线 AB 和点 C 的投影，求点 C 至直线 AB 的距离。

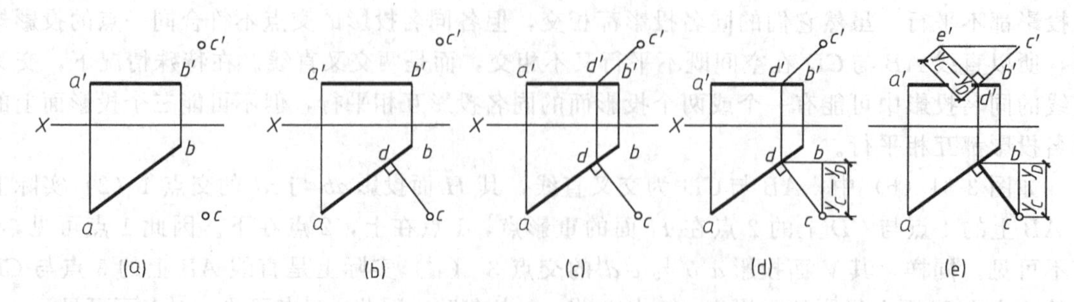

图 3-33 求已知点到水平线的距离

分析：求一点到某一直线的距离，即是求该点到该直线所引的垂线长度。因此，本题的求解应该分为两个步骤来完成，即先过已知点 C 作水平线 AB 的垂线，然后再求该垂线的实长。

解：具体作图步骤如下。

① 在 H 投影面上过 c 作 ab 的垂线 cd（因为 AB 是水平线），即 $cd \perp ab$，如图 3-33（b）所示；

② 作垂线 CD 的正面投影 $c'd'$，如图 3-33（c）所示；

③ 作 C、D 两点的 y 坐标差 $y_C - y_D$，如图 3-33（d）所示；

④ 以 $c'd'$ 为一直角边，$d'e'$（长度为 C、D 两点的 y 坐标差 $y_C - y_D$）为另一直角边，作直角三角形 $c'd'e'$，斜边 $c'e'$ 的长度即为点 C 到直线 AB 的距离的实长，如图 3-33（e）所示。

第三节 平面的投影

一、平面的表示方法

可以用几何元素来表示平面，如图 3-34 所示。

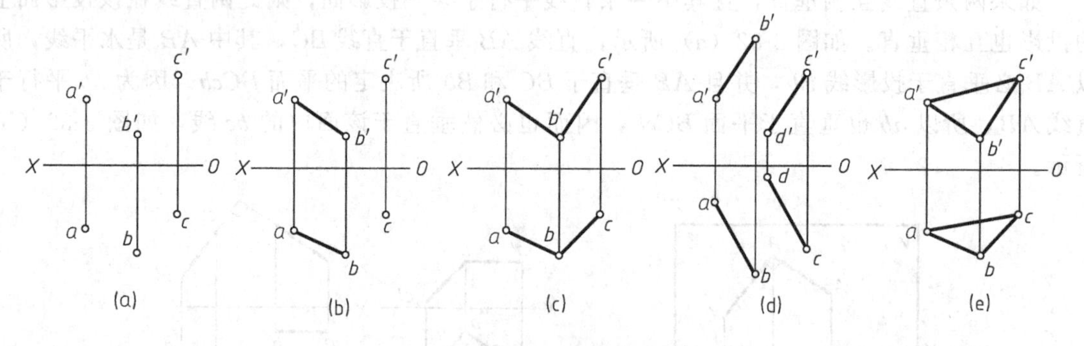

图 3-34 用几何元素表示平面

图 3-34（a）：不在同一直线上的三点表示平面；

图 3-34（b）：一直线和直线外的一点表示平面；

图 3-34（c）：相交两直线表示平面；

图 3-34（d）：平行两直线表示平面；

图 3-34 (e)：任意平面图形表示平面，如三角形、四边形、圆及其他图形。

在上述用几何元素表示平面的方法中，较多采用平面图形来表示平面。但必须注意，这种平面图形可能仅表示其本身，也有可能表示包括该图形在内的一个无限广阔的平面。为叙述方便，统称为平面。

二、平面投影图的作法

平面一般是由若干轮廓线围成的，而轮廓线可以由其上的若干点来确定，所以求作平面的投影，实质上就是求作点和线的投影。

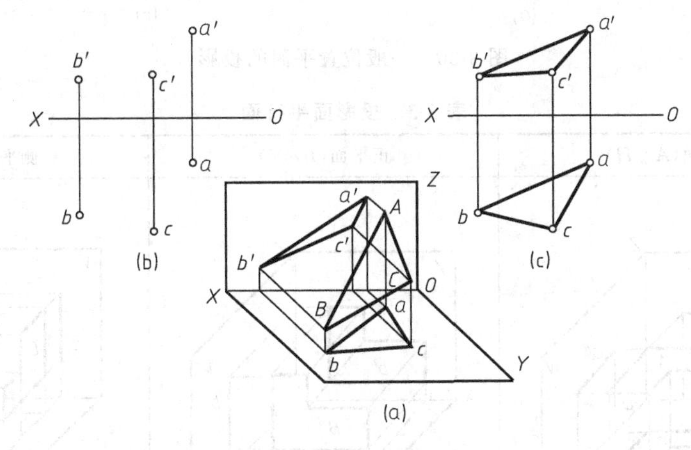

图 3-35　平面投影图的作法

求作图 3-35 (a) 所示图形的正投影图，就是先求出它的三个顶点 A、B、C 的投影，如图 3-35 (b) 所示；再分别将各同名投影连接起来，就得到平面 ABC 的投影，如图 3-35 (c) 所示。

三、各种平面的投影特性

在三面投影体系中，据平面相对于投影面的相对位置的不同，有一般位置平面、投影面平行面、投影面垂直面三种情况，其中，投影面平行面与投影面垂直面统称为特殊位置平面。

一般位置平面与投影之间的夹角，称为倾角，平面对 H 面、V 面和 W 面的倾角，分别用 α、β 和 γ 表示。

1. 一般位置平面的投影特性

一般位置平面是对于三个投影面都倾斜（既不平行也不垂直）的平面。从图 3-36 可以看出，一般位置平面的三面投影都是平面，没有积聚性，而且都反映与原平面图形类似的几何形状，但均不反映实形，且小于实形。

2. 投影面平行面的投影特性

平行于某一投影面，而必然与另外两个投影面垂直的平面，称为投影面平行面。根据平面所平行的投影面不同，投影面平行面可分为以下三种。

① 水平面，即 H 面平行面，此平面平行于 H 面，垂直于 V、W 面。

② 正平面，即 V 面平行面，此平面平行于 V 面，垂直于 H、W 面。

③ 侧平面，即 W 面平行面，此平面平行于 W 面，垂直于 H、V 面。

三种投影面平行面的投影图和投影特点见表 3-3。

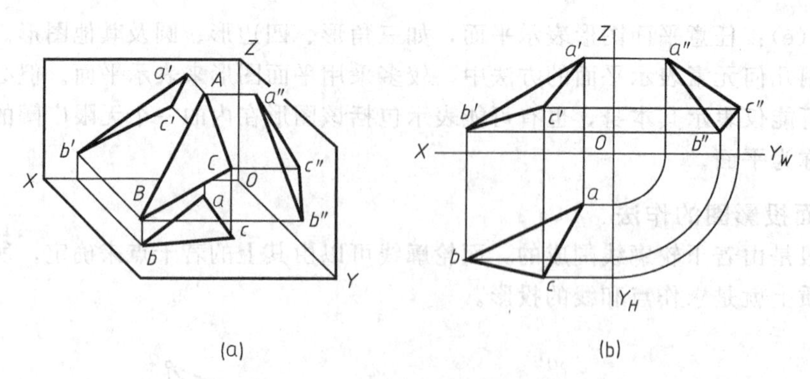

图 3-36 一般位置平面的投影

表 3-3 投影面平行面

名称	水平面($A /\!/ H$)	正平面($B /\!/ V$)	侧平面($C /\!/ W$)
立体图			
投影图			
在形体投影图中的位置			

续表

名称	水平面(A∥H)	正平面(B∥V)	侧平面(C∥W)
在形体立体图中的位置	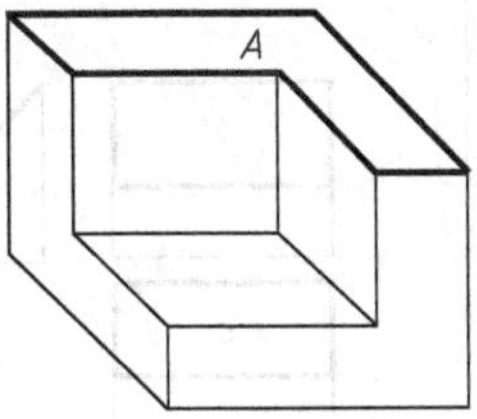 A	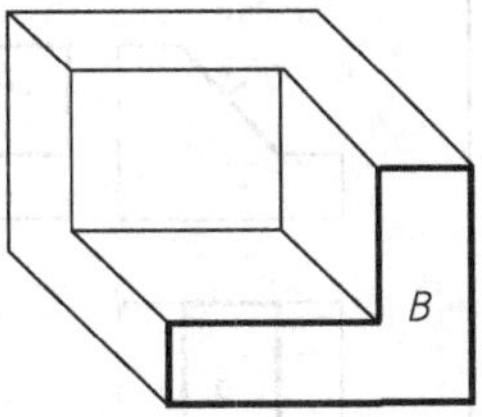 B	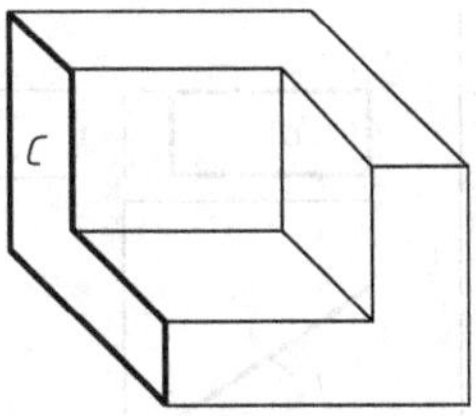 C
投影规律	(1)H面投影a反映实形 (2)V面投影a'和W面投影a''积聚为直线，分别平行于OX、OY_W轴	(1)V面投影b'反映实形 (2)H面投影b和W面投影b''积聚为直线，分别平行于OX、OZ轴	(1)W面投影c''反映实形 (2)H面投影c和V面投影c'积聚为直线，分别平行于OY_H、OZ轴

由表3-3中可以得出投影面平行面具有以下投影特性。

① 平面在它所平行的投影面上的投影，反映其实形；

② 在另外两个投影面上的投影，积聚成一条直线，且分别平行于相应的投影轴。

3. 投影面垂直面的投影特性

投影面垂直面是指垂直于一个投影面，而倾斜于另两个投影面的平面。根据平面所垂直的投影面的不同可分为以下三种。

① 铅垂面，即H面垂直面，此平面垂直于H面，倾斜于V、W面。

② 正垂面，即V面垂直面，此平面垂直于V面，倾斜于H、W面。

③ 侧垂面，即W面垂直面，此平面垂直于W面，倾斜于H、V面。

三种投影面垂直面的投影图和投影特点见表3-4。

表3-4　投影面垂直面

名称	铅垂面(A⊥H)	正垂面(B⊥V)	侧垂面(C⊥W)
立体图	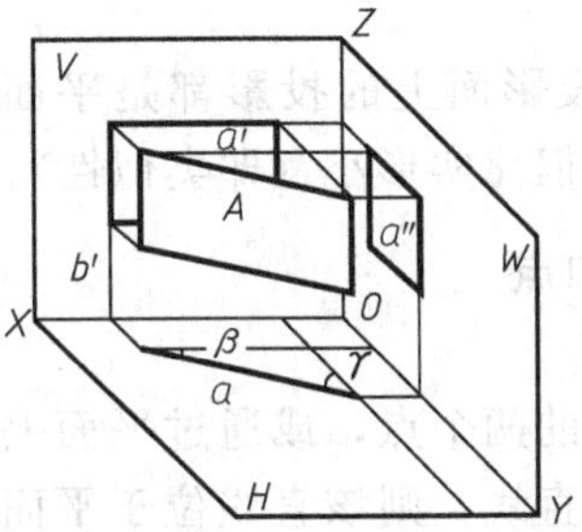 V Z a' A a'' b' W X O β γ a H Y	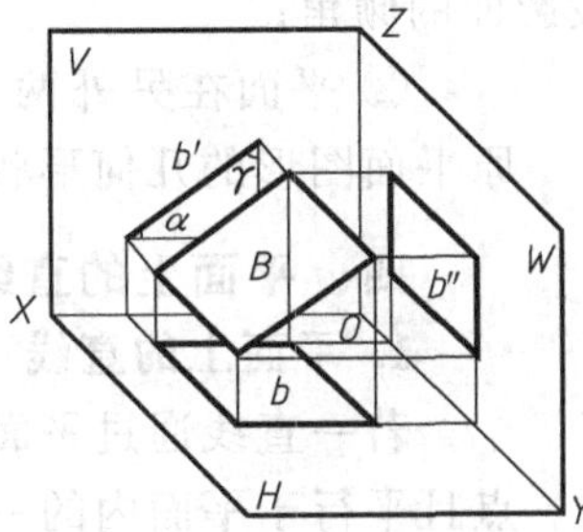 V Z b' γ α B b'' W X O b H Y	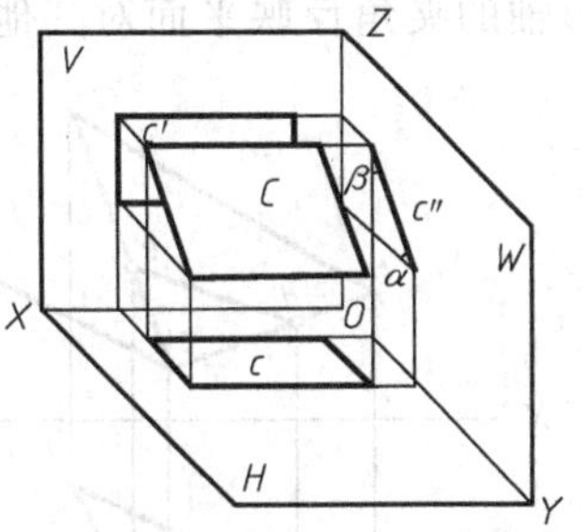 V Z c' C β c'' α W X O c H Y
投影图	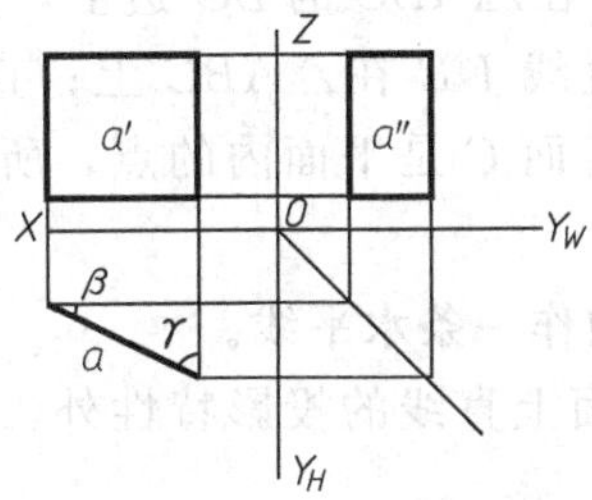 Z a' a'' X O Y_W β γ a Y_H	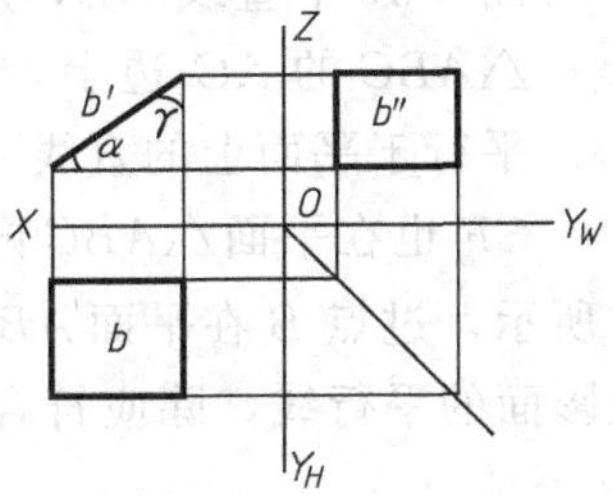 Z b' γ α b'' X O Y_W b Y_H	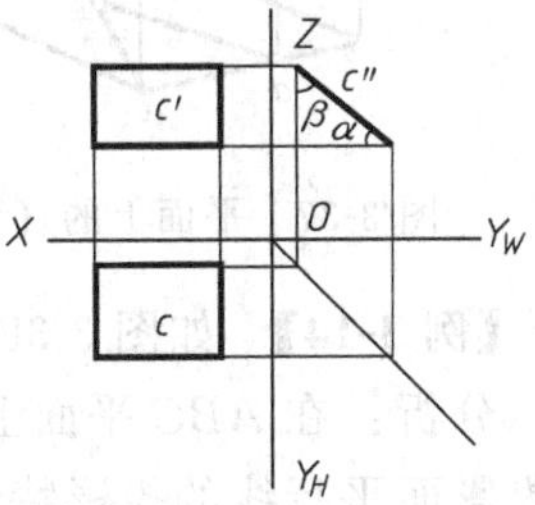 Z c' c'' β α X O Y_W c Y_H

续表

名称	铅垂面($A\perp H$)	正垂面($B\perp V$)	侧垂面($C\perp W$)
在形体投影图中的位置	a' a'' a	b' b'' b	c' c'' c
在形体立体图中的位置	A	B	C
投影规律	(1)H面投影a积聚为一条斜线且反映β,γ的实形 (2)V面投影a'和W面投影a''小于实形,是类似形	(1)V面投影b'积聚为一条斜线且反映α,γ的实形 (2)H面投影b和W面投影b''小于实形,是类似形	(1)W面投影c''积聚为一斜线,且反映α,β的实形 (2)H面投影c和V面投影c'小于实形,是类似形

由表 3-4 中可以总结出投影面垂直面具有以下投影特性。

① 平面在它所垂直的投影面上的投影积聚成一条与投影轴倾斜的直线，此直线与两投影轴的夹角反映平面对其他两投影面的倾角；

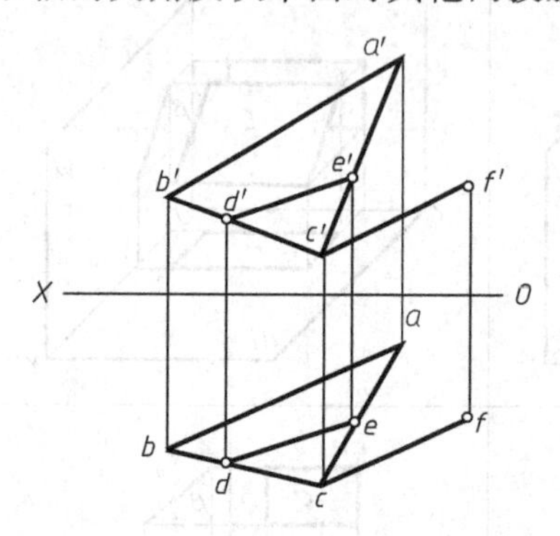

图 3-37 平面上的直线

② 平面在另外两个投影面上的投影都是平面，反映原平面图形的几何形状，但比实形小（即类似性）。

四、平面上的直线和点

1. 平面上的直线

若一直线通过平面上的两个点，或通过平面上的一个点且平行于平面内的一条直线，则该直线位于平面上。如图 3-37 中直线 DE，点 D 在$\triangle ABC$ 的 BC 边上，点 E 在$\triangle ABC$ 的 AC 边上，故直线 DE 在$\triangle ABC$ 上；直线 CF 平行于平面上的直线 AB，而 C 是平面内的点，所以直线 CF 也在平面$\triangle ABC$ 内。

【例 3-14】 如图 3-38（a）所示，过点 B 在平面 ABC 内作一条水平线。

分析：在 ABC 平面上作投影面的平行线，除应符合平面上直线的投影特性外，还应符合投影面平行线的投影特性。

解：具体作图步骤如下。

① 在 V 面上过 b' 点作直线 $b'g'$ 平行于 OX 轴，交直线 $a'c'$ 于 g' 点，见图 3-38（b）；

② 过 g' 点作 OX 轴的垂直线，交 H 投影面上的直线 ac 于 g 点，连接 b、g。直线 BG 即为所求的水平线，见图 3-38（c）。

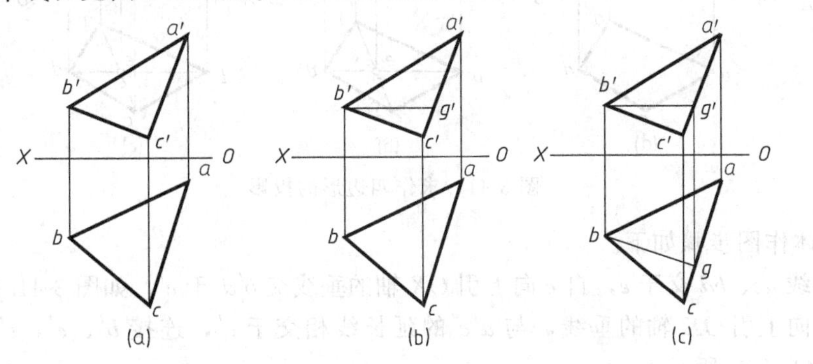

图 3-38　平面上的水平线

2. 平面上的点

如果一点位于平面内的一直线上，则该点位于平面上。如图 3-39 所示，点 F 位于直线 DE 上，而直线 DE 在△ABC 内，则点 F 在平面△ABC 上。

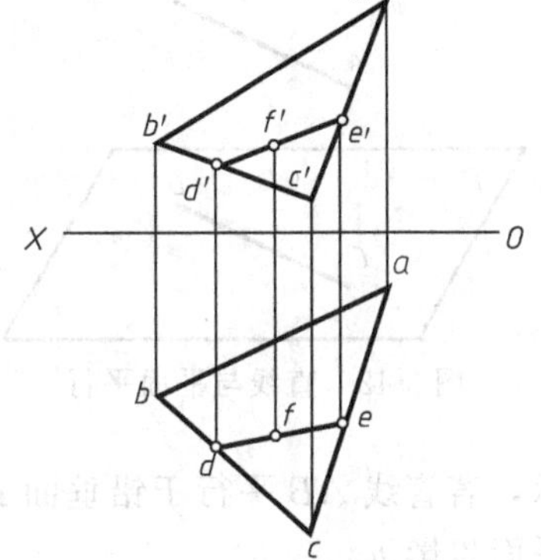

图 3-39　平面上的点

【例 3-15】 如图 3-40（a）所示，已知△ABC 上点 D 的水平面投影 d，求点 D 的正面投影 d'。

分析：根据平面上点的投影特性可知，要在平面内取点，首先要在平面内取直线。

解：具体作图步骤如下。

① 连接 b、d 并延长交 ac 于 e，自 e 向上引 OX 轴的垂线交 $a'c'$ 于 e'，如图 3-40（b）所示；

② 连接 b'、e'，自 d 向上引 OX 轴的垂线交 $b'e'$ 于 d'，则 d' 即为所求，如图 3-40（c）所示。

【例 3-16】 如图 3-41（a）所示，已知四边形 $ABCD$ 的水平面投影和 AB、AD 两边的正面投影，试补全四边形 $ABCD$ 的正面投影。

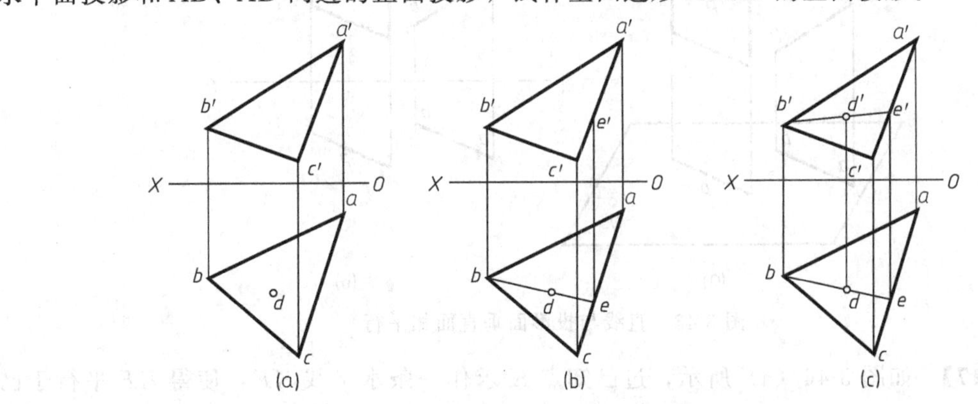

图 3-40　求作平面内的点的投影

分析：完成四边形 $ABCD$ 的正面投影，实际上就是确定 C 点的正面投影。已知 C 点在平面 ABD 上，根据 C 点的水平面投影，即可求其正面投影 c'。

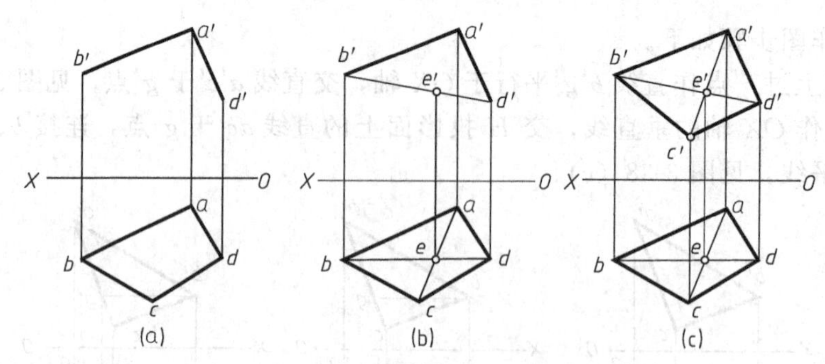

图 3-41 求作四边形的投影

解：具体作图步骤如下。

① 连接线 ac、bd 交于 e，自 e 向上引 OX 轴的垂线交 $b'd'$ 于 e'，如图 3-41（b）所示；

② 过 c 向上引 OX 轴的垂线，与 $a'e'$ 的延长线相交于 c'，连接 b'、c'，c'、d'，即得所求，如图 3-41（c）所示。

五、直线与平面的相对位置

直线与平面的相对位置有平行、相交、垂直三种，其中，垂直是相交的特殊情况。

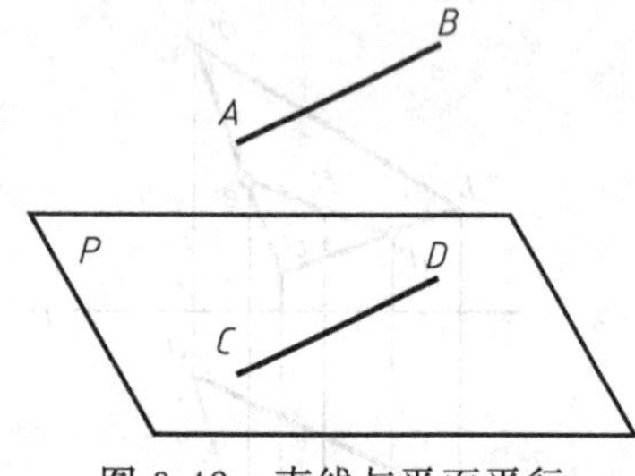

图 3-42 直线与平面平行

1. 直线与平面平行

从几何学可以知道，如果一条直线与一平面内的某一条直线平行，则该直线与该平面平行，如图 3-42 所示，直线 AB 平行于平面 P 上的一条直线 CD，所以直线 AB 平行于平面 P。根据这一原理，可以判别直线是否与平面平行，和求作已知平面的平行直线。

当平面为特殊位置平面时，直线与平面的平行关系可以直接在平面有积聚性的投影中反映出来。如图 3-43 所示，若直线 AB 平行于铅垂面 P，则 AB 的水平面投影 ab 必然平行于平面 P 的积聚性的水平面投影 p。

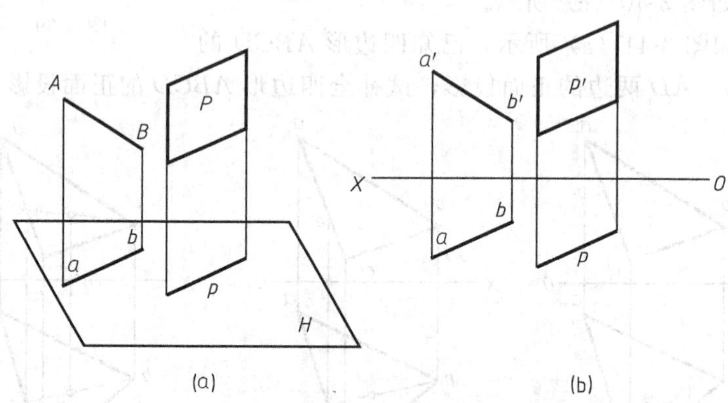

图 3-43 直线与投影面垂直面相平行

【例 3-17】 如图 3-44（a）所示，过已知点 K 求作一条水平线 KF，使得 KF 平行于已知平面三角形 ABC。

分析：与平面 ABC 平行的水平线，必平行于该平面上一条水平线。所以先在平面 ABC 上作一水平线 AD，再过已知点 K 作一水平线 KF 平行于平面 ABC 上的水平线 AD 即可。

解：如图 3-44（b）所示，具体作图步骤如下。

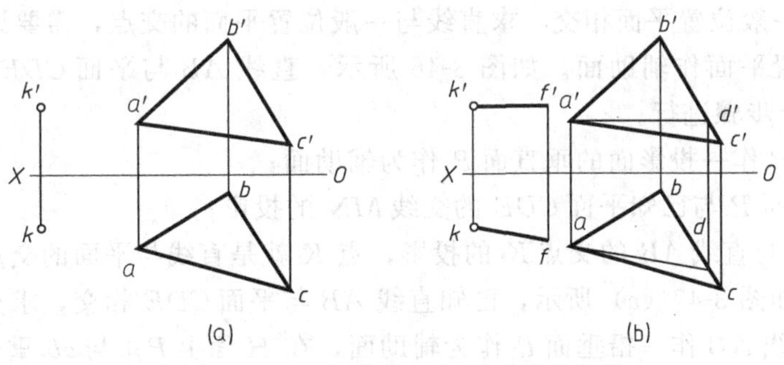

图 3-44　过已知点作已知平面的平行线

① 在平面 ABC 的 V 面投影上，过 a' 点作 $a'd'$ 平行于 OX 轴，交 $b'c'$ 于 d' 点；

② 作 AD 的 H 面投影 ad；

③ 过 k' 点作 $k'f'//a'd'$，过 k 点作 $kf//ad$，则 $k'f'$、kf 即为所求水平线 KF 在 V、H 面上的投影。

2. 直线与平面相交

直线与平面相交于一点，该点称为交点。交点是直线与平面的共有点，它既在直线上又在平面上。直线与平面相交，主要是求交点位置和判别可见性的问题。

(1) 直线与特殊位置平面相交　求直线与特殊位置平面的交点，应充分利用平面投影的积聚性。

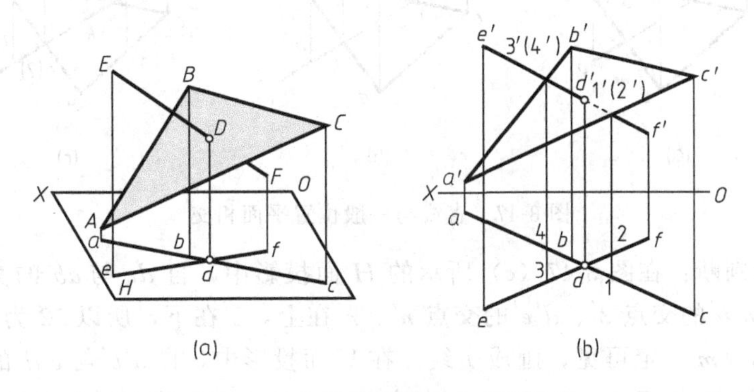

图 3-45　直线与投影面垂直面相交

如图 3-45 (a) 所示，平面 ABC 垂直于 H 面，其水平面投影积聚为一条直线 abc。空间直线 EF 与平面 ABC 相交于 D 点。因为交点 D 是平面 ABC 上的点，其水平面投影 d 必定在直线 abc 上。而交点 D 同时是直线 EF 上的点，它的水平面投影 d 必定在 ef 上。显然，直线 abc 与 ef 的交点 d 就是交点 D 的水平面投影。从点 d 向上引垂线，与直线 EF 的 V 面投影 $e'f'$ 相交，d' 即为交点 D 的 V 面投影，如图 3-45 (b) 所示。

直线与平面相交时，直线的某一部分可能被平面所遮挡，需要判断其可见性。如图 3-45 (b) 所示，自 $a'c'$ 与 $e'f'$ 的交点向下引垂线，先交 ef 于 2，后交 ac 于 1。因为 1 在前，2 在后，直线 EF 中的 DF 段的一部分被平面所遮挡，所以 DF 段的一部分 $d'2'$ 在 V 面的投影画虚线。再自 $a'b'$ 与 $e'f'$ 的交点向下引垂线，先交 ab 于 4，后交 ef 于 3。因为 3 在前，4 在后，直线 EF 中的 ED 段在平面的前面，所以 ED 段的一部分 $d'3'$ 在 V 面的投影画实线。

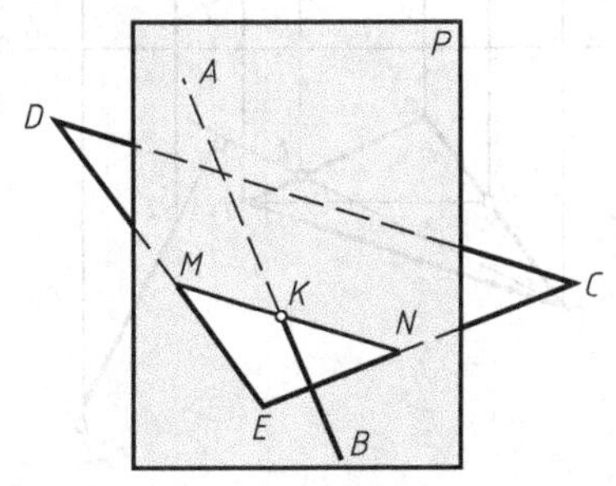

图 3-46　直线与一般位置平面相交

（2）直线与一般位置平面相交　求直线与一般位置平面的交点，需要设定一个包含该直线在内的特殊位置平面作辅助面。如图 3-46 所示，直线 AB 与平面 CDE 相交，为求交点 K，可按下面三个步骤进行。

① 过直线 AB 作一投影面的垂直面 P 作为辅助面；

② 求出辅助面 P 与已知平面 CDE 的交线 MN 的投影；

③ 求出 MN 与直线 AB 的交点 K 的投影，点 K 就是直线与平面的交点。

【例 3-18】 如图 3-47（a）所示，已知直线 AB 与平面 CDE 相交，求交点 K 的投影。

解：① 过直线 AB 作一铅垂面 P 作为辅助面，在 H 面上 P_H 与 ab 重合，P_H 与 ce、ed 分别相交于 m、n，自 m、n 向上作垂线，与 $c'e'$、$e'd'$ 分别相交于 m'、n'，则 mn、$m'n'$ 即为平面 P 与平面 CDE 的交线的投影，如图 3-47（b）所示。

② 自 $m'n'$ 与 $a'b'$ 的交点 k' 向下引垂线与 ab 交于 k，则 k 与 k' 即为所求交点的投影，如图 3-47（c）所示。

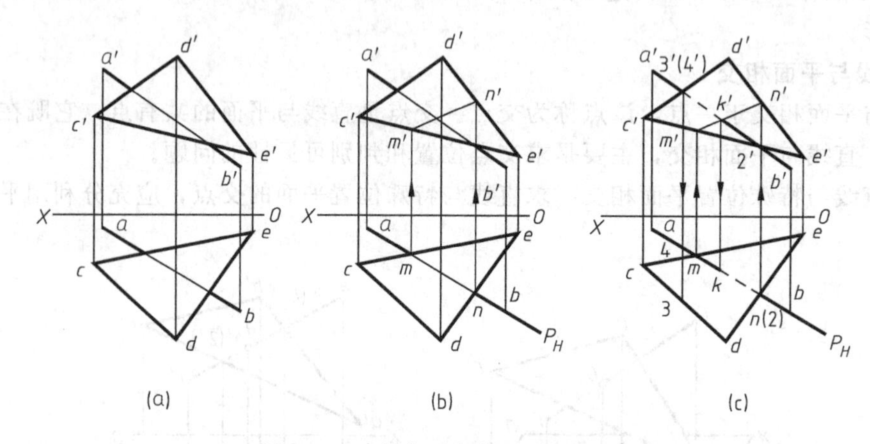

图 3-47　直线与一般位置平面相交

③ 可见性的判断：在图 3-47（c）所示的 H 面投影中，自 de 与 ab 的交叉点 n（2）向上引垂线，得与 $a'b'$ 的交点 $2'$、$d'e'$ 的交点 n'。n' 在上，$2'$ 在下，所以 $k2$ 为不可见，画成虚线，以 k 点为界，km 一定可见，画成实线。在 V 面投影中，自 $a'b'$ 与 $c'd'$ 的交叉点 $3'$（$4'$）向下引垂线，分别交 ab 于 4，cd 于 3，3 点在前，4 点在后，故 $k'4'$ 不可见，画成虚线，以 k' 为界，$k'2'$ 一定可见，画成实线。

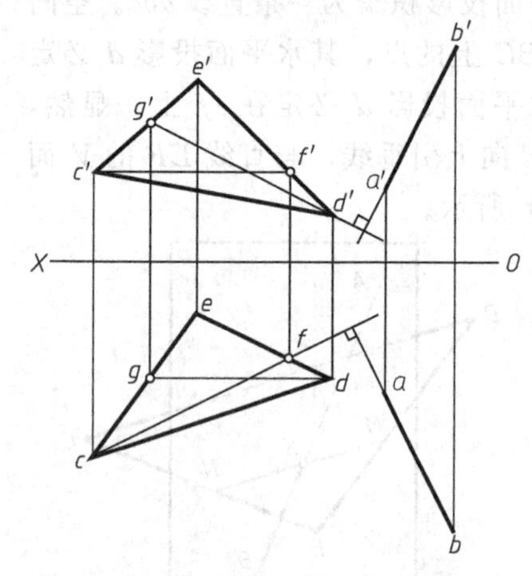

图 3-48　直线与平面垂直

3. 直线与平面垂直

判断直线与平面是否垂直的几何条件是：若有一直线垂直于某一平面内的两条相交直线，则该直线与该平面垂直。因此，直线与平面的垂直问题，实际上是直线与平面内两条相交直线的垂直问题。

如果一条直线垂直于一平面，则该直线一定垂直于该平面内的任何一条直线。如果在平面内取两条相交直线，一条为水平线，另一条为正平线，那么当一直线垂直于该平面时，它就一定垂直于该平面内的水平线和正平线。所以，该直线在 H 面的投影就垂直于该平面内的水平线在 H 面的投影；该直线在 V 面的投影就垂直于该平面内的正平线在 V 面的投影，如图 3-48 所示。

利用这种方法，就能比较容易地作出垂直于某一平面的直线，或判断一直线是否垂直于某平面。

【例 3-19】 如图 3-49（a）所示，已知点 A 和平面 CDE 的投影，求过点 A 并垂直于平面 CDE 的直线 AB 的投影。

解： 具体作图步骤如下。

① 过 c' 点作 OX 轴的平行线与 $d'e'$ 相交于 f' 点，由 f' 点向下引垂线交 de 于 f，连接 c、f。再由 a 点向 cf 的延长线作垂线，如图 3-49（b）所示。

② 过 f 点作 OX 轴的平行线与 cd 交于 g，由 g 向上引垂线与 $c'd'$ 相交得 g'，连 f'、g'。再由 a' 向 $g'f'$ 延长线作垂线。按点的投影规律，取直线的另一端点投影 b 和 b'。ab、$a'b'$ 即为所求 AB 的投影，如图 3-49（c）所示。

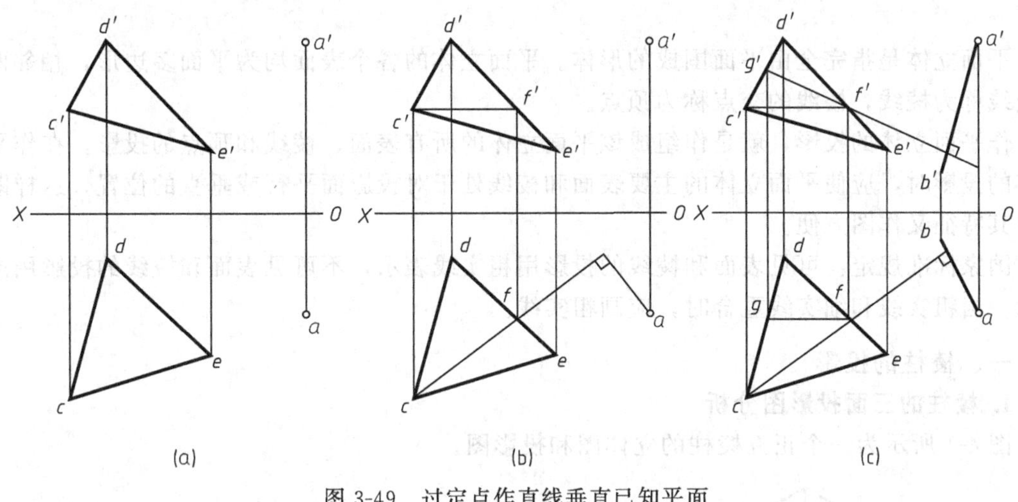

图 3-49　过定点作直线垂直已知平面

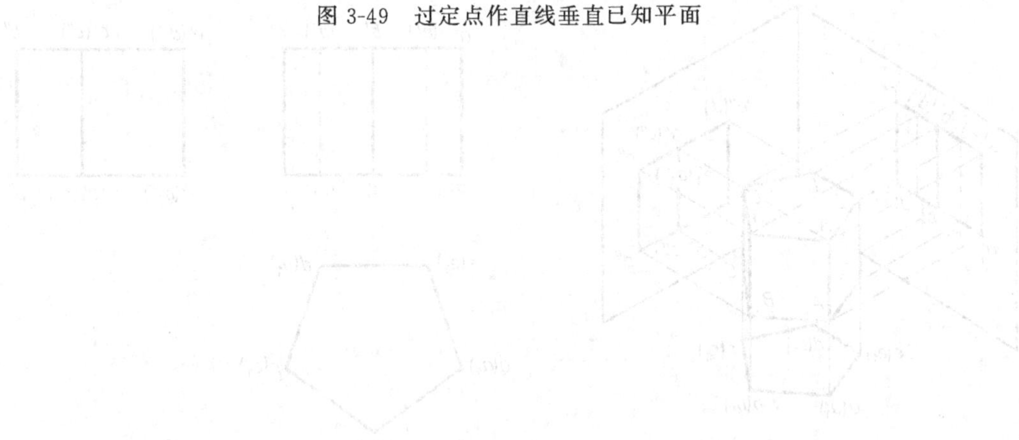

第四章　立体的投影

立体是指由若干个表面闭合围成的形体，组成立体的面称为立体表面。立体按其表面的性质可分为平面立体和曲面立体。最基本的平面立体有棱柱和棱锥，最基本的曲面立体有圆柱、圆锥、球等。本章只讨论基本几何体及立体表面上的点和直线的投影。

第一节　平面立体的投影

平面立体是指完全由平面围成的形体。平面立体的各个表面均为平面多边形，相邻两面的交线称为棱线，棱线的交点称为顶点。

作平面立体的投影，就是作组成该平面立体的所有表面、棱线和顶点的投影。在作平面立体的投影时，应使平面立体的主要表面和棱线处于对投影面平行或垂直的位置，这样既能反映其特征又作图方便。

国家标准规定：可见表面和棱线的投影用粗实线表示，不可见表面和棱线的投影用虚线表示。当粗实线和细实线重合时，应画粗实线。

一、棱柱的投影

1. 棱柱的三面投影图分析

图 4-1 所示为一个正五棱柱的立体图和投影图。

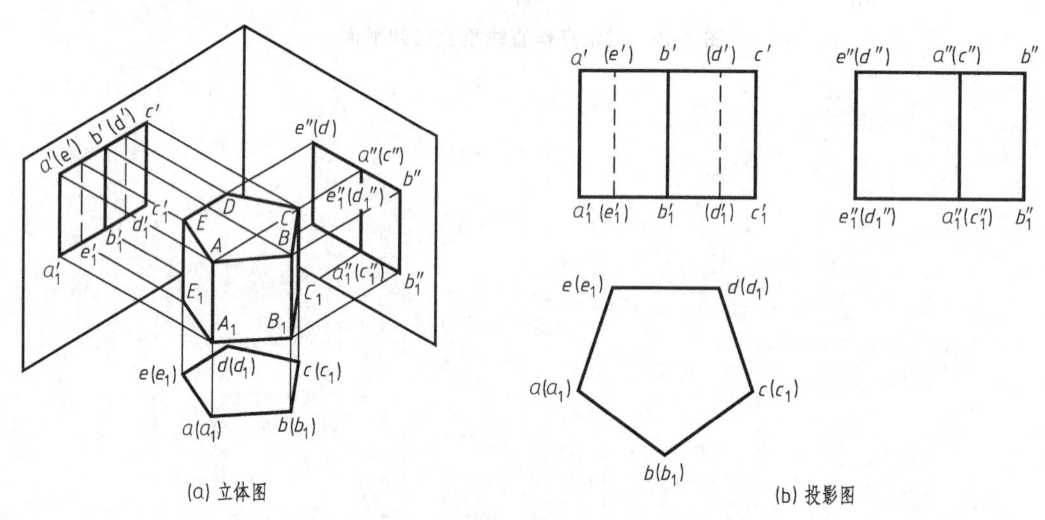

(a) 立体图　　(b) 投影图

图 4-1　正五棱柱的立体图和投影图

① 顶面和底面为水平面，其水平面投影重合且反映五边形的实形，正面投影和侧面投影分别积聚成与相应投影轴平行的直线；

② 后面侧棱面是正平面，其正面投影反映实形，水平面投影和侧面投影积聚为直线，分别平行于相应的投影轴；

③ 其他四个侧棱面是铅垂面，其水平面投影积聚成与投影轴倾斜的直线；正面投影为四个平面，不反映实形，侧面投影重合为两个平面，不反映实形；

④ 五条棱线均为铅垂线，在水平面上积聚为一点，在其他两面上的投影反映实长。

2. 作棱柱体投影的步骤

根据投影特性，作图过程如下。

① 先作顶面和底面的投影；

② 再作五条棱线的投影，在正面投影中，棱线 EE_1、DD_1 被前面的棱面挡住，为不可见，故画成虚线；侧面投影中，棱线 CC_1、DD_1 分别被棱线 AA_1、EE_1 挡住，且投影重合，故不用画出虚线，如图 4-1（b）所示。

【注意】 从本章起，在投影图中不再画投影轴。

二、棱锥体的投影

1. 棱锥体的三面投影图分析

图 4-2 是一个正三棱锥 $SABC$ 的立体图和投影图。

① 三棱锥的底面 ABC 是水平面，它的水平面投影反映三角形实形，正面和侧面投影积聚成直线，分别平行于相应的投影轴。

② 后棱面 SBC 为侧垂面，其侧面投影积聚成直线，正面投影和水平面投影均为三角形，不反映实形。

③ 另两个侧棱面 SAC 和 SAB 为一般位置平面，其投影全部为三角形，均不反映实形。

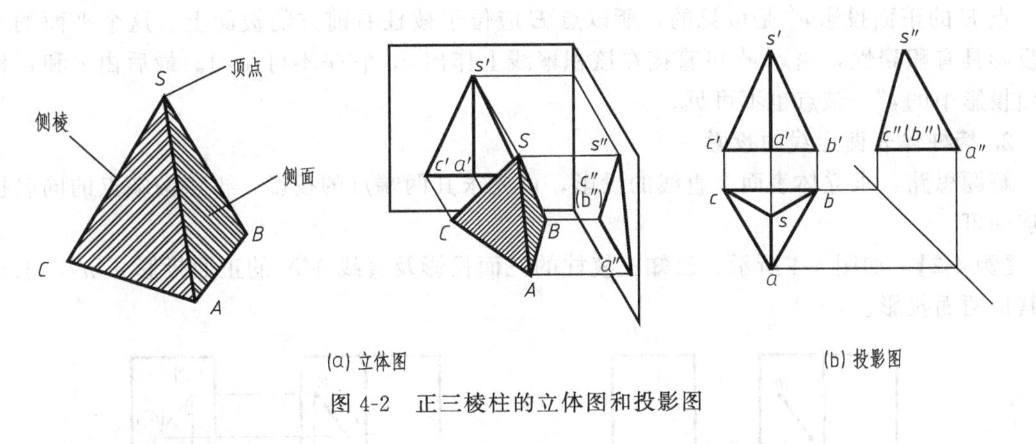

(a) 立体图　　(b) 投影图

图 4-2　正三棱柱的立体图和投影图

2. 作棱锥投影的步骤

根据投影特性，作图过程如下。

① 先作底面的三面投影；

② 再作锥顶的三面投影；

③ 最后将锥顶的投影点与底面的同名投影的端点连起来，即为棱锥的三面投影，如图 4-2（b）所示。

第二节　平面立体表面上点和线的投影

在平面立体表面上取点、线的方法与在平面上取点、线的方法相同。

一、棱柱体表面上点和线的投影

1. 棱柱体表面上点的投影

解题思路：在棱柱体表面上作点的投影时，应先求出点在积聚棱面上的投影，再求出点的第三面投影，最后判断点投影的可见性。

【例 4-1】 已知图 4-3 所示三棱柱表面上点 D 的水平面投影 d 和点 E 的正面投影 e'，求作这两点的其他两面投影。

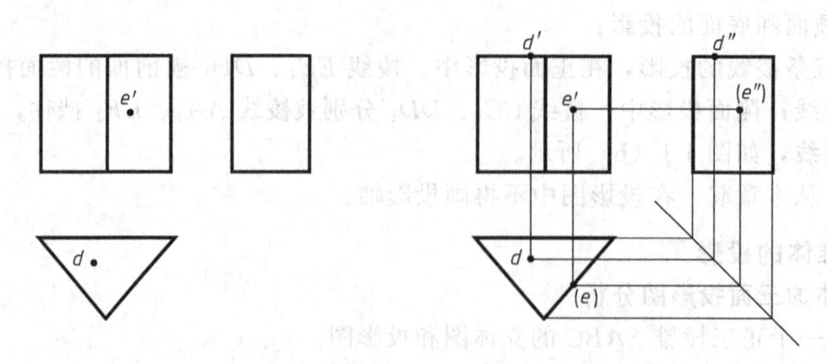

(a) 已知条件　　(b) 作图步骤

图 4-3　三棱柱表面上点的投影

分析：点 D 的水平面投影 d 是可见的，所以点 D 应位于棱柱的上底面上。这个上底面的正面投影和侧面投影都具有积聚性，点 d' 和 d'' 都应该位于上底面投影的积聚线上。

点 E 的正面投影 e' 是可见的，所以点 E 应位于棱柱右前方的棱面上。这个平面的水平面投影具有积聚性，由点 e' 可直接在该积聚线上作出 e，它是不可见的。最后由 e 和 e' 作出侧面投影中的 e''，该点也不可见。

2. 棱柱体表面上线的投影

解题思路：求立体表面上直线的投影，可先求其两端点的投影，再将两端点的同名投影相连即可。

【例 4-2】 如图 4-4 所示，已知三棱柱的三面投影及直线 MN 的正面投影 $m'n'$，求直线的其他两面投影。

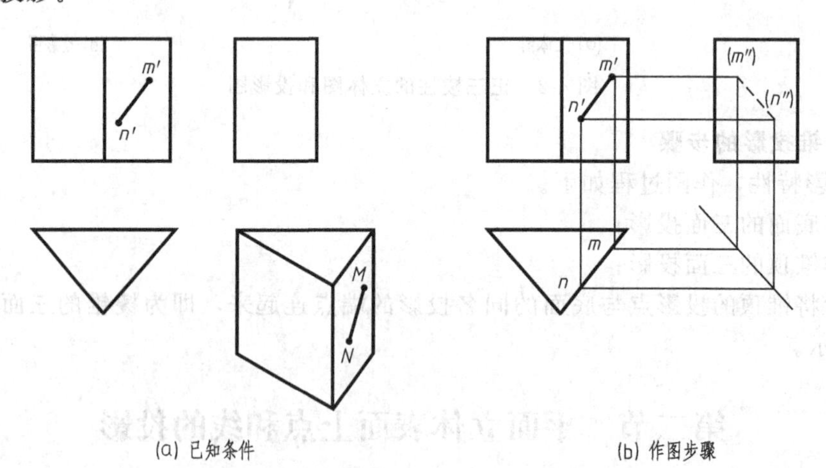

(a) 已知条件　　(b) 作图步骤

图 4-4　三棱柱表面上直线的投影

投影分析：三棱柱的侧面均为铅垂面，其水平面投影均积聚为一条直线，可直接求出直线 MN 两端点的水平面投影 m、n，连接 m、n，即为 MN 的水平面投影 mn。利用点的投影规律，可求出 MN 两端点的侧面投影 m''、n''，连接 m''、n''，即得直线 MN 的侧面投影 $m''n''$。

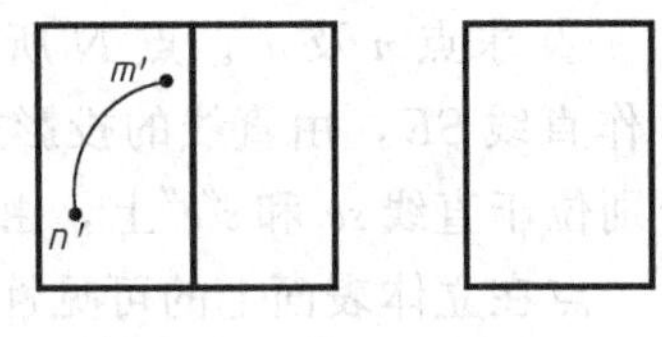

判别可见性：如果面是可见的，则该面上的线也可见；否则，该面上的线也不可见。

由此可断定 mn 可见，$m''n''$不可见。

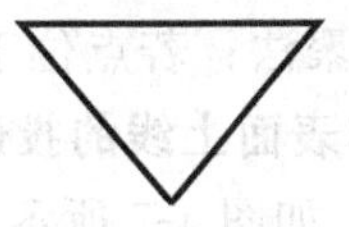

作图步骤：分别过 m'、n' 向下引投影线，与水平面投影分别交于 m、n，连接 m、n 即得直线 MN 的水平面投影。根据点的投影规律确定 m''、n''，连接 m''、n''，即得直线 MN 的侧面投影 $m''n''$，因 $m''n''$不可见，故用虚线表示。

图 4-5 三棱柱表面曲线的投影

如图 4-5 所示，已知曲线 MN 的正面投影，请读者自行完成其他两面投影。

二、棱锥体表面上点和线的投影

1. 棱锥体表面上点的投影

在棱锥体表面取点时，应先作辅助线。一般将该所求点与棱锥体的锥顶相连，或过所求点作棱锥体底面多边形某一边的平行线，最后判断点投影的可见性。在棱锥体表面上过已知点作辅助线可有三种方法：

① 过圆锥顶作直线（图 4-6）；

② 作平行于底边的直线；

③ 作任意直线。

【例 4-3】 如图 4-6 所示，已知三棱锥的三面投影及其表面上的点 F、N 的一面投影，求另外两面的投影。

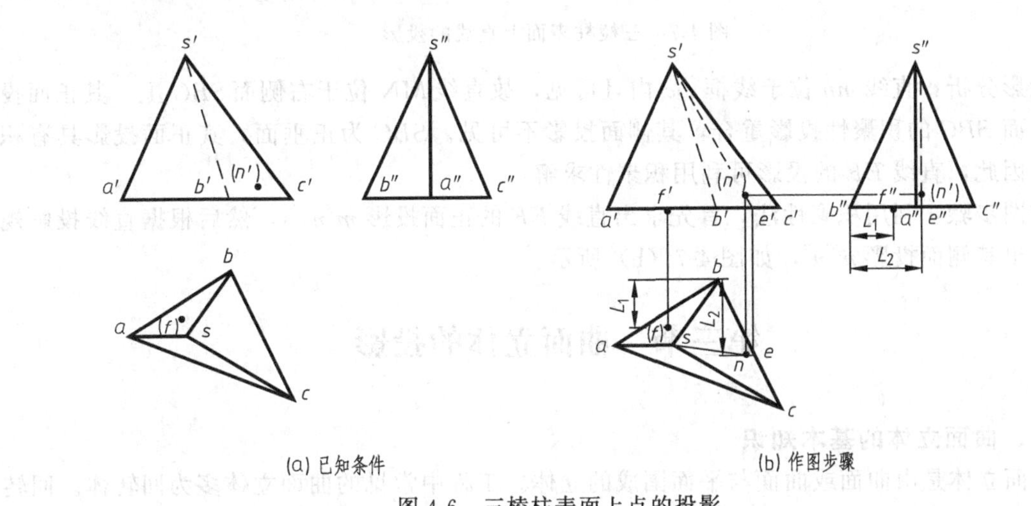

图 4-6 三棱柱表面上点的投影

投影分析：从已知的投影图可知，点 F 的水平面投影为不可见，所以点 F 必在棱锥底平面 ABC 上。另一点 N 的正面投影也为不可见，故点 N 必在侧棱面 SBC 上。

作图步骤如下。

① 求点 f 及 f'。底平面 ABC 在 V 面和 W 面上投影积聚为直线。点 f' 和 f'' 必分属其上。由点 f，按投影关系可直接在 $a'b'c'$ 直线上求得点 f'；求点 f''，因题中没有给出投影轴，所以作图时可选取点 B 为 y 坐标方向的作图基准，根据水平面投影中的距离 L_1，在侧面投影中的 $a''b''c''$ 直线上以 b'' 为基准量取距离为 L_1，从而确定 f''。

② 求点 n 及 n''。点 N 所在的侧棱面 SBC 为一般位置平面，作图时先在该平面上过点 N 作直线 SE，由直线的投影规律，求出直线投影 se 和 $s''e''$，由点的从属性可知，n 及 n'' 必分别位于直线 se 和 $s''e''$ 上，由点的投影规律确定 n 及 n''。

点在立体表面上的可见性，由点所在表面的可见性确定。

作棱锥表面上点的投影，可依据不同情况采用不同的方法：若点位于某投影面垂直面上，可使用积聚法；若点位于一般位置平面上，则利用点与直线的从属性求出该点的投影。

2. 棱锥体表面上线的投影

【例 4-4】 如图 4-7 所示，已知三棱锥 $SABC$ 的三面投影及直线 MN 的水平面投影，求直线的其他两面投影。

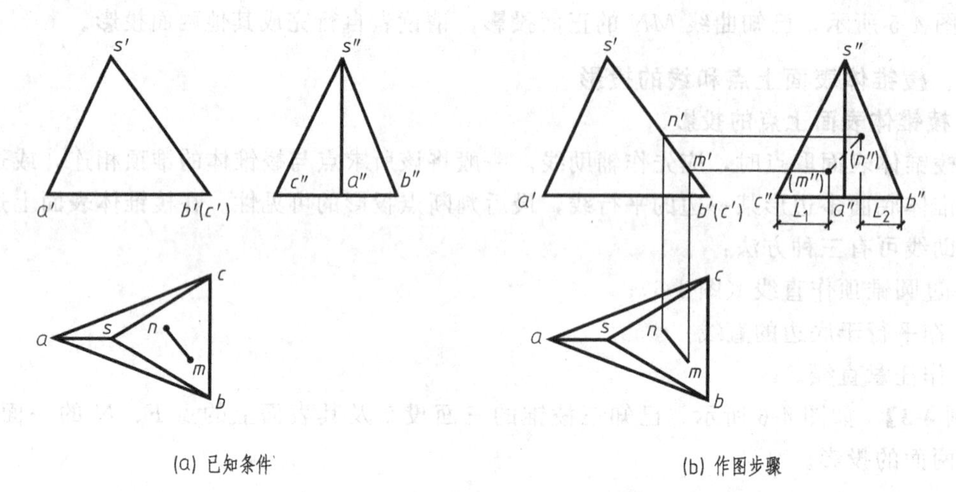

图 4-7　三棱柱表面上直线的投影

投影分析：直线 mn 位于线框 sbc 内且可见，故直线 MN 位于右侧面 SBC 上，其正面投影与平面 SBC 的积聚性投影重合，其侧面投影不可见。SBC 为正垂面，其正面投影具有积聚性，因此，直线 EF 的投影可利用积聚性求解。

作图步骤：利用积聚性法，首先求出直线 EF 的正面投影 $m'n'$，然后根据直线投影规律，求出其侧面投影 $m''n''$，如图 4-7（b）所示。

第三节　曲面立体的投影

一、曲面立体的基本知识

曲面立体是由曲面或曲面与平面围成的立体。工程中常见的曲面立体多为回转体。回转体是由一母线（直线或曲线）绕一固定的轴线做回转运动所形成的，如圆柱体、圆锥体、球体等。在学习曲面立体的投影前，首先了解以下基本知识。

(1) 曲线　曲线是由点按一定的规律运动而形成的轨迹。曲线上的各点都在同一平面上的曲线，称为平面曲线，如圆、椭圆、双曲线、抛物线等；曲线上的各点不在同一平面上的曲线，称为空间曲线，如圆柱螺旋线等。

(2) 曲面　曲面是由直线或曲线在空间按一定规律运动而形成的轨迹。运动的线称为母线，母线的形状及运动的形式是形成曲面的条件。母线绕一条固定的直线旋转所形成的曲面称为回转曲面（或旋转曲面），如圆柱面、圆锥面、球面等。这条固定的直线称为回转曲面的回转轴。母线和回转轴是确定回转曲面的要素。

(3) 素线　形成回转曲面的母线在曲面上的任何位置都称为素线。

(4) 轮廓素线　轮廓素线是指投影图中确定曲面范围的外形线。对平面立体的投影，实质上就是对其棱线等进行投影，并以此表明平面立体的形状［图 4-8 (a)］。而曲面立体由于不存在棱线，所以其投影就用它的轮廓素线来表示［图 4-8 (b)］。轮廓素线不仅可以反映曲面的范围和外形，同时还可以反映曲面在按某一个方向投影时的可见部分和不可见部分的分界线，例如，V 面投影中的最左轮廓素线和最右轮廓素线，W 面投影中的最前轮廓素线和最后轮廓素线。

(5) 特殊（位置）点　曲面体上的最上、最下、最前、最后、最左、最右点的称为特殊（位置）点。形体上的“最”点是曲面体投影作图的基本要素，熟悉这些点的投影特性，将有助于我们提高作图的速度和准确度。

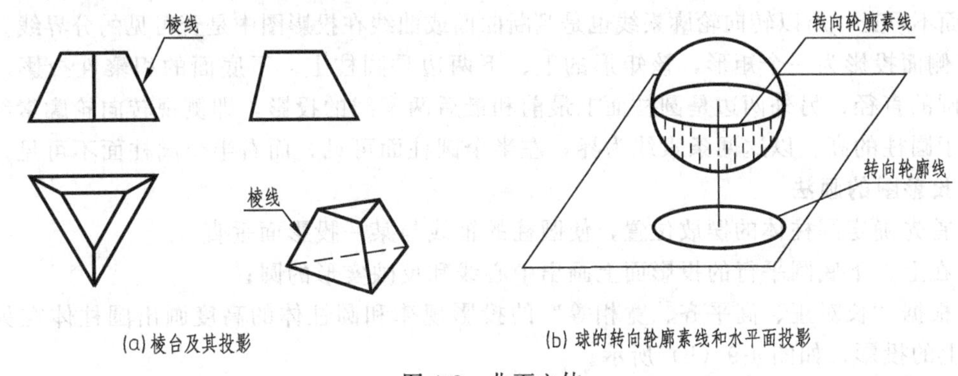

(a) 棱台及其投影　(b) 球的转向轮廓素线和水平面投影

图 4-8　曲面立体

二、圆柱体的投影

1. 投影分析

图 4-9 所示为圆柱体的投影。圆柱是由一个圆柱面和上、下两个圆平面所围成的。由于其轴线为铅垂线，所以圆柱体的上、下底面平行于 H 面，在 H 面上的投影为一圆，反映顶面和底面的实形，且两者重影；在 V 面和 H 面上的投影都积聚为一直线，其长度等于圆的直径。在同一投影面上两个积聚投影之间的距离为该圆柱体的高度。

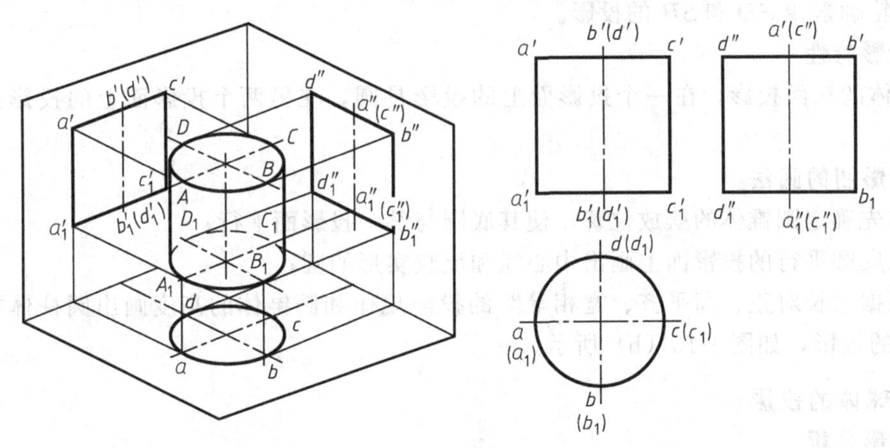

(a) 立面图　(b) 投影图

图 4-9　圆柱体的投影

圆柱面是光滑的曲面，但把圆柱面向 V 面投影时，圆柱面上最左和最右两条素线的投影，构成圆柱面在 V 面上的投影中最左、最右两条轮廓素线。轮廓素线是对 V 面投影而言曲面的前半部分（可见）与后半部分（不可见）的分界线。

圆柱体的 W 面投影作法与 V 面相同，圆柱面上最前和最后两条素线的投影，构成圆柱面在 W 面上的投影中最前、最后两条轮廓素线。轮廓素线是对 W 面投影而言曲面的左半部分（可见）与右半部分（不可见）的分界线。

2. 投影特性

① 水平面投影为一个圆，它是圆柱面的积聚性投影，同时也反映圆柱上、下底面的实形。

② 正面投影为一个矩形，矩形的上、下两边是圆柱上、下底面的积聚性投影，长度等于底圆的直径；左、右两边可视为圆柱面上最左和最右两条素线的投影，即正视转向轮廓素线，其长度等于圆柱的高。由于这两条素线把圆柱面分为前、后两半，前半个圆柱面可见，而后半个圆柱面不可见，所以转向轮廓素线也是判断曲面或曲线在投影图中是否可见的分界线。

③ 侧面投影为一个矩形，该矩形的上、下两边是圆柱上、下底面的积聚性投影，长度等于底圆的直径；另外两边是圆柱面上最前和最后两素线的投影，即侧视转向轮廓素线，其长度等于圆柱的高。以这两条素线为界，左半个圆柱面可见，而右半个圆柱面不可见。

3. 投影图的画法

① 首先确定圆柱体的摆放位置，使圆柱的轴线与某一投影面垂直；

② 在上、下底圆平行的投影面上画出中心线和反映实形的圆；

③ 根据“长对正、高平齐、宽相等”的投影规律和圆柱体的高度画出圆柱体在另两个投影面上的投影，如图 4-9（b）所示。

三、圆锥体的投影

图 4-10 是圆锥体的投影。

1. 投影分析

① 当圆锥体的轴线为铅垂线时，则锥底为水平面，其水平面投影为反映实形的圆，正面投影及侧面投影为水平线，长度等于底圆直径。

② 圆锥体表面的正面投影和侧面投影均为等腰三角形。正面投影的等腰三角形两腰是圆锥表面上最左、最右两条轮廓素线 SA 和 SC 的投影；侧面投影的两腰是圆锥表面上最后、最前两条轮廓素线 SD 和 SB 的投影。

2. 投影特性

圆锥体的三面投影，在一个投影面上的投影是圆，在另两个投影面上的投影是等腰三角形。

3. 投影图的画法

① 首先确定圆锥体的摆放位置，使其底圆与某一投影面平行；

② 在底圆平行的投影面上画出中心线和反映实形的圆；

③ 根据“长对正、高平齐、宽相等”的投影规律和圆锥体的高度画出圆柱体在另两个投影面上的投影，如图 4-10（b）所示。

四、球体的投影

1. 投影分析

球体是由圆球面所围成的立体。图 4-11 所示为球体的投影。圆球的三面投影均为大小相等的圆，其直径等于圆球的直径，它们分别是圆球的正视转向轮廓素线和侧视转向轮廓素

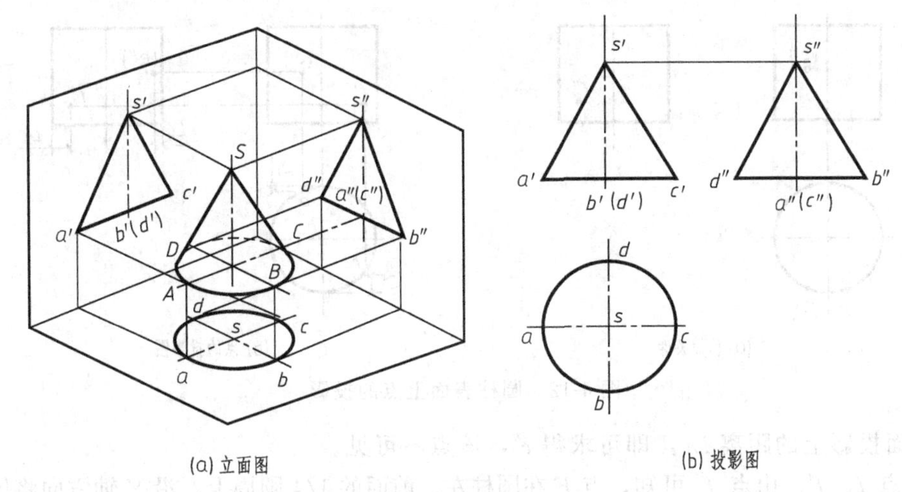

(a) 立面图　(b) 投影图

图 4-10　圆锥体的投影

线、俯视转向轮廓素线在所视方向的投影。

2. 投影特性

球体的三面投影都是大小相同的圆，圆的直径是球体的直径。

3. 投影图的画法

画球体的投影步骤是：定球心，画出中心线，作圆，如图 4-11（b）所示。

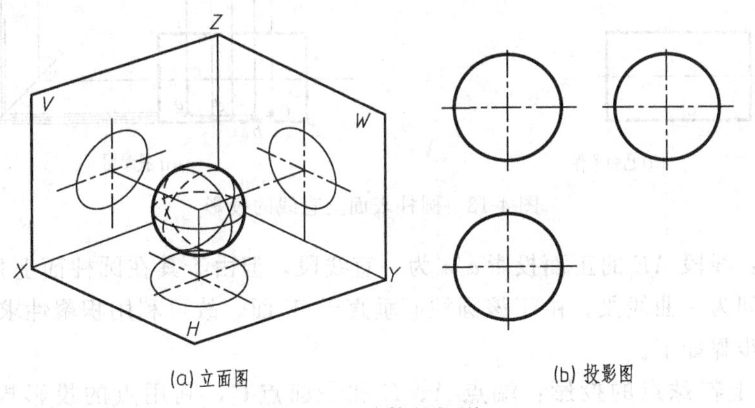

(a) 立面图　(b) 投影图

图 4-11　球体的投影

五、曲面体表面上点和直线的投影

1. 圆柱体表面上点和线的投影

在圆柱体表面上作点或线的投影是指：已知圆柱的投影和圆柱面上的点或线的一个投影，求该点或线的其余两面投影，然后判别其可见性。

思路：① 如果已知点或线所在的表面垂直于投影面，可利用积聚性求其投影；

② 如果点或线所在的表面没有积聚性，则可利用素线法进行求解，最后判断可见性。

【例 4-5】 如图 4-12（a）所示，已知圆柱体表面上点 E 的正面投影 e' 和点 F 的侧面投影 f''，求作其另两面投影。

作图步骤如下。

① 求点 e、e''。由点 e' 可知，点 E 在圆柱的右、后表面，其水平面投影 e 必积聚在右、后 1/4 圆周上，利用这一特性先求出点 e。作图时，沿 Y 轴方向将侧面投影图中的距离 L_1

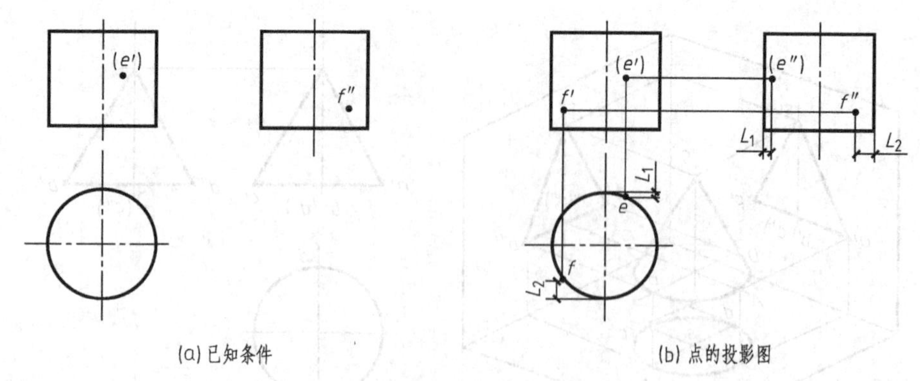

(a) 已知条件 (b) 点的投影图

图 4-12 圆柱表面上点的投影

等于水平面投影上的距离 L_1，即可求得 e''，该点不可见。

② 求点 f、f'。由点 f'' 可知，点 F 在圆柱左、前面的 1/4 圆周上，沿 Y 轴方向将侧面投影图中的距离 L_2 等于水平面投影上的距离 L_2，即可求得 f，再根据点的投影规律求出 f'。

【例 4-6】 如图 4-13 所示，已知圆柱面上线段 AE 的正面投影，求其另外两面投影。

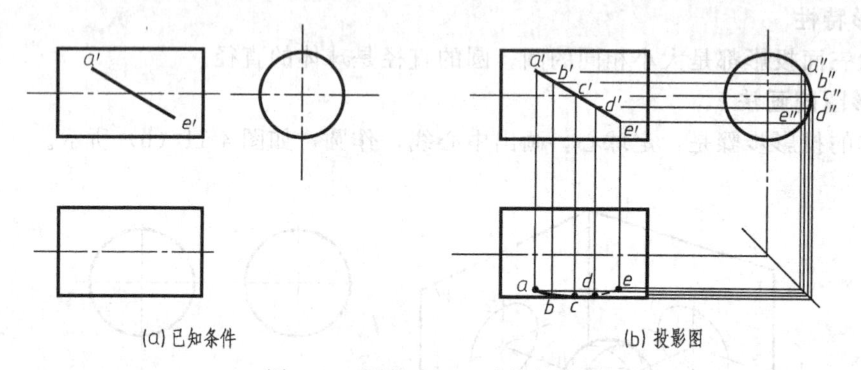

(a) 已知条件 (b) 投影图

图 4-13 圆柱表面上直线的投影

投影分析：线段 AE 的正面投影 $a'e'$ 为一直线段，但由于其在圆柱面上且不平行于圆柱的轴线，故空间为一曲线段，由于该圆柱面垂直于 W 面，故可利用积聚性求其投影。

具体作图步骤如下。

① 求曲面上特殊点的投影：端点 A、E 和最前点 C，利用点的投影规律求出其他两面投影。

② 求曲面上一般点的投影：在线段 AE 的正面投影上取点 b'、d'，利用点的投影规律求出其他两面投影。

③ 判断可见性：由 AE 的正面投影可知，AE 曲线位于前半个圆柱面上，并且以点 C 为分界点，AC 位于上半个圆柱上，CE 位于下半个圆柱面上。因此，ac 可见，用粗实线连接，ce 不可见，用虚线连接。在三个投影图中，点的连接顺序是相同的。

2. 圆锥体表面上点的投影

求圆锥体表面上点的投影，可采用两种方法求解，即素线法和纬圆法。

(1) 素线法 即过圆锥顶点和圆锥面上的点作一辅助线，点的投影必在辅助线的同面投影上。

(2) 纬圆法 求作圆锥体表面上点的投影，先过该点作与圆锥底面同心的圆，该圆称为纬圆。作出纬圆的三面投影后，再根据点的投影规律在纬圆投影上作点的投影。

【例 4-7】 如图 4-14 所示，已知属于圆锥面上的点 K 的正面投影图，求其另外两面投影。

解：（1）纬圆法

① 过点 k' 作一水平直线。该直线与圆锥的正视转向轮廓素线的投影相交，两交点间的长度即为纬圆的直径，在水平面上作出纬圆的水平面投影。

② 因点 k' 在前半锥面上，故由 k' 向下引直线交于纬圆前半周点 k，该点 k 即为 K 的水平面投影。

③ 最后根据点的投影规律作点 K 的第三面投影 k''，因为点 K 在右半锥面上，所以侧面投影不可见，如图 4-14（c）所示。

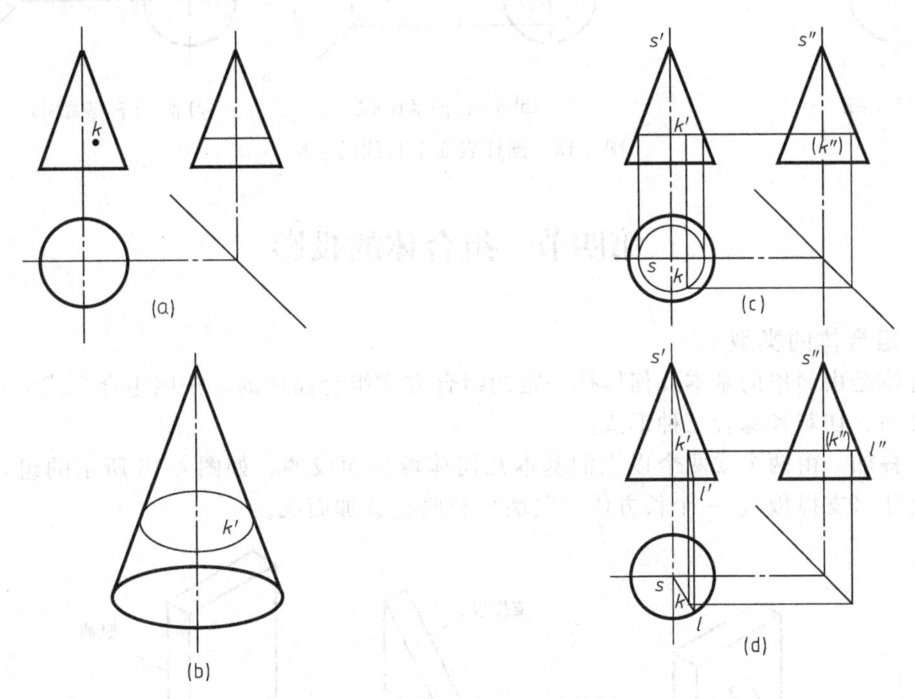

图 4-14 圆锥表面上点的投影

（2）素线法

① 过点 k' 作 $s'l'$，根据直线的投影规律作出其他两面的投影 sl、$s''l''$。根据点的从属性，点 k'、点 k'' 应分别在这两条直线上。

② 判断可见性，如图 4-14（d）所示。

3. 圆球表面上的点

由于圆球面是一种最特殊的回转面，过球心的任意一直径都可作为回转轴，因此过其表面上一点可作无数个圆。因此，通常用纬圆法求圆球面上点的投影。

【例 4-8】 如图 4-15 所示，已知圆球面上点 K 的水平面投影，求其另外两个投影。

解：（1）作平行于 H 面的纬圆［图 4-15（b）］ 先在水平面投影上过点 k 作一纬圆，由它求出该纬圆的正面投影（即是一直线段）和侧面投影（即是一直线段）。其长度等于所作纬圆的直径。然后，根据投影关系即可直接求得点 k' 和 k''。

（2）作平行于 V 面的纬圆［图 4-15（c）］ 平行于 V 面的纬圆在水平面投影中必为水平方向的线段，故首先过点 k 作一直线与俯视转向轮廓素线的投影相交。两交点间的长度即为所作纬圆的直径，由此求出该圆的正面及侧面投影，然后根据点的投影规律，求出其他两面投影。

（3）作平行于 W 面的纬圆 请读者自行分析。

这三种作图方法所得的点的投影结果是相同的。

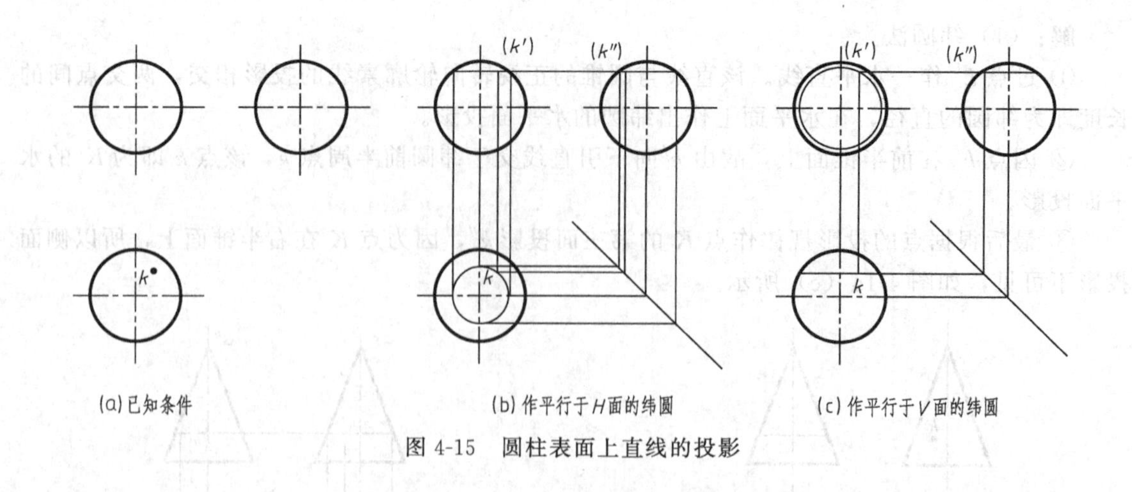

图 4-15　圆柱表面上直线的投影

第四节　组合体的投影

一、组合体的类型

组合体是由简单的基本几何体按一定的组合方式组合而成的，按照组合方式的不同一般分为：叠加、切割和综合三种形式。

（1）叠加　由两个或两个以上的基本几何体堆放而成的，如图 4-16 所示的组合体，由一个三棱柱（支撑板）、一个长方体（竖墙）和底板叠加而成。

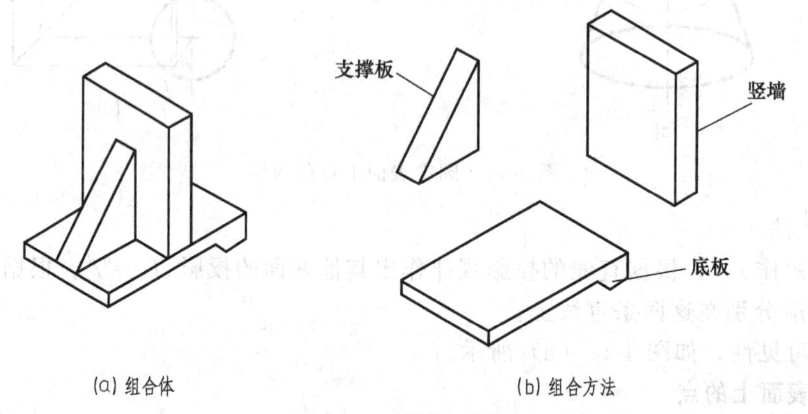

图 4-16　叠加组合体

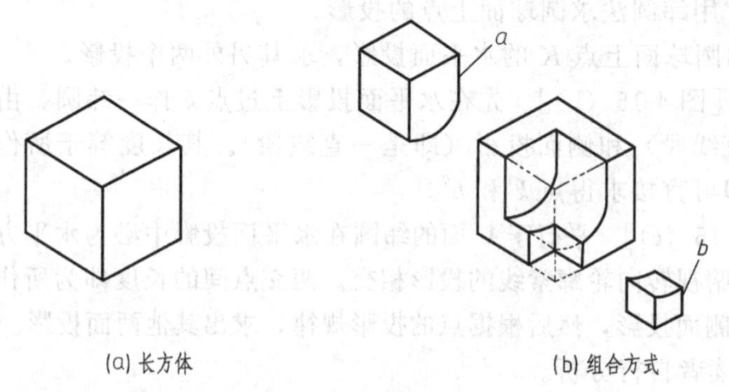

图 4-17　切割体

（2）切割　由基本几何体被一些平面或曲面切割而成的。如图 4-17 所示的组合体，可以看成是由一个立方体被切去了 a（四分之一圆柱体）和 b（类似四棱柱体）两部分以后形成的。

（3）综合型　可以看成是由上述叠加和切割综合而形成的几何体。

二、组合体的投影图

1. 三面投影和三视图

在画法几何学中，几何元素在 V、H 和 W 三面投影体系中的投影称为几何元素的三面投影。在工程制图中，将组合体向投影面投影所得的图形称为视图。因此，在三面投影体系中的正面投影（从前向后看）称为主视图，水平面投影（从上向下看）称为俯视图，侧面投影（从左向右看）称为左视图，统称为组合体的三视图。三视图和三面投影的投影规律是一样的，都要遵循三等关系：长对正，高平齐，宽相等。

2. 组合体投影图的画法

一般情况下，组合体要比基本几何体复杂得多。所以在画组合体三视图时，必须掌握一定的作图方法，并按一定的步骤作图。

【例 4-9】 以图 4-16 所示的组合体为例，说明绘制三视图的画图方法和步骤。

(1) 形体分析　图示组合体是由底板、竖墙和支撑板三部分组成的。其中，底板与竖墙属于叠加方式，二者的前后端面彼此共面，而左、右端面不共面；支撑板与底板、竖墙均属于非共面叠合。底板在组合体的下部，竖墙和支撑板在底板上，支撑板对竖墙起支撑作用。

(2) 确定视图的摆放位置［图 4-18 (a)］　一般将形体按自然位置放置，同时能较明显地反映形体的形状特征，符合人们日常观察东西的习惯。并应考虑以下几点：

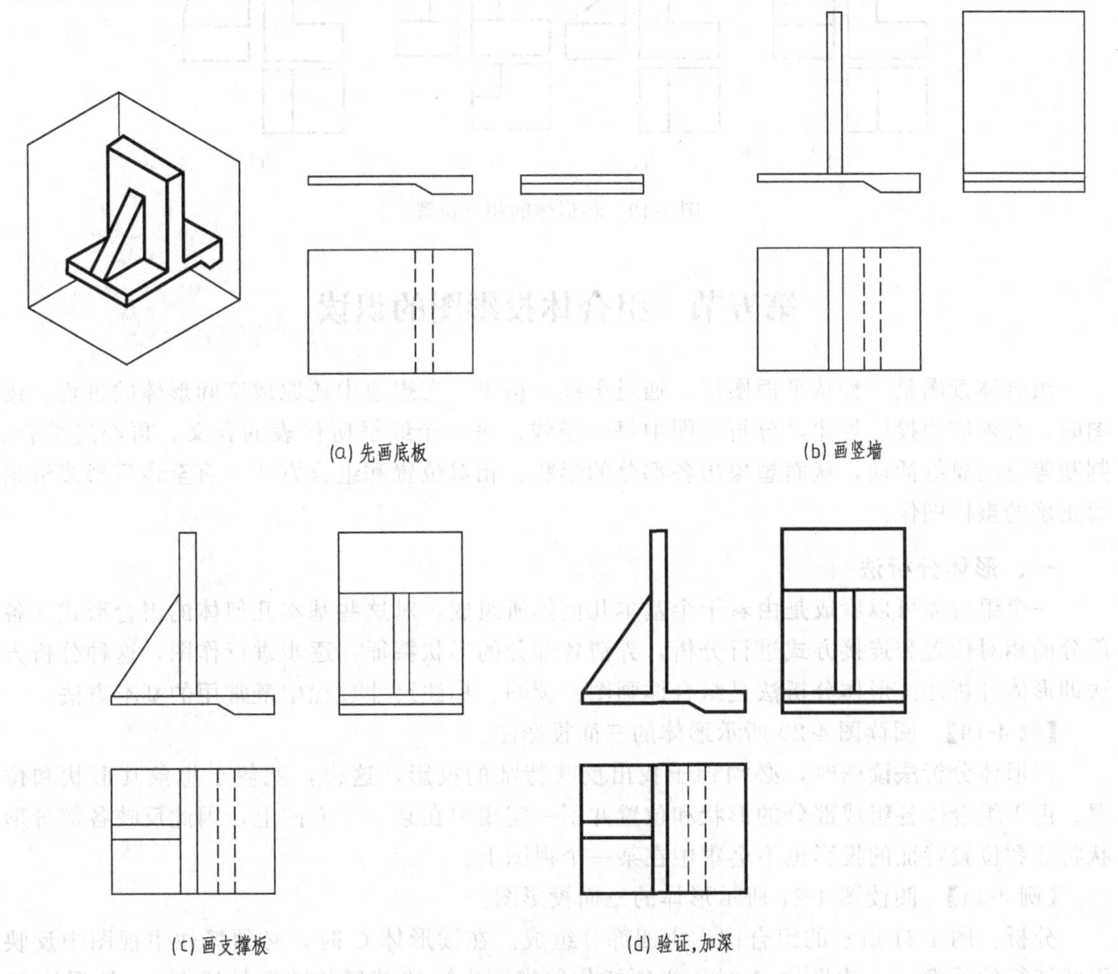

图 4-18　绘制组合体的立视图

① 将形体的主要面或者将形状复杂而又反映形体特征的一侧作为正面（V 面）投影。

② 主要面放置成投影面的平行面。因为只有这样其投影才能反映形体的实形。

③ 按照生活习惯放置。一般来讲，X 轴方向表示形体的长度、Y 轴方向表示形体的宽度、Z 轴方向表示形体的高度。

④ 使作出的投影图，虚线少，图线清楚。

(3) 作图步骤　组合体三视图绘制的步骤如图 4-18 所示。

绘制组合体三视图时应注意：

① 当两邻接表面共面时，组合处应无交线，如图 4-19（a）所示。

② 当两邻接表面相交时，组合处有交线，如图 4-19（b）所示。

③ 当两邻接表面不平齐时，组合处应有交线，如图 4-19（c）所示。

④ 当两邻接表面相切时，无交线，如图 4-19（d）所示。

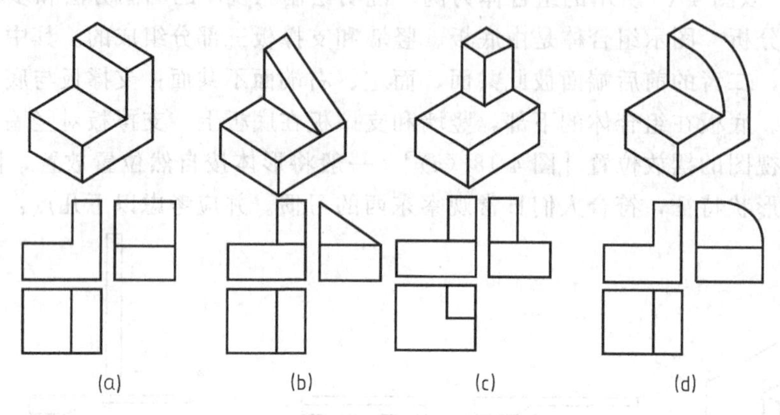

图 4-19　各形体的相互位置

第五节　组合体投影图的识读

组合体读图是一种从平面图形，通过思维、构思，在想象中还原成空间形体的过程。读图时，必须应用投影规律，分析视图中每一条线、每一个线框所代表的含义，再经过综合、判断等空间思维活动，从而想象出各部分的形状、相对位置和组合方式，直至最后形成清晰而正确的整体图像。

一、形体分析法

一个组合体可以看成是由若干个基本几何体所组成，对这些基本几何体的组合形式、各部分的相对位置和连接方式进行分析，弄清各部分的形状特征，逐步进行作图，这种分析方法即形体分析法。形体分析法是组合体画图、读图、标注尺寸过程中最常用的基本方法。

【例 4-10】 阅读图 4-20 所示形体的三面投影图。

用形体分析法读图时，必须善于找出反映特征的投影，这样，就便于想象其形状和位置。由于组合体各组成部分的形状和位置并不一定集中在某一个方向上，因此反映各部分形状特征和位置特征的投影也不会集中在某一个视图上。

【例 4-11】 阅读图 4-21 所示形体的三面投影图。

分析：图 4-21 所示的组合体，由四部分组成。在读形体 C 时，必须抓住主视图中反映形状特征的线框 c'；读形体 A 时，必须抓住俯视图中反映其形状特征的线框 a；读形体 D

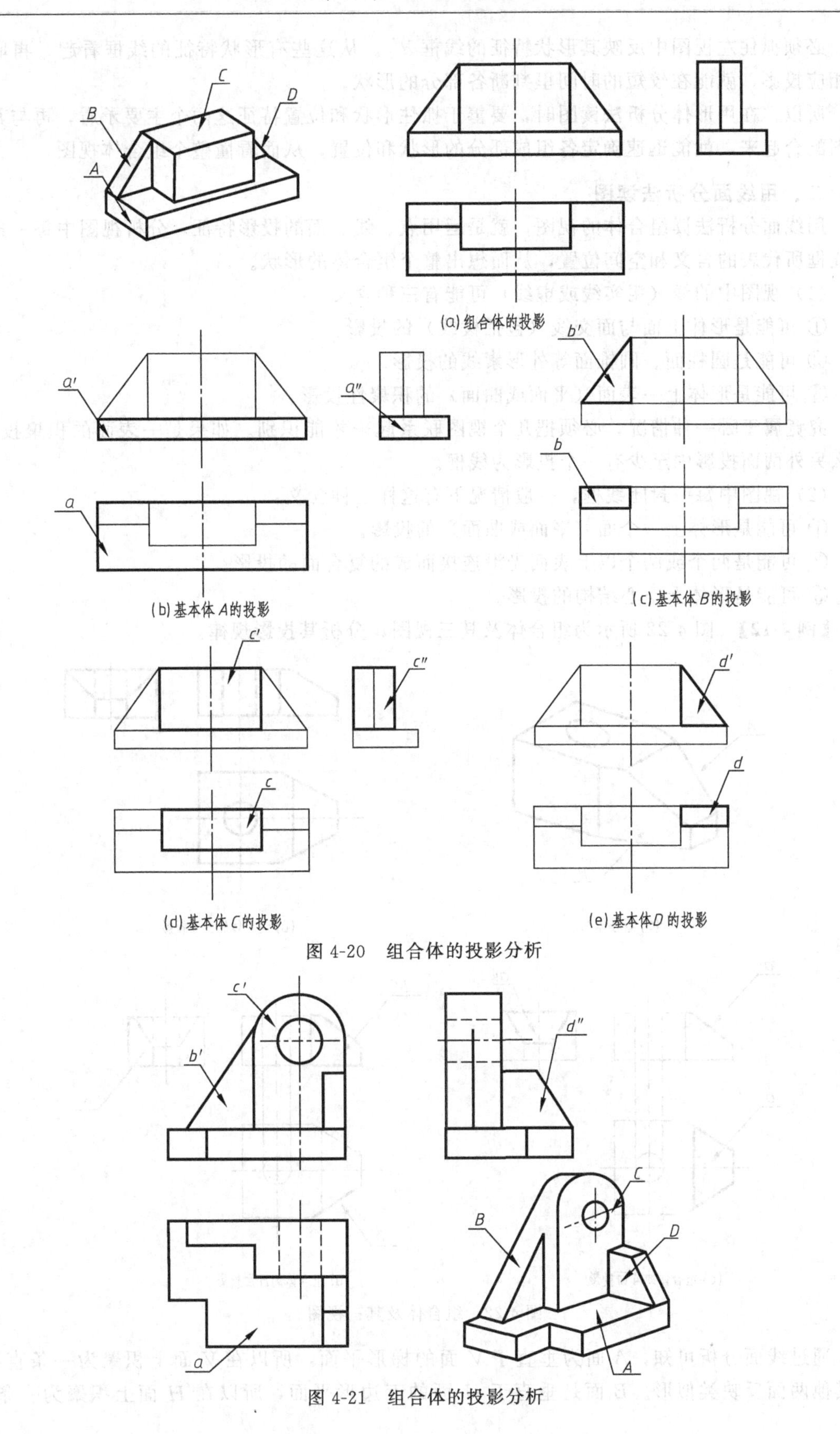

(a) 组合体的投影

(b) 基本体A的投影

(c) 基本体B的投影

(d) 基本体C的投影

(e) 基本体D的投影

图 4-20　组合体的投影分析

图 4-21　组合体的投影分析

时，必须抓住左视图中反映其形状特征的线框 d''。从这些有形状特征的线框看起，再联系其相应投影，就能在较短的时间里判断各部分的形状。

所以，在用形体分析法读图时，要善于抓住形状和位置特征这两个主要矛盾，再与其他视图配合起来，就能迅速确定各组成部分的形状和位置，从而看懂整个组合体视图。

二、用线面分析法读图

用线面分析法读组合体的视图，就是运用点、线、面的投影特征，分析视图中每一条线或线框所代表的含义和空间位置，从而想出整个组合体的形状。

(1) 视图中的线（粗实线或虚线）可能有三种含义：

① 可能是形体上面与面交线（包括棱线）的投影。

② 可能是圆柱面、圆锥面等外形素线的投影。

③ 可能是形体上一表面（平面或曲面）的积聚性投影。

究竟属于哪一种情况，必须把几个视图联系起来才能识别。如果是一表面的积聚投影，那么另外两面投影中至少有一个投影为线框。

(2) 视图中每一封闭线框，一般情况下有这样三种含义：

① 可能是形体上一个面（平面或曲面）的投影。

② 可能是两个或两个以上表面光滑连接而成的复合面的投影。

③ 可能是形体上空心结构的投影。

【例 4-12】 图 4-22 所示为组合体及其三视图，分析其投影规律。

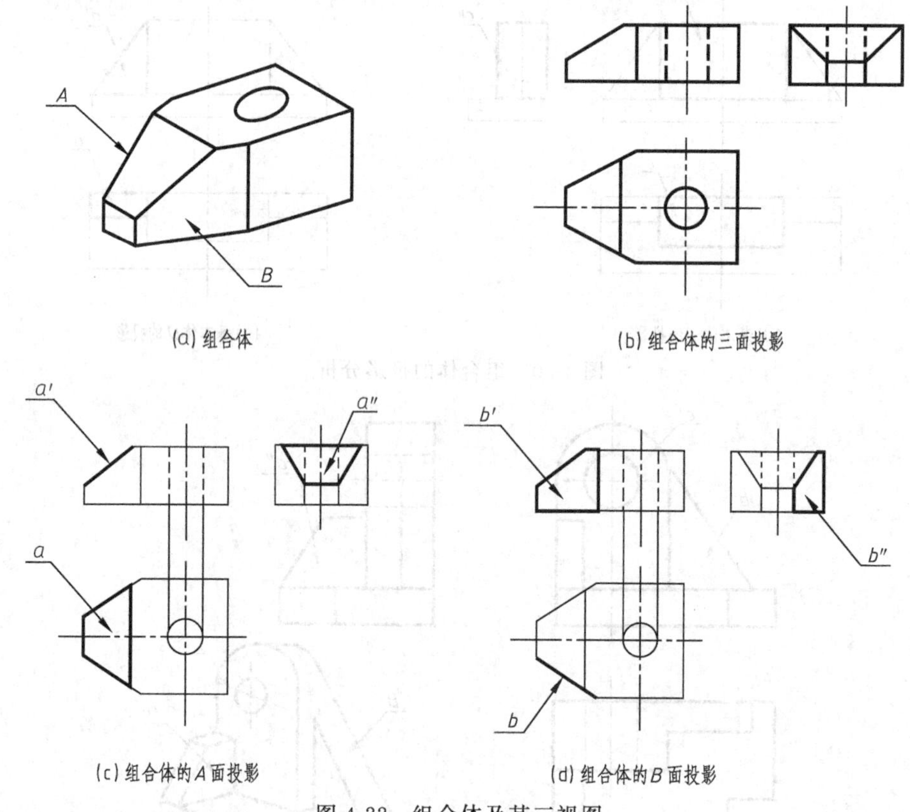

图 4-22 组合体及其三视图

通过线面分析可知，A 面为垂直于 V 面的梯形平面，所以在 V 面上积聚为一条直线，在其他两面反映类似形。B 面是垂直于 H 面的五边形平面，所以在 H 面上积聚为一条直线，在其他两面反映类似形。其他面的特征由读者自行分析。

【例 4-13】 补画图 4-23 所示组合体的视图。

分析与作图：由图 4-23（b）可知，该组合体是由一个棱台切割而成的。在前半部分切去一个小棱台，后半部分切去一个长方体，按投影规律可补画出漏掉的线，如图 4-23（c）所示。

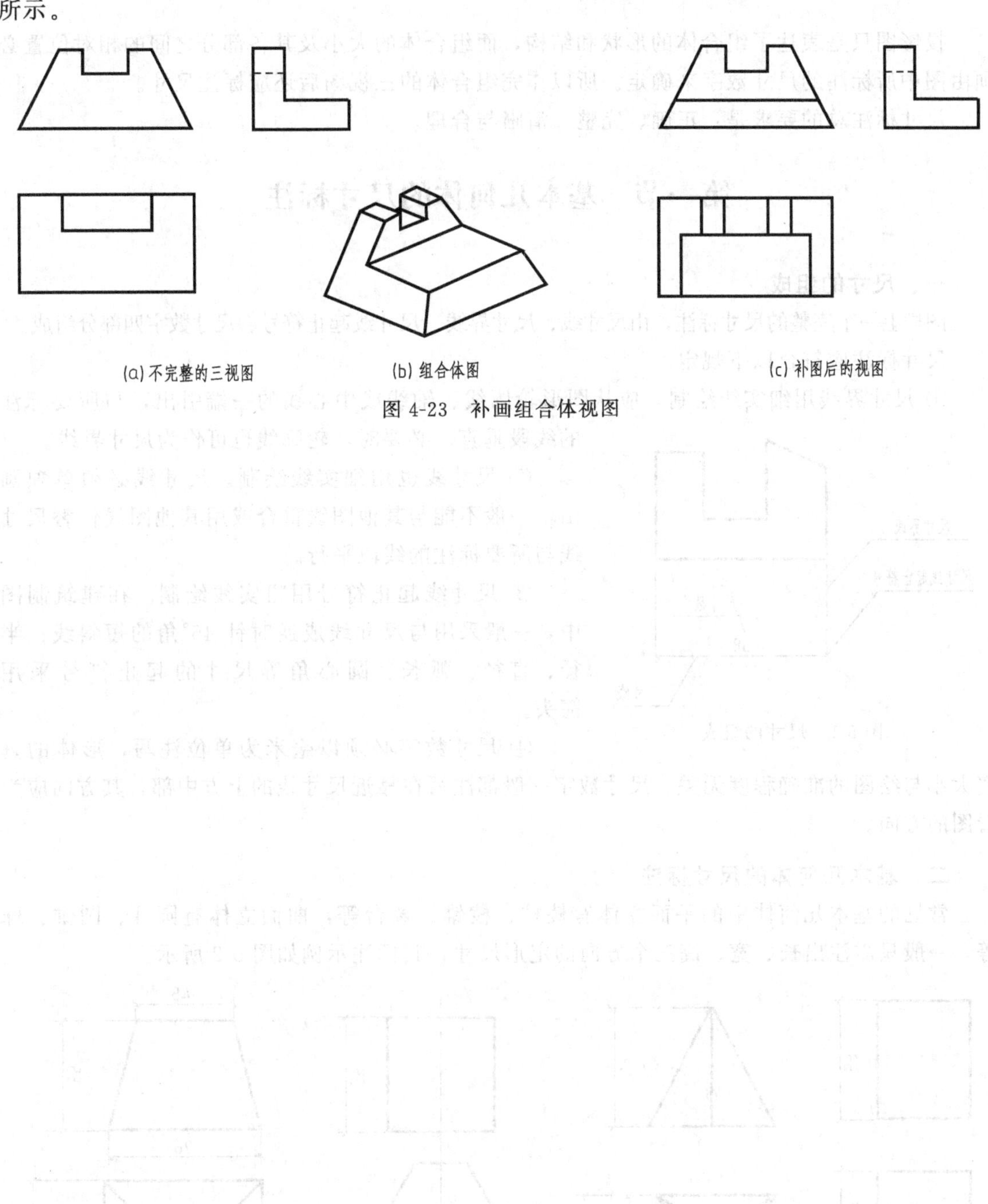

图 4-23　补画组合体视图

第五章　体的尺寸标注

投影图只是表达了组合体的形状和结构，而组合体的大小及其各部分之间的相对位置必须由图中所标注的尺寸数字来确定。所以作完组合体的三视图后还应标注尺寸。

尺寸标注总的要求是：正确、完整、清晰与合理。

第一节　基本几何体的尺寸标注

一、尺寸的组成

图样上一个完整的尺寸标注，由尺寸线、尺寸界线、尺寸线起止符号、尺寸数字四部分组成。尺寸标注应符合以下规定。

① 尺寸界线用细实线绘制，应从图形轮廓线、轴线或中心线的一端引出，与所要标注的线段垂直。必要时，轮廓线也可作为尺寸界线。

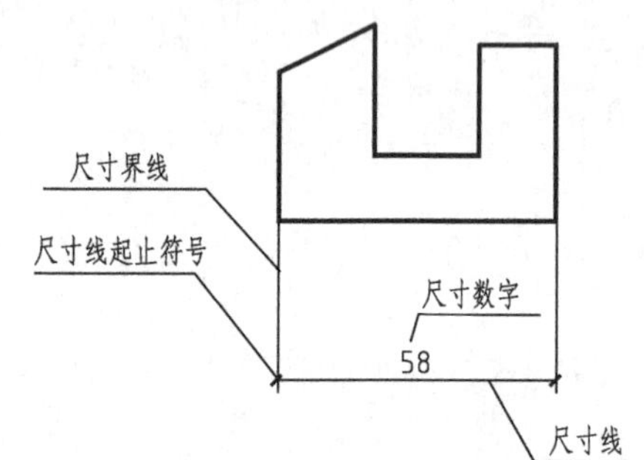

图 5-1　尺寸的组成

② 尺寸线也用细实线绘制。尺寸线必须单独画出，一般不能与其他图线重合或用其他图线代替尺寸线与所要标注的线段平行。

③ 尺寸线起止符号用粗实线绘制。在建筑制图中，一般采用与尺寸线成逆时针 45°角的短斜线；半径、直径、弧长、圆心角等尺寸的起止符号采用箭头。

④ 尺寸数字必须以毫米为单位注写，形体的真实大小与绘图的准确程度无关。尺寸数字一般都注写在靠近尺寸线的上方中部，其方向应为看图的方向。

二、基本几何体的尺寸标注

常见的基本几何体中的平面立体有棱柱、棱锥、棱台等，曲面立体有圆柱、圆锥、球等，一般只需注出长、宽、高三个方向的定形尺寸，其标注示例如图 5-2 所示。

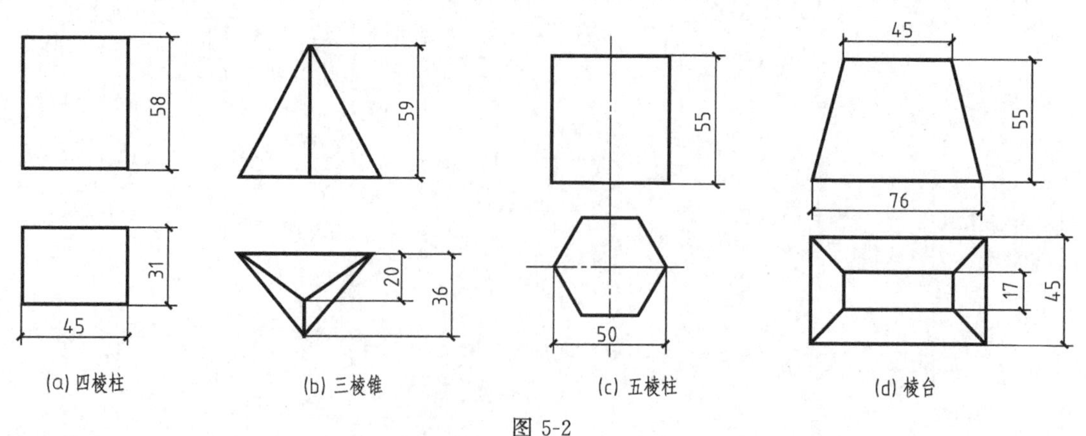

图 5-2

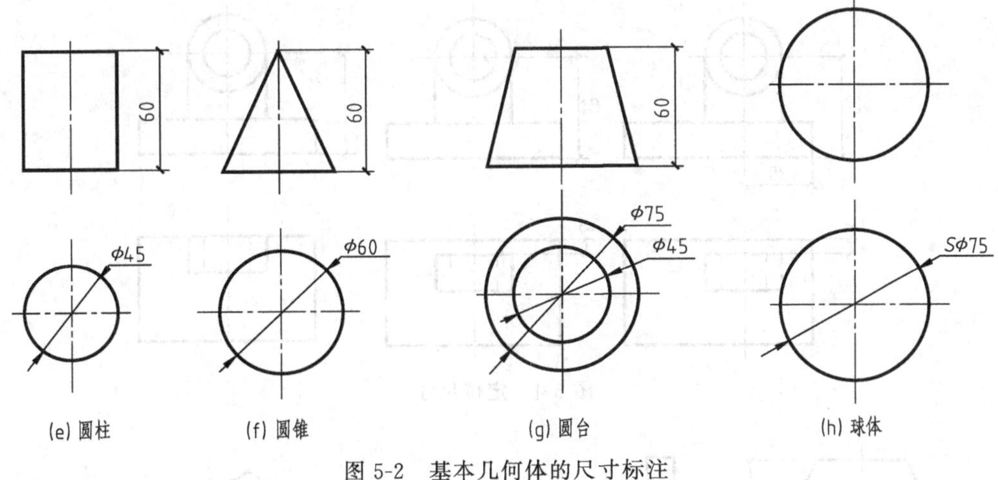

图 5-2　基本几何体的尺寸标注

第二节　组合体的尺寸标注

一、尺寸的类型

组合体的尺寸根据其作用可分为：定形尺寸、定位尺寸和总体尺寸。

1. 定形尺寸

定形尺寸是确定组合体组成部分的形状和大小的尺寸，如图 5-3 所示。基本几何体的尺寸都是定形尺寸。

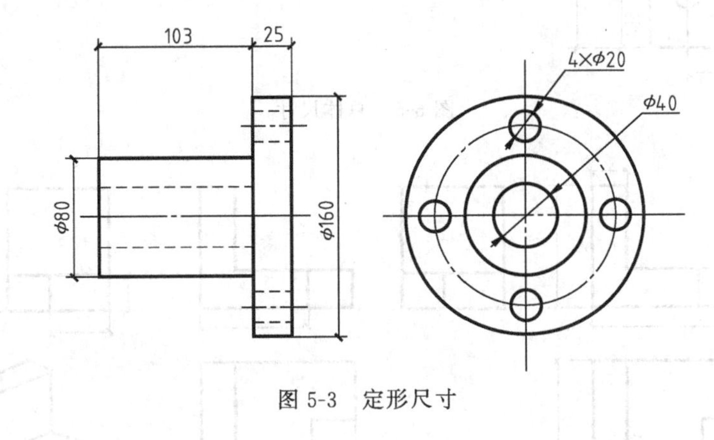

图 5-3　定形尺寸

2. 定位尺寸

定位尺寸是确定组合体各组成部分之间相对位置的尺寸，如图 5-4 所示。

3. 总体尺寸

表明组合体总体大小的尺寸即总长、总宽和总高称为总体尺寸，如图 5-5 所示，长度尺寸为“63”，高度尺寸为“46”，宽度尺寸为“70”。试分析其他尺寸的类型。

二、尺寸标注注意事项

为保证图形所注尺寸清晰，除严格遵守工程制图国家标准的规定外，还须注意以下几点。

① 定形尺寸应尽量注在反映形体特征明显的视图上，如图 5-6 所示。

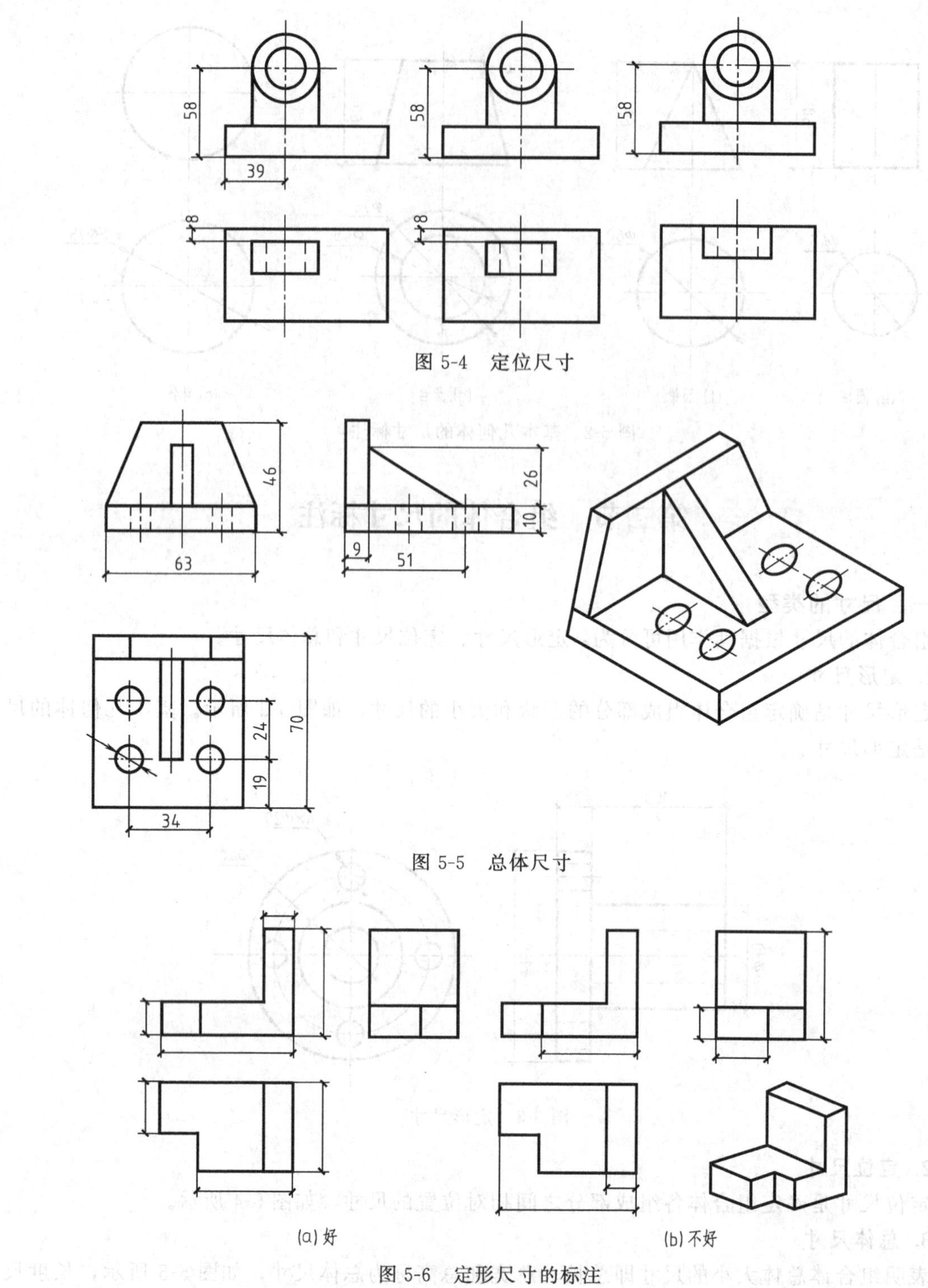

图 5-4　定位尺寸

图 5-5　总体尺寸

图 5-6　定形尺寸的标注

② 定位尺寸应尽量注在反映形体间位置特征明显的视图上，并尽量与定形尺寸集中注在一起，如图 5-7 所示的定位尺寸“49”、“74”和定形尺寸“2×ϕ16”，定位尺寸“17”、“46”和定形尺寸“29”和“91”等。

③ 尺寸应尽量注在视图之外，但当视图内有足够地方能清晰地注写尺寸数字时，也允许注在视图内，如图 5-8 所示的定形尺寸“ϕ60”。

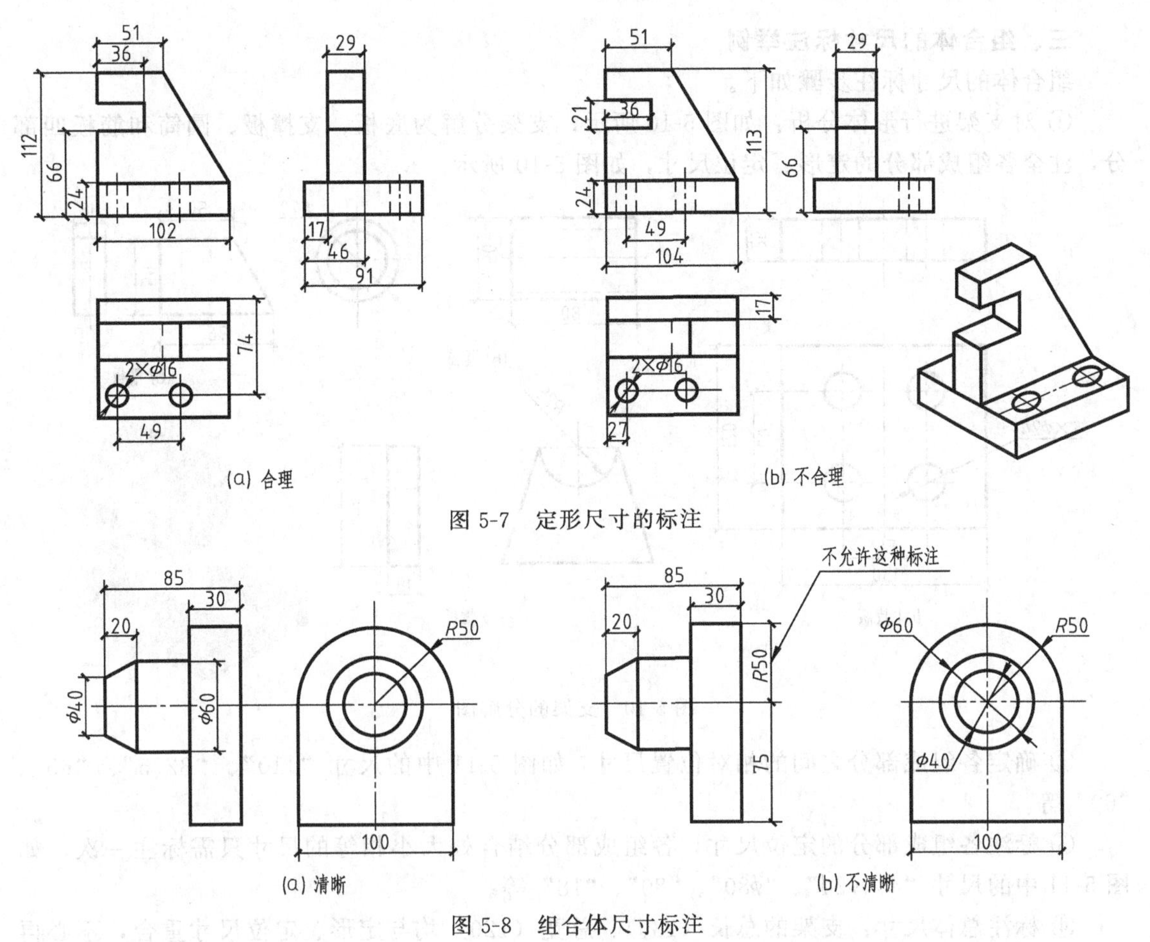

(a) 合理　(b) 不合理

图 5-7　定形尺寸的标注

(a) 清晰　(b) 不清晰

图 5-8　组合体尺寸标注

④ 同轴的圆柱、圆锥的径向尺寸，一般注在非圆视图上，圆弧半径应标注在投影为圆弧的视图上，如图 5-8（a）所示。

⑤ 在尺寸排列上，为了避免尺寸线和尺寸界线相交，同方向的并联尺寸，小尺寸在内，靠近图形，大尺寸在外，依次远离图形。同一方向串联的尺寸，箭头应互相对齐，排在一直线上，如图 5-9 所示。

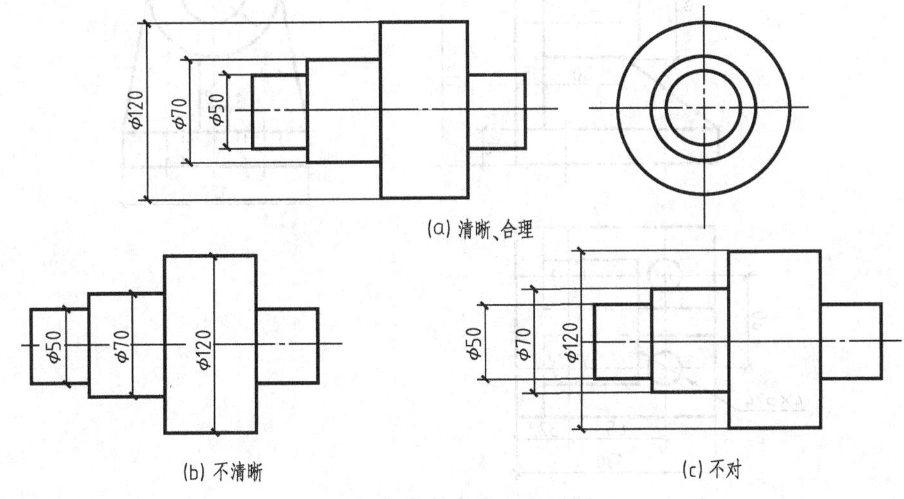

(a) 清晰、合理

(b) 不清晰　(c) 不对

图 5-9　定形尺寸的标注

三、组合体的尺寸标注举例

组合体的尺寸标注步骤如下。

① 对支架进行形体分析：如图 5-10 所示，支架分解为底板、支撑板、圆筒和筋板四部分，注全各组成部分的定形、定位尺寸，如图 5-10 所示。

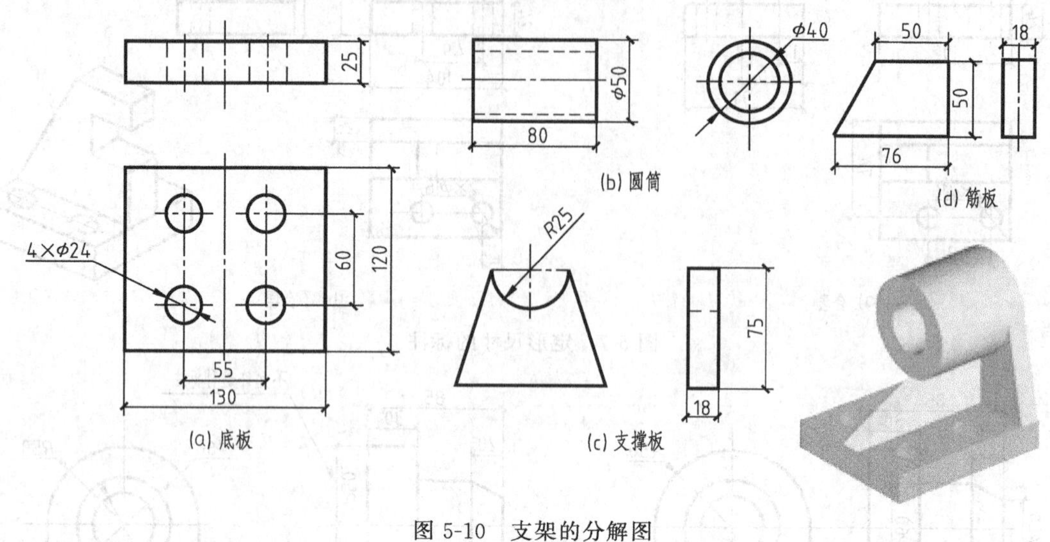

图 5-10 支架的分解图

② 确定各组成部分之间的相对位置尺寸，如图 5-11 中的尺寸“110”、“32.5”、“65”、“60”等。

③ 标注各组成部分的定位尺寸，各组成部分结合处大小相等的尺寸只需标注一次，如图 5-11 中的尺寸“4×ϕ24”、“ϕ80”、“80”、“18”等。

④ 标注总体尺寸：支架的总长（130）、总宽（120）均与定形、定位尺寸重合，不必再重复注出。

最后进行全面核对，并改正错误，使所注的尺寸正确、完整、清晰，如图 5-11 所示。

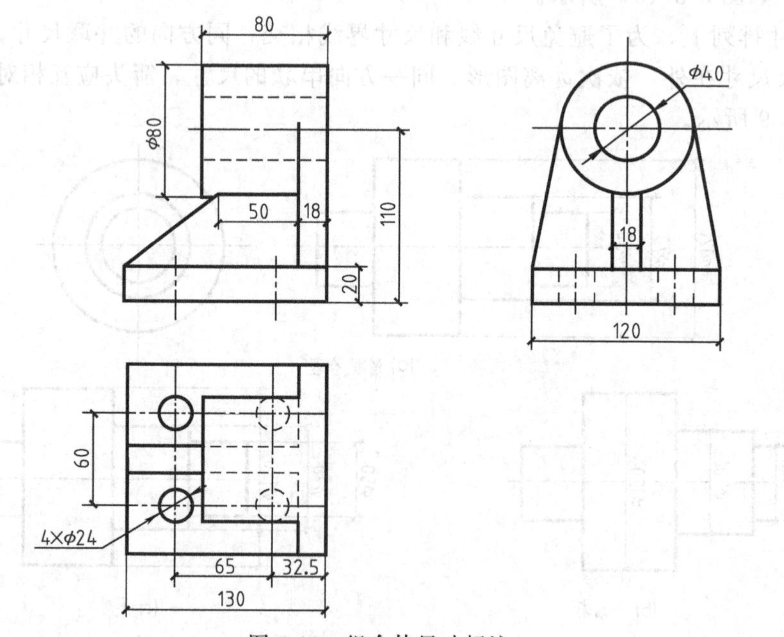

图 5-11 组合体尺寸标注

第六章 轴测投影

第一节 轴测投影的基本知识

一、轴测投影的形成

图 6-1（a）为形体的三面正投影图，每个投影图只反映形体长、宽、高三个方向中的两个，识读时必须把三个投影图联系起来，才能想象出空间形体的全貌。所以，正投影图能够准确地表达出形体的形状，且作图简便，但直观性差。而轴测投影图［图 6-1（b）］的立体感较强，能同时把一个形体的长、宽、高三个方向同时反映在一个图上，比较直观而容易看懂。

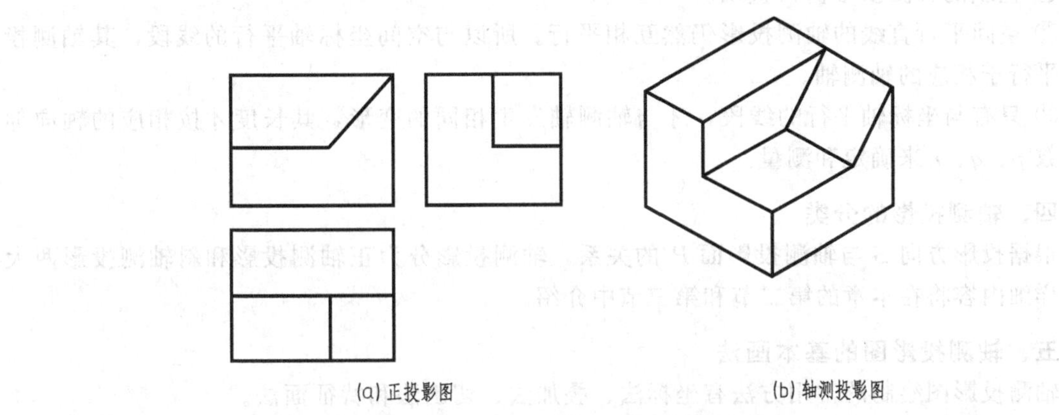

图 6-1 形体的正投影图与轴测投影图

轴测投影属于平行投影中的斜投影。它是用一组平行的投影线按某一特定的投影方向，将空间形体连同表示形体长、宽、高三个方向的直角坐标轴一起投射到一个新的投影面上所得到的投影，如图 6-2 所示。用轴测投影的方法绘制的图形，称为轴测投影图，简称轴测图。

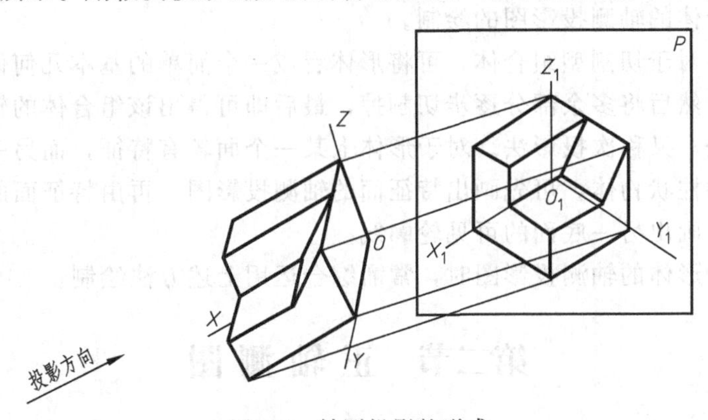

图 6-2 轴测投影的形成

二、轴测轴、轴间角、轴向伸缩系数

如图 6-2 所示，投影面 P 称为轴测投影面。形体的直角坐标轴 OX、OY、OZ 在轴测投

影面上的投影称为轴测轴，分别标记为 O_1X_1、O_1Y_1、O_1Z_1。

相邻两轴测轴之间的夹角 $\angle X_1O_1Y_1$、$\angle X_1O_1Z_1$、$\angle Y_1O_1Z_1$ 称为轴间角。

在轴测投影中，平行于空间坐标轴方向的线段，其轴测投影长度与原来空间实际长度的比值，称为轴向伸缩系数，分别用 p、q、r 表示，即：

$p=\frac{O_1X_1}{OX}$，p 为 X 轴的轴向伸缩系数；

$q=\frac{O_1Y_1}{OY}$，q 为 Y 轴的轴向伸缩系数；

$r=\frac{O_1Z_1}{OZ}$，r 为 Z 轴的轴向伸缩系数。

轴间角和轴向伸缩系数是绘制轴测图的重要因素。由于形体各面或投影线对轴测投影面的倾斜角度不同，同一形体可以画出无数个不同的轴测投影图。详细情况见本章第二节。

三、轴测投影的特性

① 直线的轴测投影仍为直线。

② 空间平行直线的轴测投影仍然互相平行。所以与空间坐标轴平行的线段，其轴测投影也平行于相应的轴测轴。

③ 只有与坐标轴平行的线段，才与轴测轴发生相同的变形，其长度才按相应的轴向伸缩系数 p、q、r 来确定和测量。

四、轴测投影的分类

根据投影方向 S 与轴测投影面 P 的关系，轴测投影分为正轴测投影和斜轴测投影两大类。详细内容将在本章的第二节和第三节中介绍。

五、轴测投影图的基本画法

轴测投影图绘制的常用方法有坐标法、叠加法、切割法和特征面法。

(1) 坐标法　在形体的正投影图中确定坐标轴的位置，用坐标值来确定形体各控制点的坐标，画出这些控制点的轴测图，然后连接各控制点，即得到该形体的轴测投影图。

(2) 叠加法　根据形体分析的方法，将组合体分解成几个基本几何体，再根据各基本几何体之间的相对位置逐个作出轴测投影图，最后即可得出该组合体的轴测投影图。这种方法适用于叠加型组合体的轴测投影图的绘制。

(3) 切割法　对于切割型组合体，可将形体看成一个简单的基本几何体，画出基本几何体的轴测投影图，然后将多余部分逐步切割掉，最后即可得出该组合体的轴测投影图。

(4) 特征面法　又称次投影法。对于形体上某一个面较有特征，而另一方向轮廓线均为某一轴的平行线的柱状物体，可先画出特征面的轴测投影图，再由特征面的各顶点画出各条可见的棱线，最后画出另一底面的可见轮廓线。

在绘制较复杂形体的轴测投影图时，常需综合运用上述方法绘制。

第二节　正轴测图

一、正轴测图的形成

假想一长方体，它的三个坐标轴都与轴测投影面 P 倾斜，投影方向 S 与轴测投影面 P 垂直，这样的投影称为正轴测投影，用这种方法得到的投影图是正轴测图，如图 6-3 所示。

如果坐标轴与轴测投影面的倾斜角度不同，它们的三个轴测轴的方向、轴间角和轴向伸缩系数也就不同。这样，同一形体可以作出不同的正轴测图，在实际中常用的正轴测图是正等轴测图和正二等轴测图两种，现分别介绍如下。

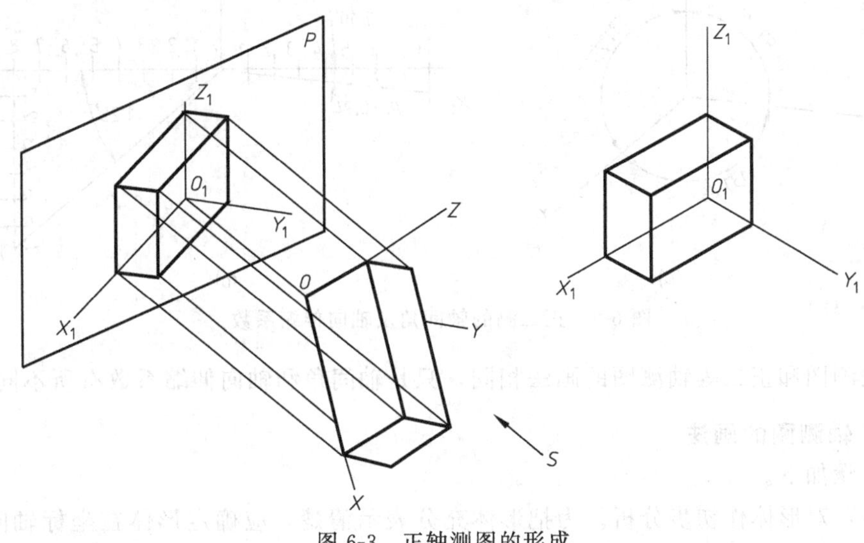

图 6-3　正轴测图的形成

1. 正等轴测图

空间形体的三个坐标轴与轴测投影面的倾斜角度相等，这样得到的正轴测图，即为正等轴测图，简称正等测。

由于三个坐标轴与轴测投影面的倾角相等，它们的轴向伸缩系数也相等，经计算可知：

$$p_1 = q_1 = r_1 = 0.82$$

轴向伸缩系数为 0.82，作图时就需要计算，很麻烦。故实际应用时常把它简化为 1，即简化系数为 $p_1 = q_1 = r_1 = 1$。但这样画出来的图形，要比实际的大一些，即各轴向线段的长度是实长的 1.22 倍。

由于形体的三个坐标轴与轴测投影面的倾角相等，则三个轴测轴之间的夹角也一定相等，即每两个轴测轴之间的轴间角均为 120°。作图时，规定把 O_1Z_1 轴画成铅垂线，其余两轴与水平线的夹角为 30°，如图 6-4 所示。

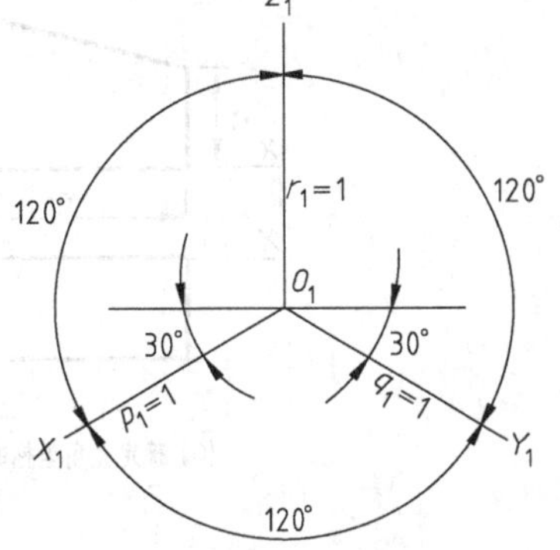

图 6-4　正等测的轴间角及轴向伸缩系数

2. 正二等轴测图

正二等轴测图简称正二测。它与正等测的不同之处在于三个坐标轴中只有两个坐标轴与轴测投影面的倾角相等，因此这两个轴的轴向伸缩系数一样，三个轴的轴间角也有两个相等。

正二测的轴测轴画法如图 6-5（a）所示。其 O_1Z_1 轴仍然画成铅垂线，O_1X_1 轴与水平线的夹角为 7°10′，O_1Y_1 轴与水平线的夹角为 41°25′。画轴测轴时可用近似方法作图，即分别采用 1∶8 和 7∶8 作直角三角形，再利用其斜边的方法求得，如图 6-5（b）所示。

根据计算，正二测的三个轴向伸缩系数是：

$$p_1 = r_1 = 0.94 \qquad q_1 = 0.47$$

为方便作图，同样可将正二测的轴向伸缩系数变为简化系数为：$p=r=1$ 和 $q=0.5$。但这样画出来的图比实际的略大些，即各轴向线段的轴测投影长度是实长的 1.06 倍。

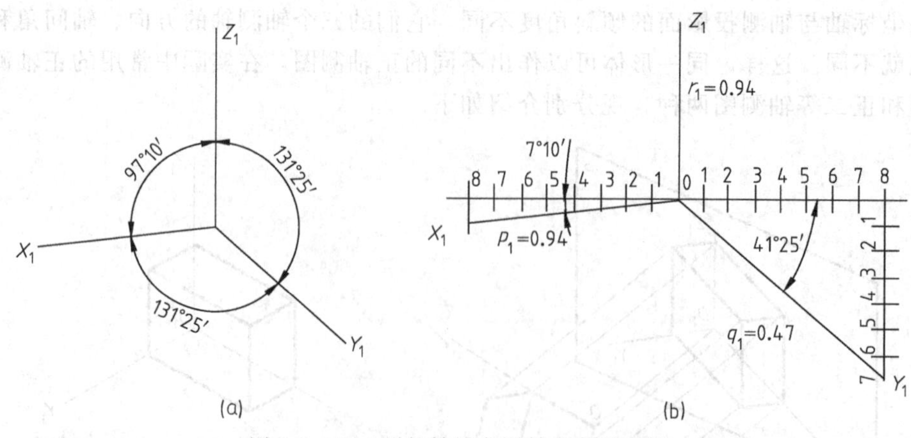

图 6-5 正二测的轴间角及轴向伸缩系数

正等轴测图和正二等轴测图的画法相同，只是轴间角和轴向伸缩系数有所不同。

二、正轴测图的画法

作图步骤如下。

第一步：对形体作初步分析。为把形体充分表示清楚，应确定形体在坐标轴间的方位，即合适的观看角度。

第二步：画出轴测轴，并按轴测轴方向及各轴向伸缩系数确定形体各顶点及主要轮廓线的位置。

第三步：画出形体的轴测图。

【例 6-1】 已知斜垫块的正投影图，画出其正等测图。

作图步骤如图 6-6 所示（本题用坐标法）。

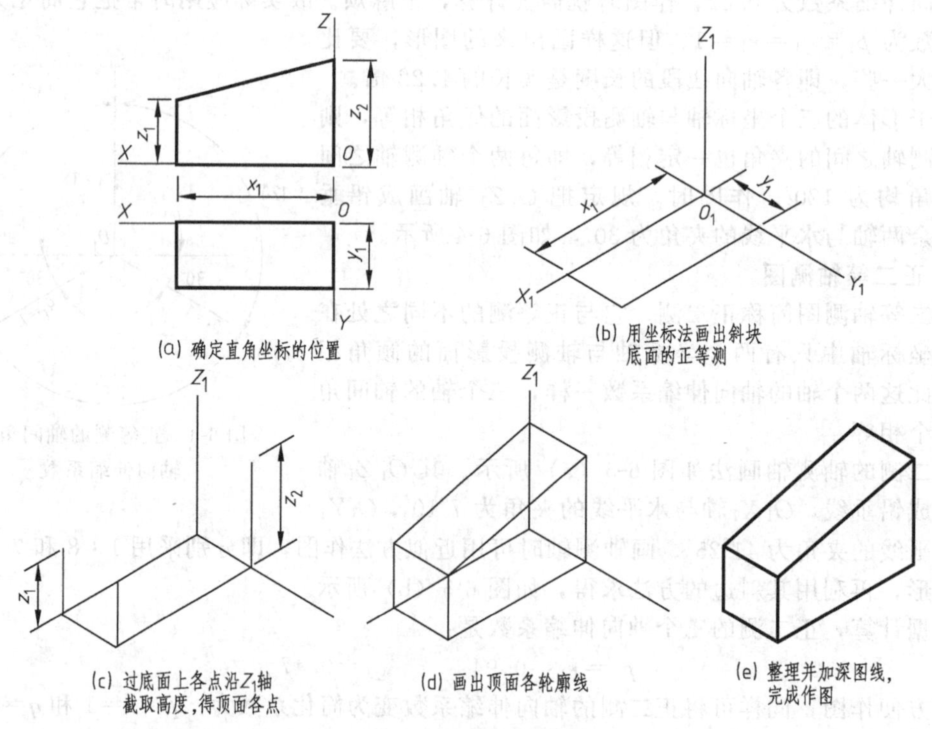

图 6-6 作斜垫块的正等测图

【例 6-2】　已知基础墩的正投影图，画出其正等测图。

投影分析：由正投影图可以看出，基础墩由长方体底块和四棱锥台叠加而成，是前后左右对称的。可采用叠加法作图。由于上部四棱锥台的四条棱线是倾斜的，可用坐标法作出各顶点后连接得出。

作图方法与步骤如图 6-7 所示。

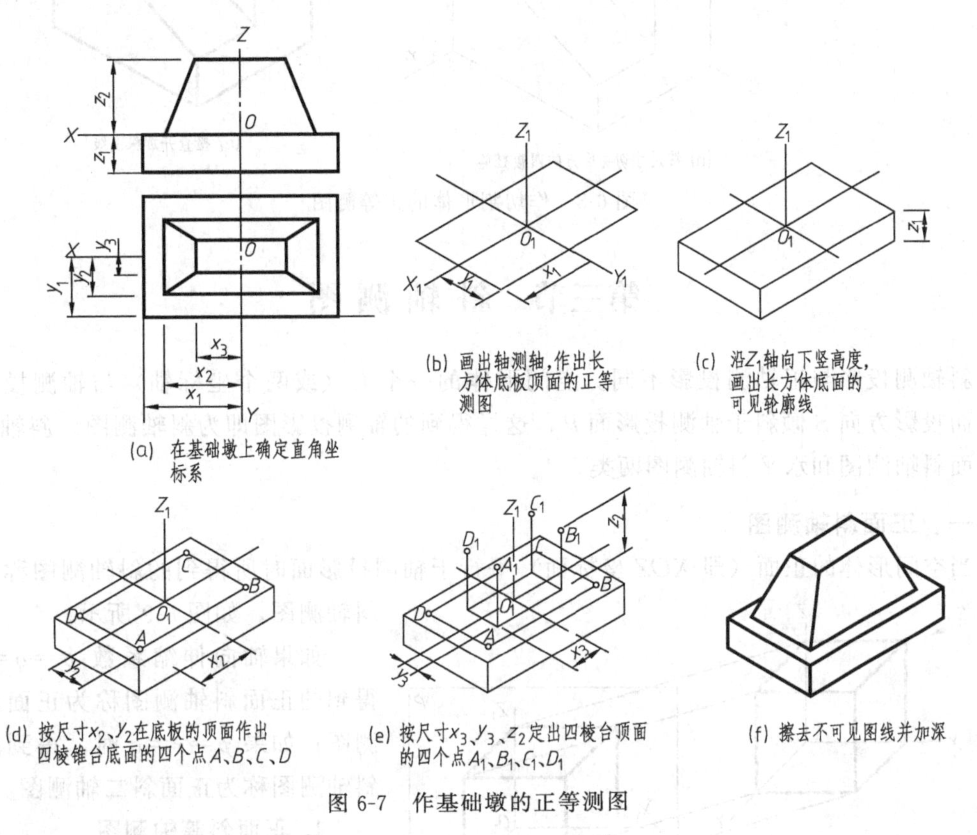

图 6-7　作基础墩的正等测图

【例 6-3】　作图 6-8（a）所示切割形体的正等测图。

投影分析：这个形体可以看成一个简单的长方体被两次切割后形成。作图步骤如图 6-8 所示。

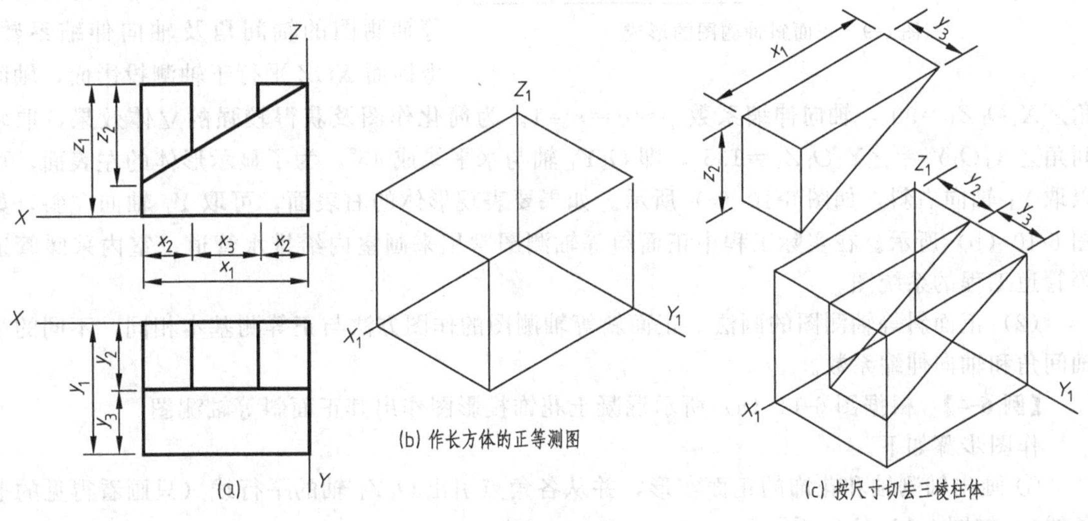

图 6-8

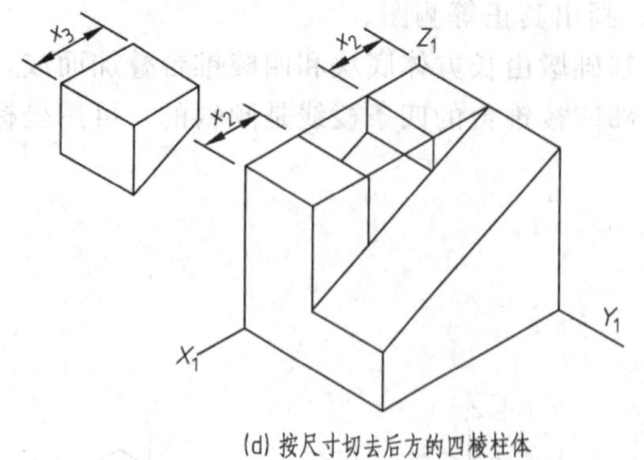

(d) 按尺寸切去后方的四棱柱体

(e) 检查并加深图线

图 6-8　作切割形体的正等测图

第三节　斜轴测图

斜轴测投影与正轴测投影不同。空间形体的一个面（或两个坐标轴）与轴测投影面平行，而投影方向 S 倾斜于轴测投影面 P，这样得到的轴测投影图即为斜轴测图。斜轴测图分为正面斜轴测图和水平斜轴测图两类。

一、正面斜轴测图

当空间形体的正面（即 XOZ 坐标面）平行于轴测投影面时所得到的斜轴测图称为正面斜轴测图，如图 6-9 所示。

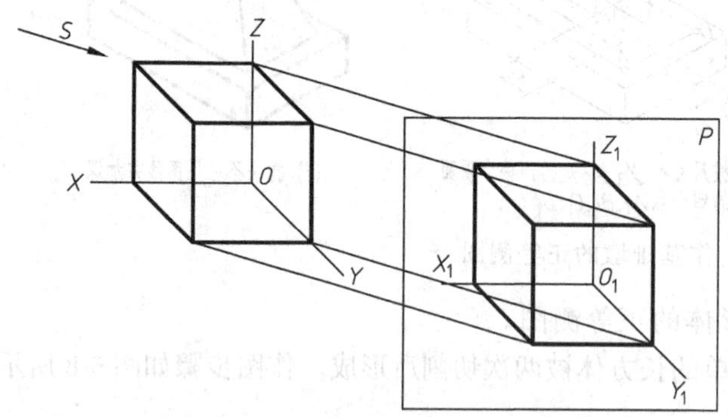

图 6-9　正面斜轴测图的形成

如果轴向伸缩系数 $p=q=r$ 时，得到的正面斜轴测图称为正面斜等轴测图；如果 $p=r\neq q$ 时，得到的正面斜轴测图称为正面斜二轴测图。

1. 正面斜等轴测图

（1）正面斜等轴测图的轴间角及轴向伸缩系数　图 6-10 所示为正面斜等轴测图的轴间角及轴向伸缩系数。坐标面 XOZ 平行于轴测投影面，轴间角 $\angle X_1O_1Z_1=90°$，轴向伸缩系数 $p=q=r=1$。为简化作图及获得较强的立体效果，取轴间角 $\angle X_1O_1Y_1=\angle Y_1O_1Z_1=135°$，即 O_1Y_1 轴与水平线成 45°，为了显示形体的左表面，可以取 Y_1 轴向右斜，如图 6-10（a）所示。如果要表现形体的右表面，可取 Y_1 轴向左斜，如图 6-10（b）所示。在实际工程中正面斜等轴测图常用来画室内给排水管道、室内采暖管道等管道工程的系统图。

（2）正面斜等轴测图的画法　正面斜等轴测图的作图方法与正等测基本相同，不同的是轴间角和轴向伸缩系数。

【例 6-4】　根据图 6-11（a）所示混凝土花饰投影图作出其正面斜等轴测图。

作图步骤如下。

① 画出轴测轴和花饰的正面实形，并从各角点引出 O_1Y_1 轴的平行线（只画看得见的七条线），如图 6-11（b）所示；

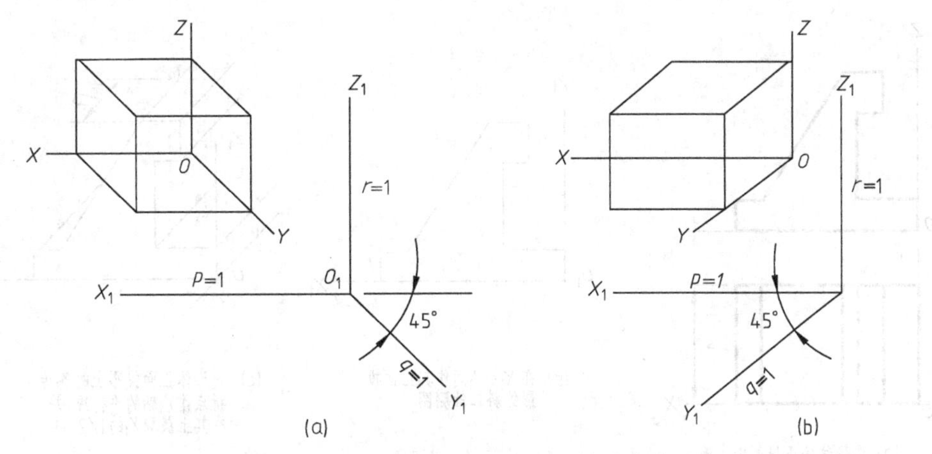

图 6-10　正面斜等轴测图的轴间角及轴向伸缩系数

② 在引出的平行线上截取花饰的宽度，并画出花饰后面可见的轮廓线，去掉轴测轴，加深图线，即得花饰的正面斜等轴测图，如图 6-11（c）所示。

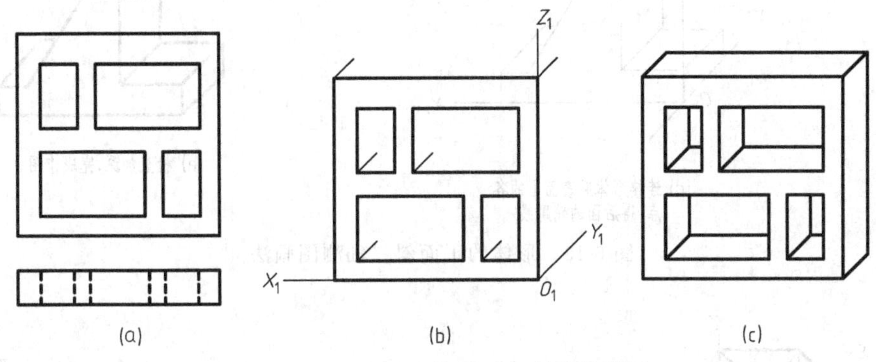

图 6-11　混凝土花饰的正面斜等轴测图

2. 正面斜二轴测图

（1）轴间角及轴向伸缩系数　正面斜二轴测图的轴测轴、轴间角与正面斜等轴测图的完全相同，不同的是 Y_1 轴方向的轴向伸缩系数不同，$q=0.5$，$p=r=1$，如图 6-12 所示。

（2）正面斜二轴测图的画法　正面斜二轴测图的作图方法与正面斜等轴测图的作图方法相同，但要注意 Y_1 轴方向的轴向伸缩系数。

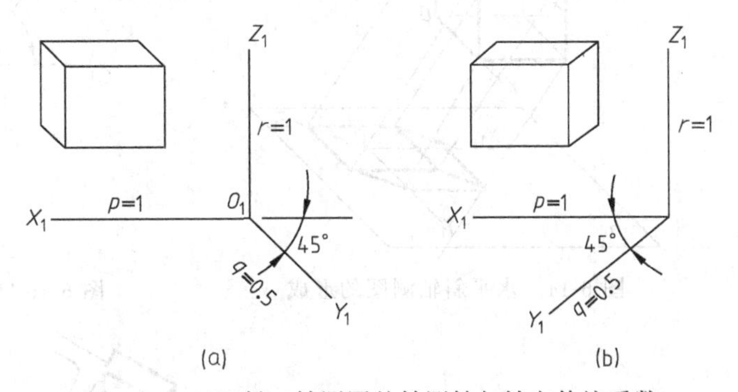

图 6-12　正面斜二轴测图的轴测轴与轴向伸缩系数

【例 6-5】 作形体的正面斜二轴测图，如图 6-13 所示。

分析：该形体的正面（由 XOZ 坐标面所决定的平面）较有特征，而另一个方向的轮廓线均为 Y 轴的平行线，故此题适合用特征面法作图。

二、水平斜轴测图

当空间形体的底面（即 XOY 坐标面）平行于轴测投影面时所得到的斜轴测图称为水平斜轴测图，如图 6-14 所示。

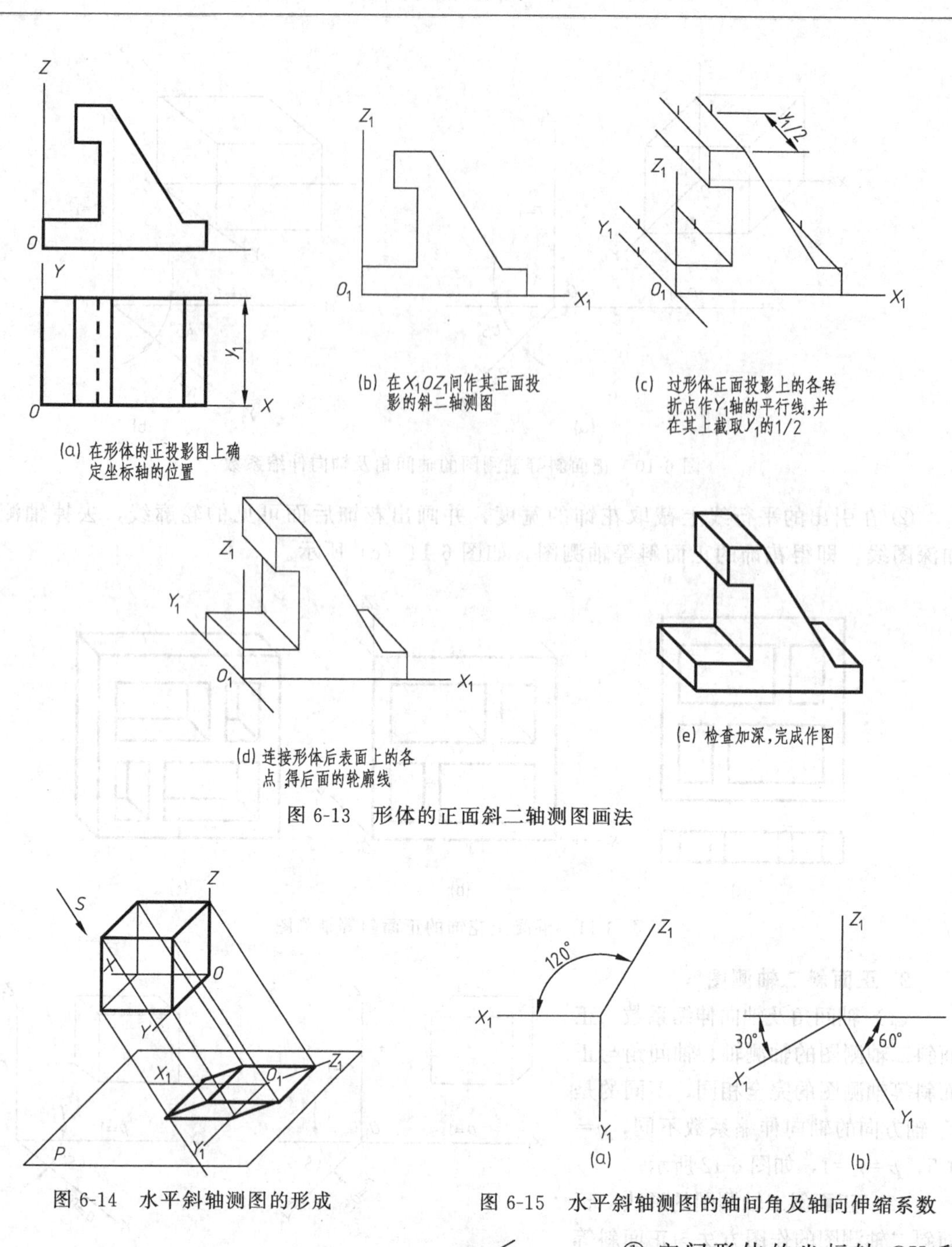

图 6-13 形体的正面斜二轴测图画法

图 6-14 水平斜轴测图的形成

图 6-15 水平斜轴测图的轴间角及轴向伸缩系数

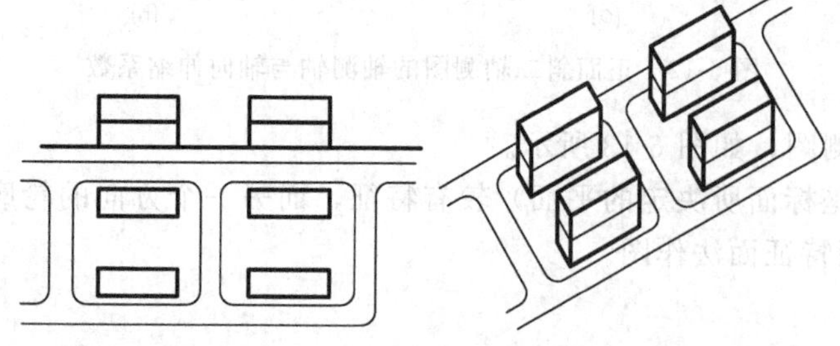

图 6-16 建筑小区的水平斜轴测图

① 空间形体的坐标轴 OX 和 OY 平行于水平的轴测投影面，所以 OX 轴和 OY 轴及平行于 OX 轴及 OY 轴方向的线段投影长度不变，即轴向伸缩系数 $p_1=q_1=1$，其轴间角为 90°。

② 坐标轴 OZ 与轴测投影面垂直。由于投影方向 S 是倾斜的，轴测轴 O_1Z_1 则是一条倾斜线，如图

6-15（a）所示。但习惯上仍将 O_1Z_1 轴画成铅垂线，而将 O_1X_1 轴和 O_1Y_1 轴相应偏转一个角度，如图 6-15（b）所示。轴向伸缩系数 r_1 应小于 1，但为简化作图，通常仍取$r_1=1$。

这种水平斜轴测图常用于绘制建筑小区的总体规划图。作图时只需将小区总平面图转动一个角度（例如 30°），然后在各建筑物的转角处画垂线，再量出各建筑物的高度，即可画出其水平斜轴测图，如图 6-16 所示。

第四节 曲面体轴测图

一、圆的正等轴测图的画法

一般情况下，圆的正等轴测投影为椭圆。

作圆的正等轴测图的方法是先作圆外切正方形的正等轴测图，再在其中用四心圆弧法作椭圆。

作图步骤（图 6-17）如下。

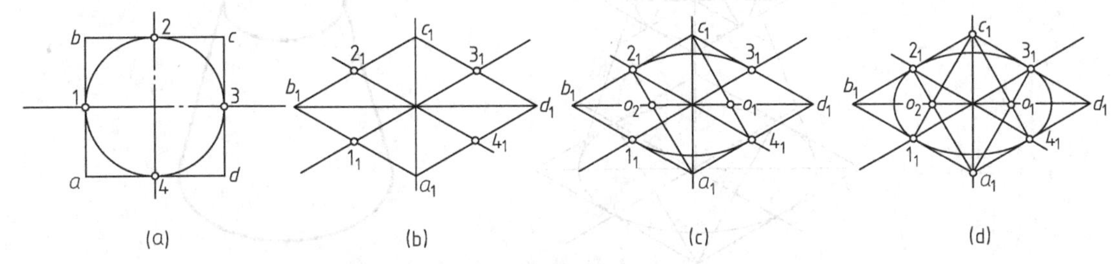

图 6-17 用四心圆弧法作椭圆的近似画法

① 作圆的外切正方形 $abcd$ 与圆相切于 1、2、3、4 四个切点，如图 6-17（a）所示；

② 根据 1、2、3、4 点的坐标，在轴测轴上定出 1_1、2_1、3_1、4_1 四点的位置，并作出外切正方形 $abcd$ 的正等测图——菱形 $a_1b_1c_1d_1$，如图 6-17（b）所示；

③ 连 a_1、2_1 和 c_1、4_1，并与菱形对角线 b_1d_1 分别交于 o_2、o_1 两点，如图 6-17（c）所示；

④ 以 a_1 为圆心、a_12_1 为半径和以 c_1 为圆心、c_14_1 为半径作圆弧，这两个圆弧上下对称，如图 6-17（c）所示；

⑤ 以 o_2 为圆心、o_22_1 为半径和以 o_1 为圆心、o_14_1 为半径作圆弧，这两个圆弧左右对称，如图 6-17（d）所示。

四段圆弧构成一个扁圆（四个切点是四段圆弧的连接点），这个扁圆可以看成是近似的椭圆。正平圆和侧平圆的正等测图与水平圆的正等测图画法完全一样。但要注意：水平圆投影成椭圆时，长轴垂直于 O_1Z_1 轴；正平圆投影成椭圆时，长轴垂直于 O_1Y_1 轴；侧平圆投影成椭圆时，长轴垂直于 O_1X_1 轴。

图 6-18 所示为三个坐标面上相同直径圆的正等轴测图，它们是形状相同的三个椭圆。

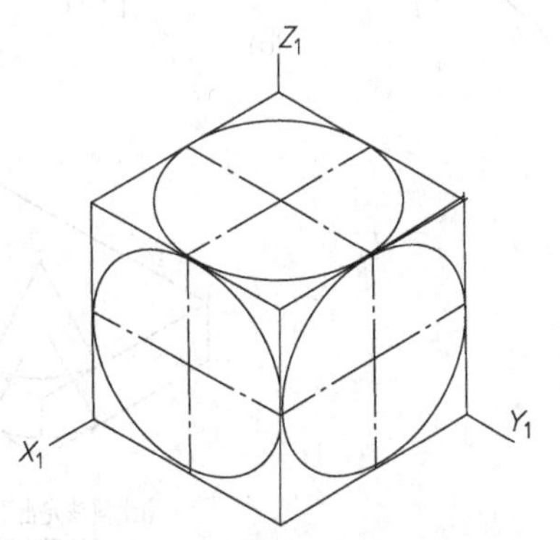

图 6-18 平行于坐标面的圆的正等轴测图

【例 6-6】 作圆台的正等轴测图。

作图步骤见图 6-19。

【例 6-7】 形体上圆角的画法如图 6-20 所示。

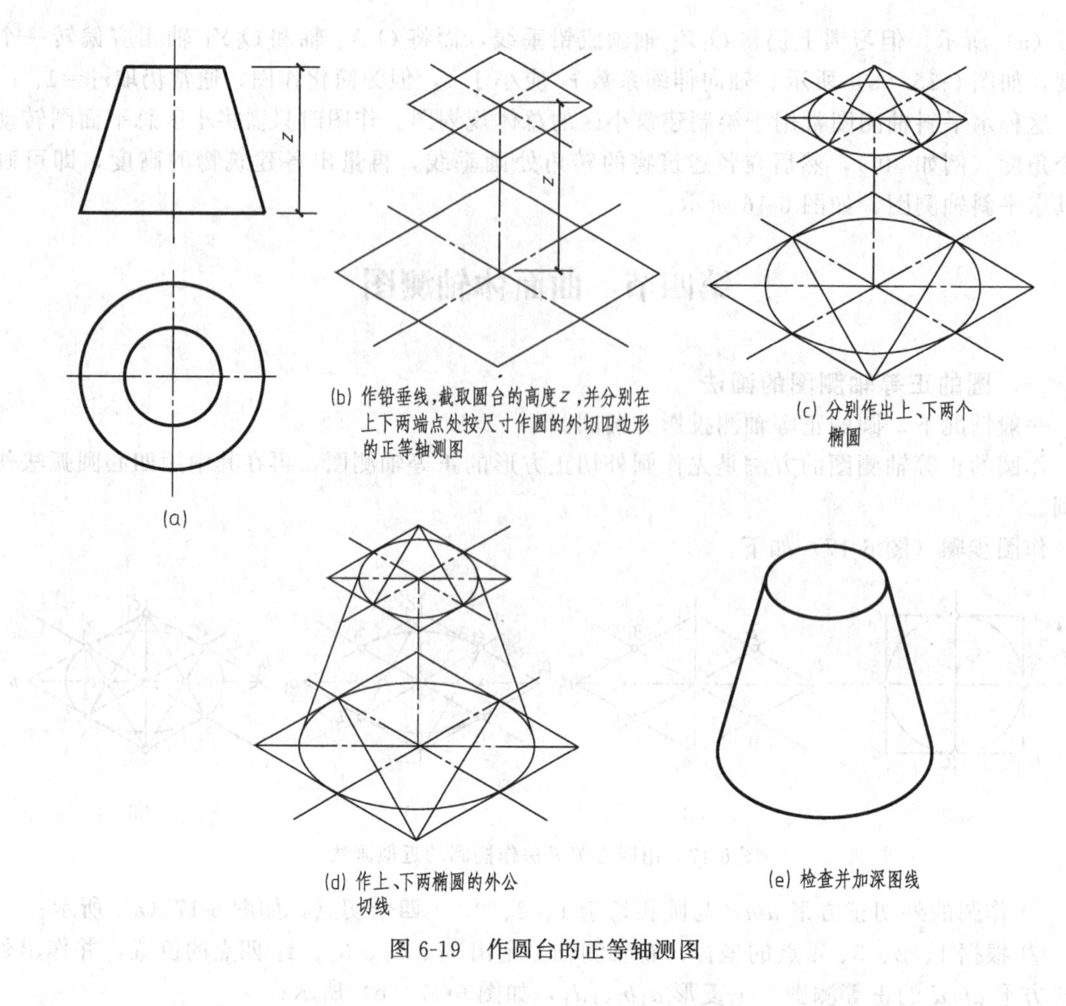

图 6-19 作圆台的正等轴测图

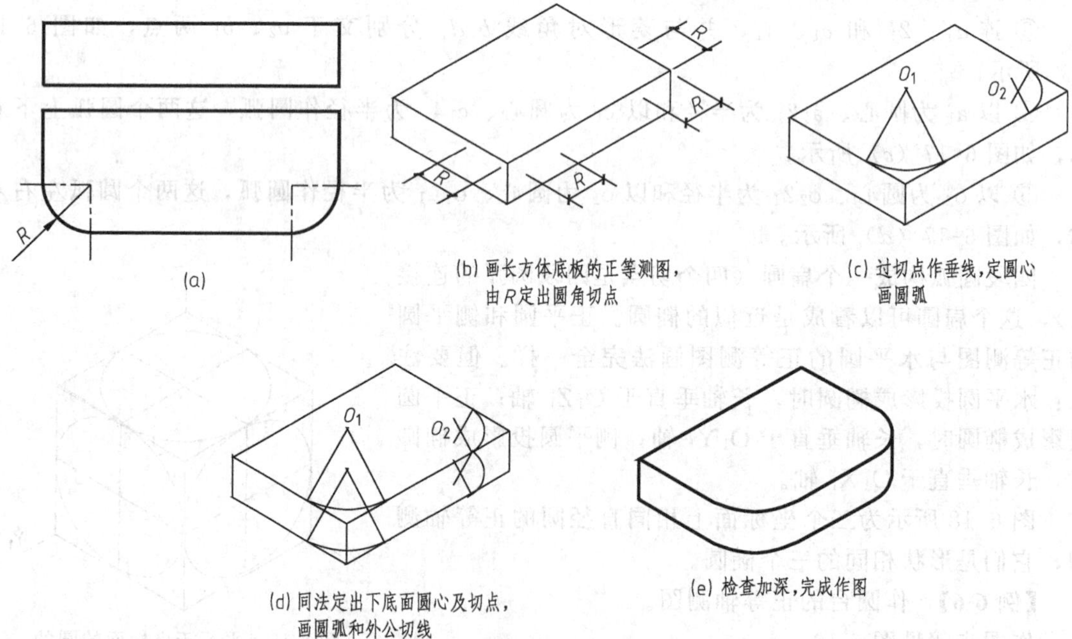

图 6-20 作圆角板的正等轴测图

二、圆的斜轴测图画法

当平面圆平行 XOZ 坐标面时，其斜轴测投影不变形，仍为圆；平行于 XOY 坐标面和平行于 YOZ 坐标面的圆的斜轴测投影均为椭圆。可用八点法作圆的斜轴测图。

图 6-21 所示为平行于 XOY 坐标面的圆的正面斜二轴测图画法。

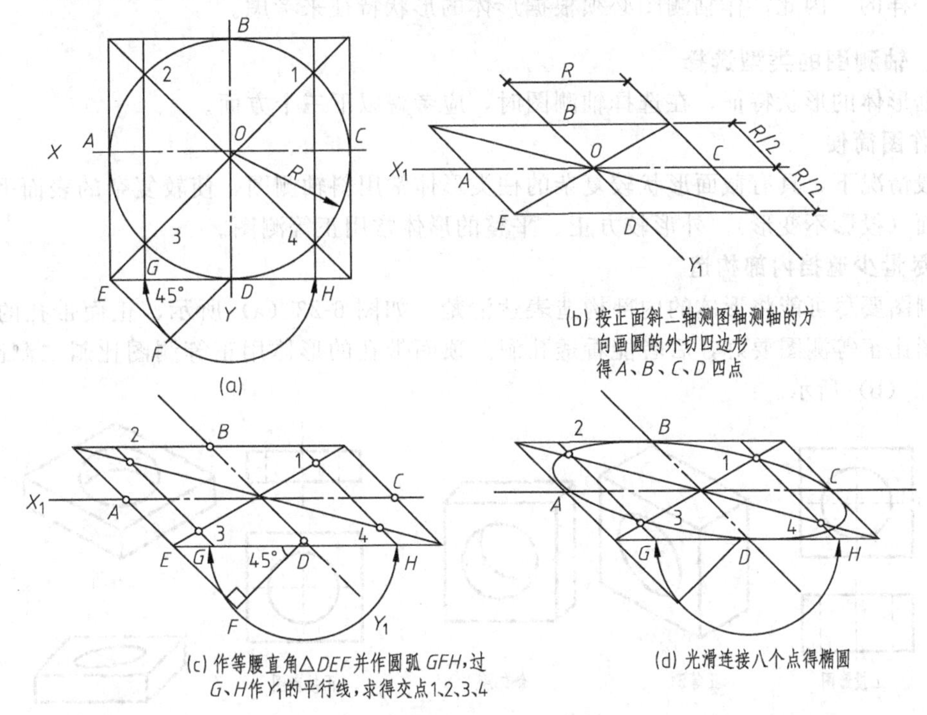

图 6-21　用八点法画椭圆

【例 6-8】　作形体的正面斜二轴测图（图 6-22）。

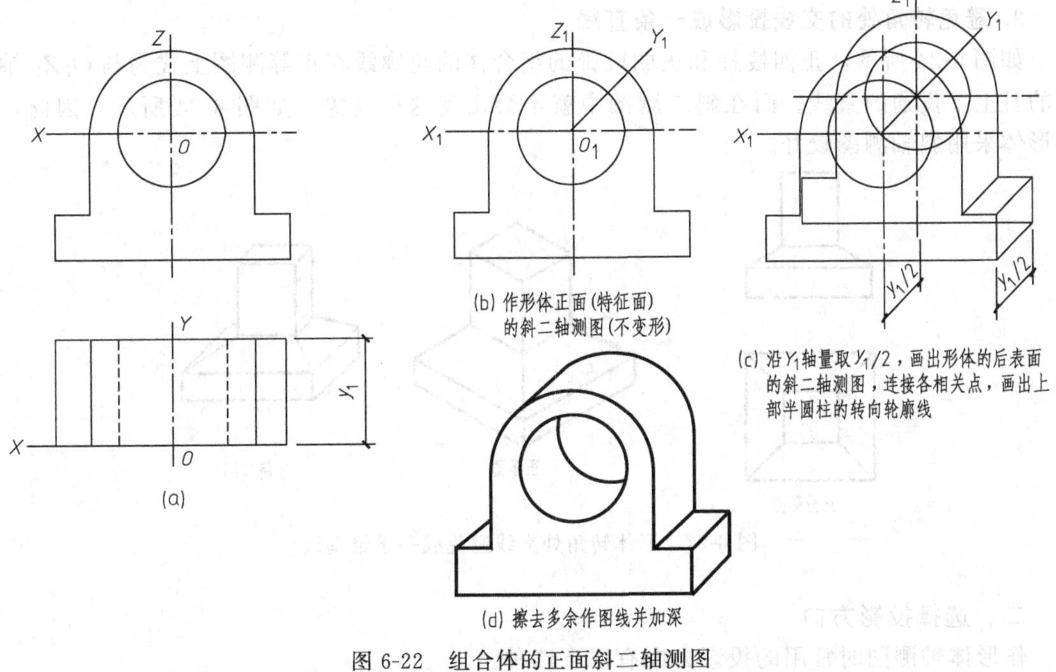

图 6-22　组合体的正面斜二轴测图

第五节　轴测图类型的选择

轴测图能较直观地表示出形体的立体形状，但选用不同的轴测图类型及投影方向，其效果是不一样的，因此，作轴测图必须根据形体的形状特征来考虑。

一、轴测图的类型选择

根据形体的形状特征，在选择轴测图时，应考虑以下三个方面。

1. 作图简便

一般情况下，具有截面形状较复杂的柱类形体常用斜轴测图，使较复杂的表面平行于轴测投影面（投影不变形）。外形较方正、平整的形体常用正等测图。

2. 尽量少遮挡内部构造

轴测图要尽可能将形体的内部构造表达清楚。如图 6-23（a）所示，正面带孔的形体用斜二测图比正等测图要好，后者能看透孔洞。顶面带孔的形体用正等测图比斜二测图清楚，如图 6-23（b）所示。

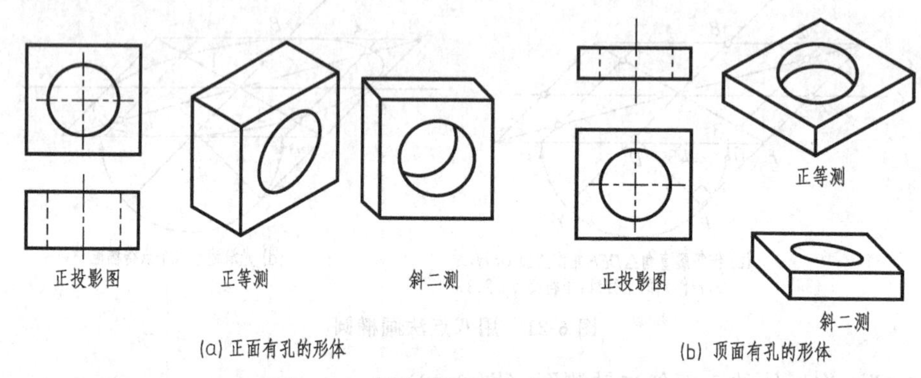

图 6-23　带孔形体的轴测图类型选择

3. 避免转角处的交线投影成一条直线

如图 6-24 所示，正四棱柱和正四棱锥的组合体的轮廓线在正等测图上成为与 O_1Z_1 轴平行的且上下贯通的直线。而在斜二测图中就不会出现这种现象，如图 6-24 所示，因此，这种形体采用斜轴测图较好。

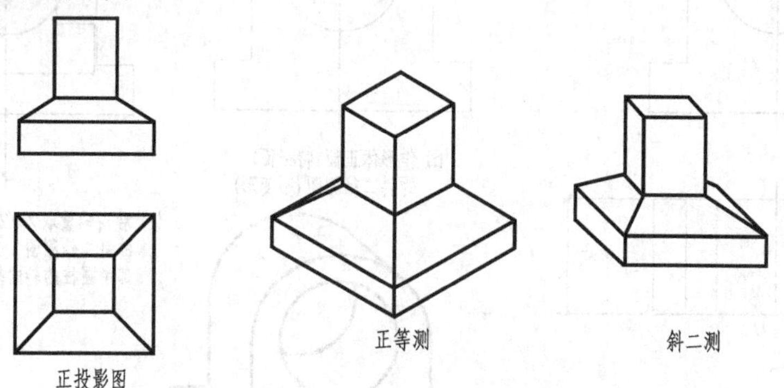

图 6-24　形体转角处交线避免成一条铅垂线

二、选择投影方向

作形体轴测图时常用的投影方向有以下四种。

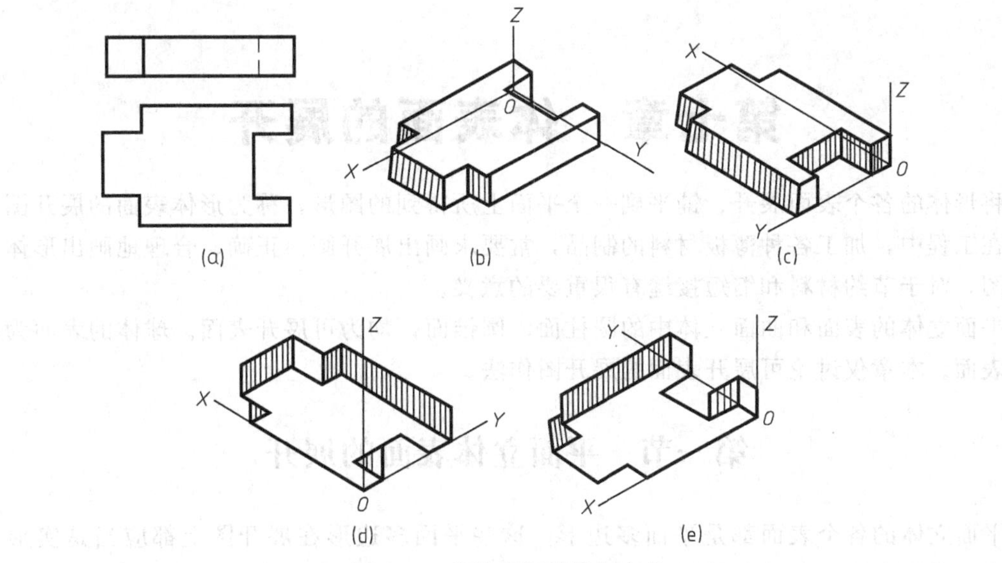

图 6-25　作轴测图的投影方向

① 从左前上方向右后下方投影，如图 6-25（b）所示；

② 从右前上方向左后下方投影，如图 6-25（c）所示；

③ 从左前下方向右后上方投影，如图 6-25（d）所示；

④ 从右前下方向左后上方投影，如图 6-25（e）所示。

选择轴测投影的方向应考虑形体的形状特征。图 6-26 所示台阶模型的斜轴测图中，选择从左上前方向右后下方投影所得到的投影图［图 6-26（b）］比从右前上方向左后下方投影所得到的投影图［图 6-26（c）］更合适。图 6-27 所示的柱板模型的正等轴测图，按左前下方向右后上方投影［图 6-27（b）］比从右前下方向左后上方投影［图 6-27（c）］要清楚。

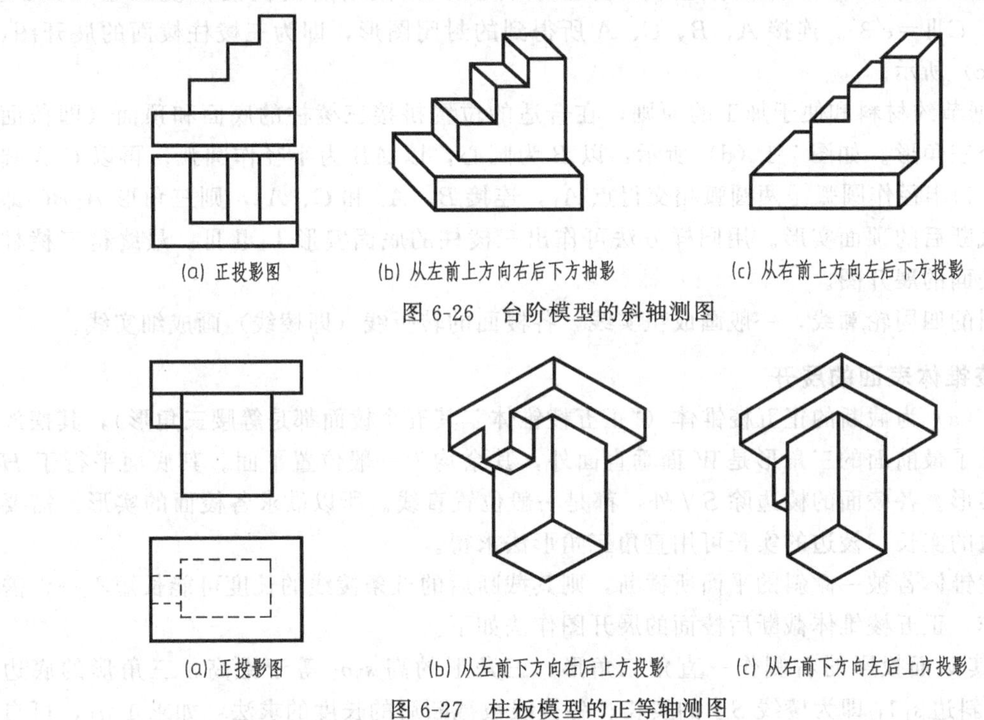

图 6-26　台阶模型的斜轴测图

图 6-27　柱板模型的正等轴测图

第七章　体表面的展开

将形体的各个表面展开、铺平到一个平面上所得到的图形，称为形体表面的展开图。

在工程中，加工各种薄板材料的制品，常要求画出展开图。正确、合理地画出形体表面展开图，对于节约材料和缩短接缝有很重要的意义。

平面立体的表面和曲面立体中的圆柱面、圆锥面，均为可展开表面。球体的表面为不可展开表面。本章仅讨论可展开表面的展开图作法。

第一节　平面立体表面的展开

平面立体的各个表面都是平面多边形，这些平面多边形在展开图上都应当是实形，所以，求作平面立体表面的展开图，实际就是求该平面立体各表面的实形。

平面立体的展开包括棱柱体的展开和棱锥体的展开。

一、棱柱体表面的展开

图 7-1（a）为一截断的正三棱柱。正三棱柱的各个棱面都垂直于 H 面，所以各棱面都是投影面的垂直面，三棱柱的高和各棱线都是投影面垂直线，它们的 V 面投影都反映实长。三棱柱的下底面三角形平行于 H 面，它在 H 面上的投影为实形。因此，比较容易作出它的表面展开图。其表面展开图的作法如下。

① 将三棱柱底面三角形的三条边展开成一条直线ⅠⅡⅢⅠ，如图 7-1（b）所示。

② 过Ⅰ、Ⅱ、Ⅲ、Ⅰ各点作垂线，并量取各棱线被截断后的高度，使 AⅠ$=a'1'$、BⅡ$=b'2'$、CⅢ$=c'3'$。连接 A、B、C、A 所得到的封闭图形，即为三棱柱棱面的展开图，如图 7-1（c）所示。

③ 根据节约材料和便于加工的原则，在合适的位置拼接三棱柱的底面和顶面（即截面实形）两个三角形。如图 7-1（d）所示：以 B 为圆心，以 AB 为半径作圆弧；再以 C 为圆心，以 CA 为半径作圆弧。两圆弧相交得点 A_1，连接 B、A_1 和 C、A_1，则三角形 A_1BC 即为三棱柱截断后的顶面实形。用同样方法可作出三棱柱的底面实形Ⅰ$_1$ⅡⅢ。最终得三棱柱被截断后表面的展开图。

展开图的四周轮廓线，一般画成粗实线，各棱面的转折线（即棱线）画成细实线。

二、棱锥体表面的展开

图 7-2（a）为截断的正五棱锥体（“正五棱锥体”其五个棱面都是等腰三角形），其摆放的位置，除了最前面的三角形是 W 面垂直面外，其余均为一般位置平面。其底面平行于 H 面，反映实形。各棱面的棱边除 SⅤ外，都是一般位置直线。所以欲求各棱面的实形，需要先求作棱边的实长。棱边的实长可用直角三角形法求得。

正五棱锥体若被一倾斜的平面所截断，则其截断后的五条棱线的长度可能长短不一，需要分别求作，正五棱锥体截断后棱面的展开图作法如下。

① 在其 V 面投影的右侧作一直角三角形，三角形的高 s_1o_1 等于锥高，三角形的底边 $o_11_1=s1$，斜边 s_11_1 即为棱线 SⅠ的实长。各棱线被截断后的长度的求法：如求 1_1a_1，可自

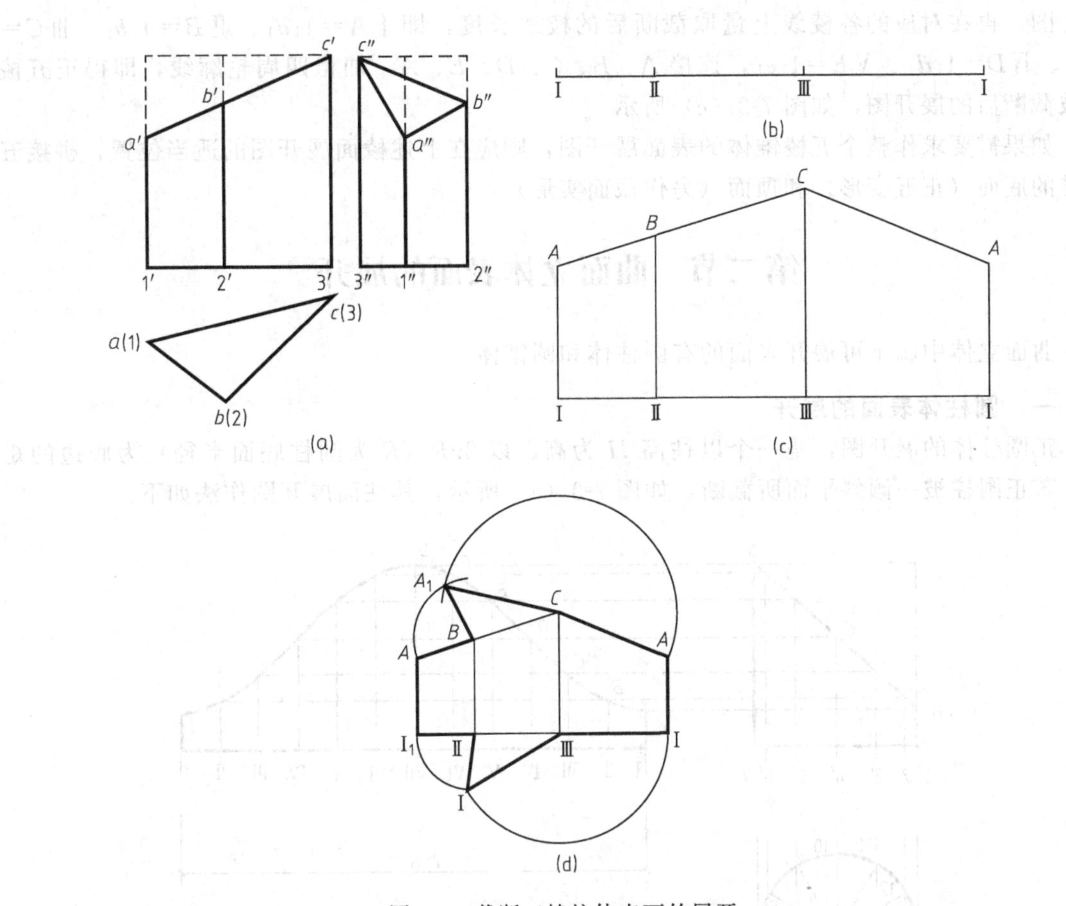

图 7-1　截断三棱柱体表面的展开

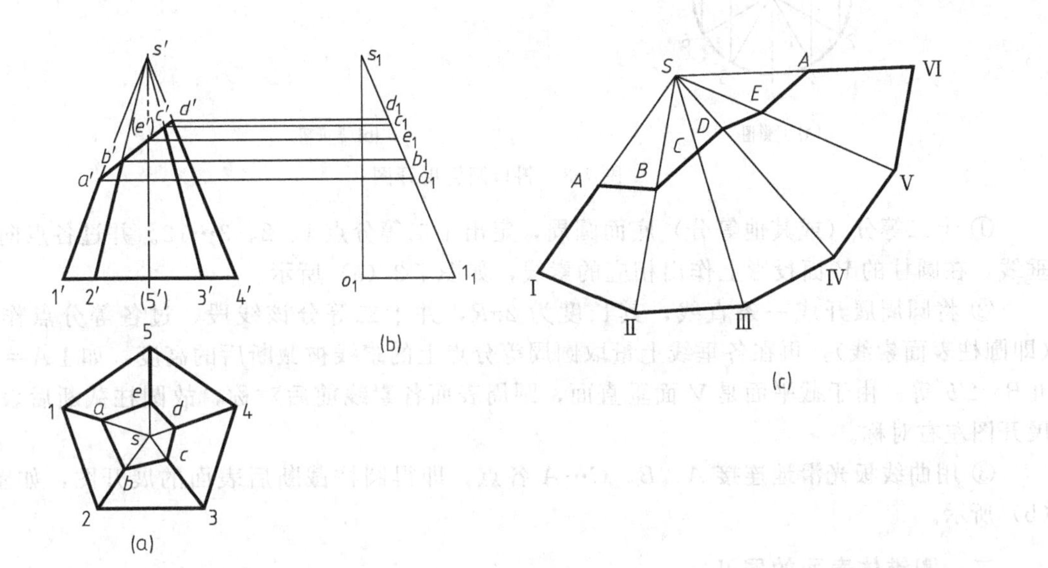

图 7-2　截断正五棱锥体表面的展开

V 面投影中的 a' 引水平线，与 $s_1 1_1$ 相交于 a_1，得 $1_1 a_1$ 即为ⅠA 的实长。用同样方法可求得截断后其余各棱线的长度，如图 7-2（b）所示。

② 根据已知三边长作三角形的方法，先作出五个等腰三角形拼接成的正五棱锥棱面的

展开图，再在对应的各棱线上量取截断后的棱线长度，即Ⅰ$A=1_1a_1$、Ⅱ$B=1_1b_1$、Ⅲ$C=1_1c_1$、Ⅳ$D=1_1d_1$、Ⅴ$E=1_1e_1$，连接A、B、C、D、E、A，加粗四周轮廓线，即得正五棱锥被截断后的展开图，如图 7-2（c）所示。

如果需要求作整个五棱锥体的表面展开图，则应在上述棱面展开图的适当位置，拼接五棱锥的底面（正五变形）和顶面（另作截面实形）。

第二节　曲面立体表面的展开

曲面立体中属于可展开表面的有圆柱体和圆锥体。

一、圆柱体表面的展开

正圆柱体的展开图，是一个以柱高H为高、以$2\pi R$（R为圆柱底面半径）为底边的矩形。若正圆柱被一倾斜平面所截断，如图 7-3（a）所示，其柱面展开图作法如下。

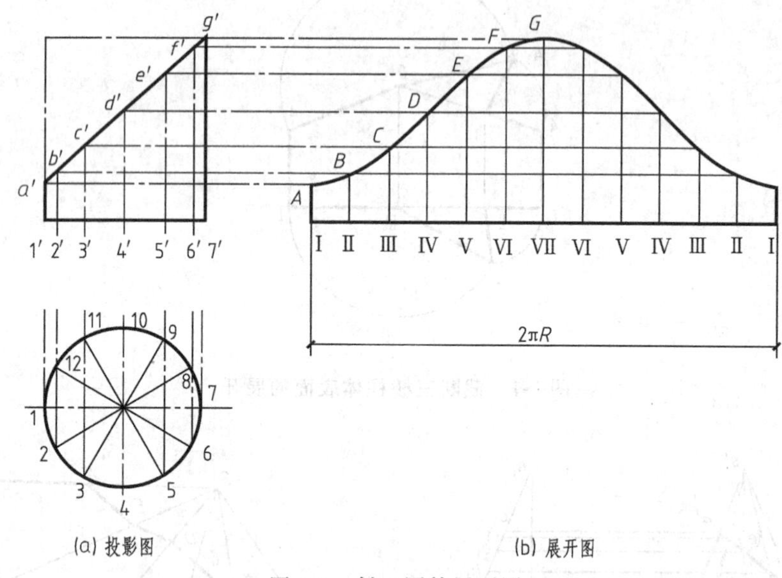

(a) 投影图　　(b) 展开图

图 7-3　斜口圆管展开图

① 十二等分（或其他等分）底面圆周，定出十二等分点 1、2、3…12。并过各点向上作垂线，在圆柱的V面投影上作出相应的素线，如图 7-3（a）所示。

② 将圆周展开成一条直线，其长度为$2\pi R$，并十二等分该线段，过各等分点作垂线（即圆柱表面素线），再在各垂线上量取圆周等分点上的素线被截断后的高度，如Ⅰ$A=1'a'$、Ⅱ$B=2'b'$等。由于截平面是V面垂直面，圆周表面各素线前后对称，故圆柱截断后表面的展开图左右对称。

③ 用曲线板光滑地连接A、B、C…A各点，即得圆柱截断后表面的展开图，如图 7-3（b）所示。

二、圆锥体表面的展开

正圆锥面的展开图是一扇形，如图 7-4（b）所示。它以圆锥素线的实长L为半径，作一圆弧，弧长等于圆锥底面圆的周长$2\pi R$，其圆心角$\alpha=360°R/L$（R为圆锥底圆半径）。

正圆锥表面的展开图也可以采用下面的方法：先画十二等分圆锥底面圆周，用一份弦的长度在以素线实长L为半径所作的弧上，量取十二等分，再把两端点与圆心相连，所得扇形即为正圆锥面的展开图。但这样画出来的圆心角略小于计算所得的圆心角 α。当正圆锥被一倾斜平面所截断时，其锥面展开图的作法如下。

① 十二等分圆锥底面圆周，定出十二个等分点 1、2…12，并过各点向上作垂线，并在 V 面投影中作出相应的锥面素线，如图 7-5（a）所示。

② 作出正圆锥面的展开图，画出各等分点的素线。

③ 量取锥面各素线被截去部分的长度。由于正圆锥的最左和最右两条素线的 V 面投影反映实长，SA 和 SG 可直接从圆锥的 V 面投影中量得。其余各素线被截去部分的实长，可用旋转法求作（图中未将截面的 H 面投影画出）。例如，SB 的求法：可在其 V 面投影中过 b' 作水平线，与 $s'1'$ 相交得 b_1，此 $s'b_1$ 即为素线 SⅡ 被截去部分的实长，再展开图中量取 $SB=s'b_1$，得点 B。又由于图 7-5 中的截平面是 V 面垂直面，锥面各素线前后对称，SL 与 SB 相等，又可得点 L。用同样方法可求出 C、D、E、F 和 H、I、J、K。

④ 用曲线板光滑地连接上述各点，即得截断后锥面的展开图，如图 7-5（b）所示。

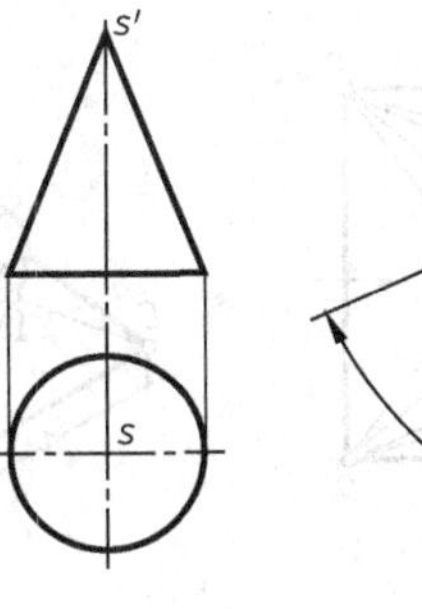

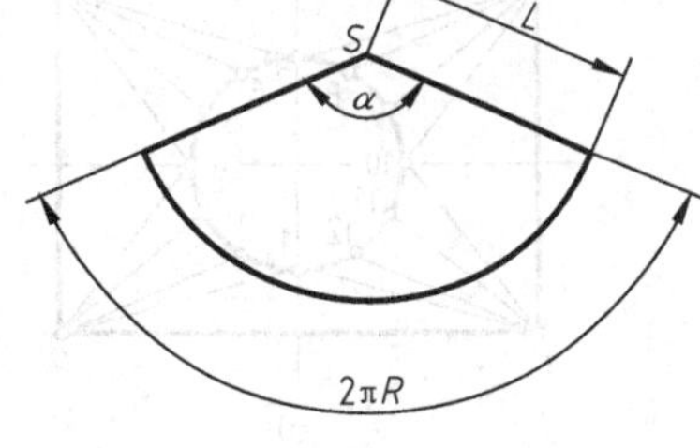

图 7-4　圆锥体表面展开

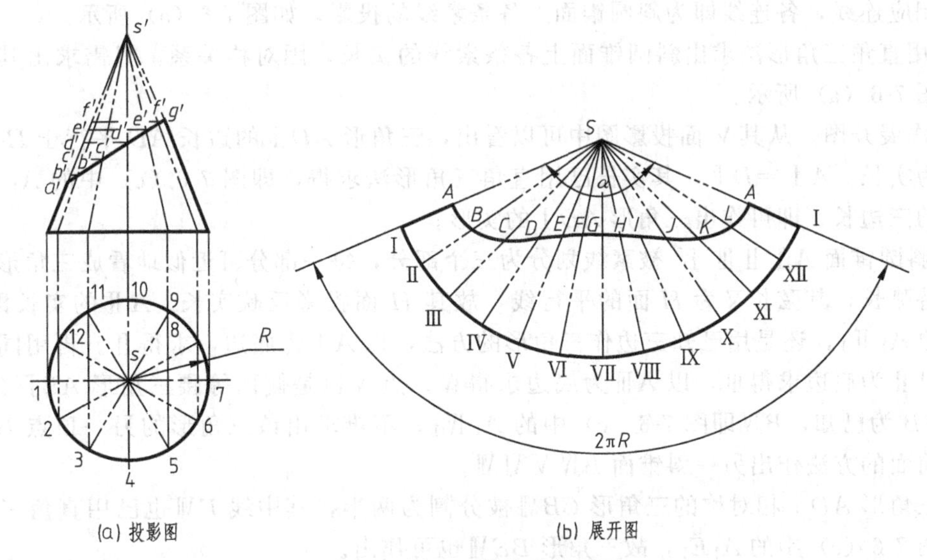

图 7-5　斜口正圆锥管的展开

第三节　过渡体表面的展开

过渡体构件在建筑中，尤其在通风管道方面起着不可低估的作用。过渡体，即从一端的特定形状逐渐变化，过渡到另一端，使其成为另一种形状。如圆管变成矩形管或方管、圆管变换成其他形状管等，这种构件称为过渡体，通称为变径接头，如图 7-6（b）所示。应用前面所学平面立体和曲面立体表面的展开图作法，求作这种过渡面的展开图并不困难。

如图 7-6（b）所示，接管表面是由四个等腰三角形和四个倒斜圆锥面所围成，其展开

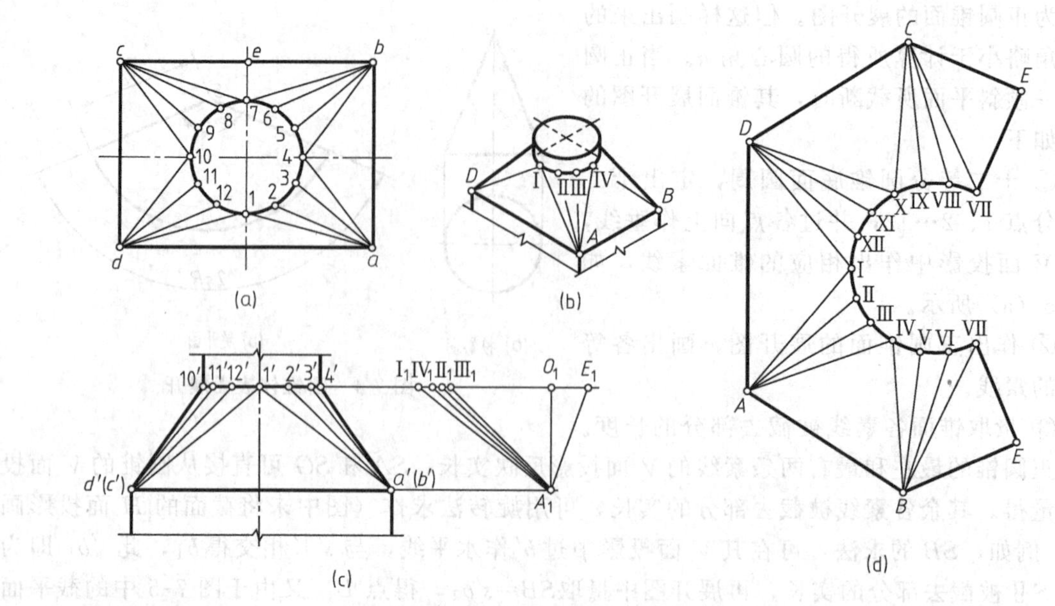

图 7-6 上圆下方管接头的展开

图作法步骤如下。

① 在其 H 面投影中，将上管口圆周分为十二等分，将各等分点分别与下管口矩形的四个顶点相应连线，各连线即为斜圆锥面上各条素线的投影，如图 7-6（a）所示。

② 用直角三角形法求出斜圆锥面上各条素线的实长，因对称关系，只需求出其中的一组，如图 7-6（a）所示。

③ 作展开图。从其 V 面投影图中可以看出，三角形 ADⅠ的边长 AD 平行于 H 面，其投影即为实长。AⅠ$=D$Ⅰ，其实长已用直角三角形法求得，即图 7-6（c）中的 A_1Ⅰ$_1$。根据已知的三边长，即可作出三角形 ADⅠ的实形。

④ 斜圆锥面 AⅠⅡⅢⅣ 被素线划分为三个部分，每一部分可近似地看成三角形，即用弦长代替弧长，其弦长又为 H 面的平行线，故其 H 面投影反映实长。AⅡ的实长即图 7-6（c）中的 A_1Ⅱ$_1$，还是用已知三边作三角形的方法，以 AⅠ为底边，求得Ⅱ。再用同样的方法，以 AⅡ为底边求得Ⅲ，以 AⅢ为底边求得Ⅳ。点Ⅳ也是侧面等腰三角形 ABⅣ的顶点，同样，AB 为已知，BⅣ即图 7-6（c）中的 A_1Ⅳ$_1$，不难求出该三角形的另一顶点 B。然后继续用前面的方法作出另一斜锥面 BⅣⅤⅥⅦ。

与三角形 ADⅠ相对称的三角形 CBⅦ被分割为两半，其中线 EⅦ也已用直角三角形求得，即图 7-6（c）中的 A_1E_1，故三角形 BEⅦ也可作出。

用上述方法再作出接管的另一半。

⑤ 用曲线板将四个斜圆锥底面的各点光滑地连成曲线，即得接管表面的展开图。

第八章　剖面图和断面图

当一个建筑物或者建筑物构件的内部结构比较复杂，如果仍然采用正投影图的方法，用实线表示可见轮廓线、虚线表示不可见轮廓线，则在投影图上会产生大量的虚线，给手工绘图带来一定的困难，不仅如此，如果虚线、实线相互交叉或者重叠时，更会使得图形混淆不清，给读图带来很大的困难，如图 8-1 所示。

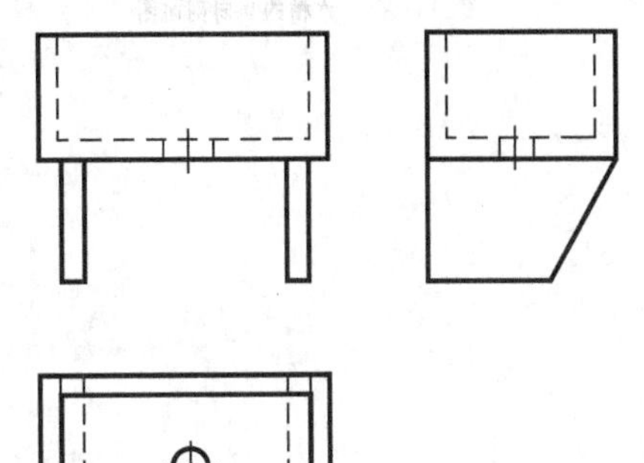

图 8-1　虚线较多的投影图

为了解决这一难题，先对投影图中产生虚线的原因进行分析：表达建筑形体内部结构时，之所以会产生虚线，是因为在观察方向上被建筑形体前面的部分遮挡，若假想将产生遮挡的这部分建筑形体去除，而后再进行投影，就不会产生虚线了，在此思路下就有了剖面图和断面图。

第一节　剖　面　图

一、剖面图的形成

假想用一平面剖开形体，这一假想平面称为剖切平面，将处于观察者与剖切平面之间的部分形体移走，将剩余部分向相应的投影面投影，所得到的投影图即称为剖面图。

图 8-2 为水槽剖面图的形成过程。图 8-1 是水槽的投影图，由于在 V、W 面上的投影都出现了虚线，使图面不清晰，因此，在图 8-2（a）中假想用一个平行于 V 面的剖切平面 P 将水槽剖开，然后将剖切平面 P 连同它前面的部分水槽移走，将留下的部分水槽投影到与剖切平面 P 平行的 V 投影面上，得到了 V 向剖面图。比较图 8-1 中的 V 面投影图和图 8-2（a）的 V 向剖面图，可以看到剖面图中，水槽的内部形状、构造都表示得很清楚。水槽的 W 面投影仍有虚线，同样可以用一与 W 面平行的剖切平面，将水槽剖开，将剖切平面连同它左侧的部分水槽移走，将留下的部分水槽投影到与剖切平面平行的 W 投影面上，得到了 W 向剖面图，如图 8-2 所示。

二、剖面图的画法规定

为区分剖面图中的剖到的区域和未剖到的区域，在绘制剖面图时作出以下规定。

① 形体的剖切是一个假想的作图程式，剖开形体是为了更清楚地表达其内部的形状，实际上形体仍然是完整的，所以虽然剖面图是被剖开后形体剩下部分的投影，但在其他视图中仍然按完整画出。如图 8-2 所示，虽然 1—1 剖面图只表达了被剖切后的后半个水槽，但在 2—2 剖面图中仍按完整的水槽剖开后画出。同理，平面图也是按完整的水槽画出的。

② 一般应选用投影面的平行面作剖切平面，从而使剖切后的形体截断面在投影上能反映实形。同时为表达清晰可见，还应尽量使剖切平面通过形体的对称面以及形体的孔、洞、槽等结构的轴线或者对称平面。

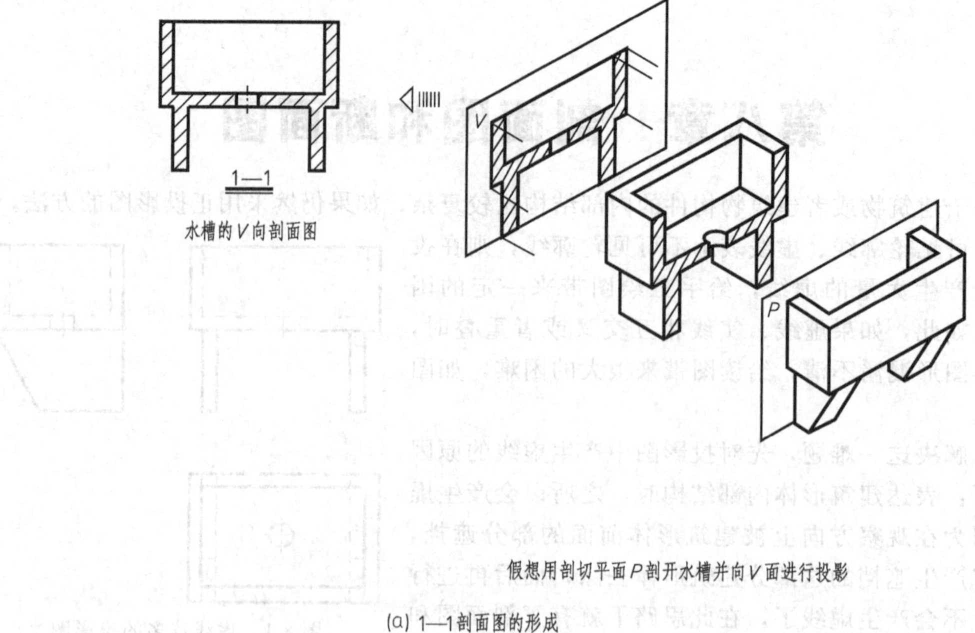

(a) 1—1剖面图的形成

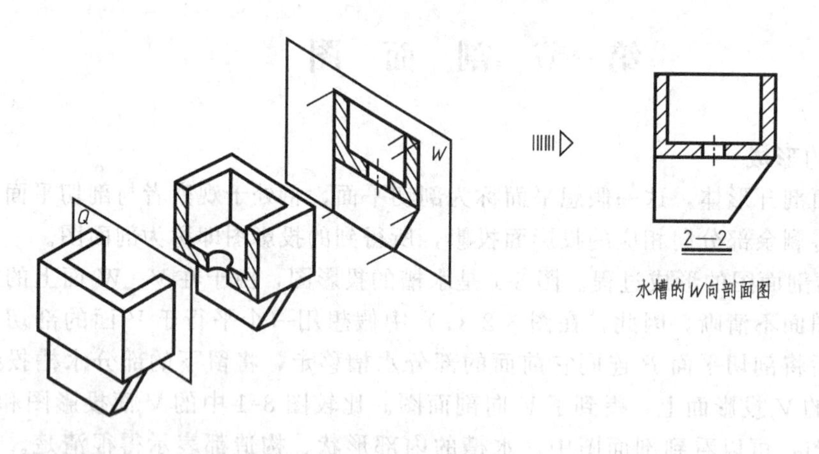

(b) 2—2剖面图的形成

图 8-2 水槽剖面图的形成

③ 剖面图上只画看得见的部分，看不见、被遮挡的部分可以不画，即剖面图只画实线，不画虚线。

④ 断面轮廓线用粗实线绘制，并按照国家标准的规定，在断面内画出相应的建筑材料图例（表 8-1）。材料未知时，可用通用的剖面线表示，通用剖面线即等间距、同方向的细实线，并与水平方向或者剖面图的主要轮廓线、断面的对称线成 45°角。

⑤ 非断面部分的轮廓线，用中实线画出。

三、剖面图的标注

为了表示剖切平面的位置、投影方向及其与相应的剖面图的对应关系，在剖面图及其相应的投影图上需要作一些标记，国家标准中对这些标注方法作了相关规定。

表 8-1 常用建筑材料图例

材料名称	图例	说明
自然土壤		包括各种自然土壤
夯实土壤		
砂、灰土		靠近轮廓线处点较密
砂砾石、碎砖、三合土		
天然石材		包括岩层、砌体、铺地、贴面等材料
毛石		
普通砖		包括砌体、砌块 断面较窄，不易画出图例线时，可涂红
混凝土		本图例仅适用于能承重的混凝土及钢筋混凝土 包括各种标号、骨料、添加剂的混凝土 在剖面图上画出钢筋时，不画图例线 剖（截）面较窄，不易画出图例线时，可涂黑
钢筋混凝土		
焦渣、矿渣		包括与水泥、石灰等混合而成的材料
多孔材料		包括水泥珍珠岩、沥青珍珠岩、泡沫混凝土、非承重加气混凝土、泡沫塑料、软木等
木材		上图为横截面，左上图为垫木、木砖、木龙骨 下图为纵截面
金属		包括各种金属 图形较小时，可涂黑

1. 剖切位置线

剖切位置线实际上就是剖切平面的积聚投影，不过规定只取积聚投影上两小段线作为代表，并规定这两小段线用粗实线绘制，长度为 6～10mm，剖切位置线不能与其他图线相接触，如图 8-3 所示。

2. 投影方向线

为了表明剖切后的投影方向，规定用两小段与剖切位置线垂直的粗实线来表示剖切后的投影方向线。投影方向线长度为 4～6mm，投影方向线画在剖切位置线的哪一端，表示向哪一侧投影，如图 8-3 中的 1—1，表示剖切后向左侧投影。

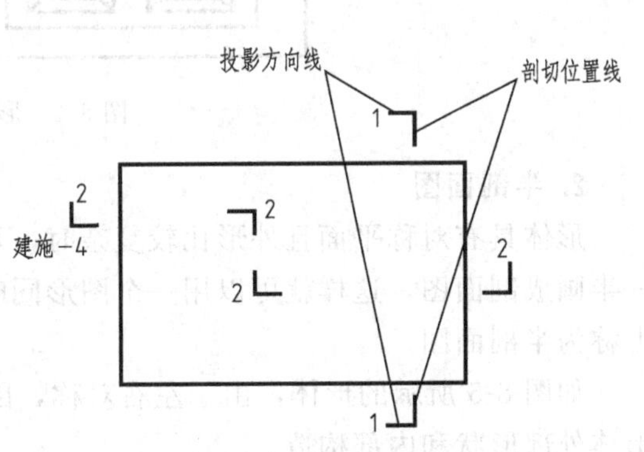

图 8-3 剖面图的标注

3. 剖切符号的编号

为了表示剖切位置与相应的剖面图的对应

关系，需要给剖切符号编号，编号宜采用阿拉伯数字，按顺序由左至右，由下至上连续编排，并注写在投影方向线的另一端部，剖切位置线需要转折时，应在转角外侧加注与该符号相同的编号，如图 8-3 中的 1—1、2—2 所示。

4. 剖面图所在图纸号

剖面图与被剖切图样不在同一张图纸内时，可在剖切位置线的另一侧注明剖切图所在的图纸号，如图 8-3 中的 2—2 剖切位置线下侧注写“建施-4”，表示 2—2 剖面图画在“建施”第 4 号图纸上。

5. 剖面图的图名

剖面图的图名用该图对应的剖切符号的编号来表示，如 1—1、2—2 等。并在图名的下方画一等长的粗实线，称为图名线。

6. 剖切符号的标注

对习惯使用的剖切符号，如画建筑平面图时其水平剖切平面的剖切位置、投影方向以及通过构件对称平面的剖切符号，可以不在图上标注。

四、剖面图的分类与画法

1. 全剖面图

用一个剖切平面把形体全部剖开后所得的剖面图，称为全剖面图。全剖面图主要用于外形比较简单、需要完整地表达内部结构的形体。它表现形体的内部构造时，一般与投影图配合使用。当形体在某个方向上的投影图为非对称图形，或虽然对称但外形比较简单，或在另一个投影中已将其外形表达清楚时，应采用全剖面图，如图 8-4 所示。

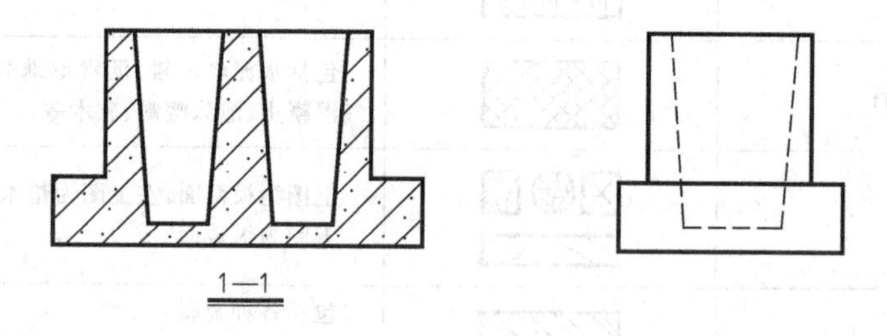

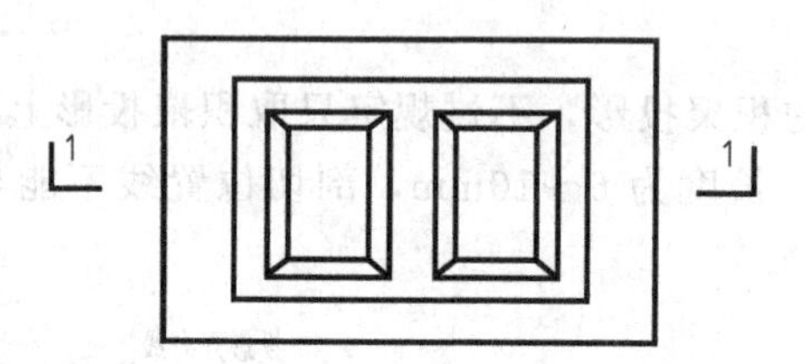

图 8-4 形体的全剖面图

2. 半剖面图

形体具有对称平面且外形比较复杂时，可以以对称面分界，一半画外形的正投影图，另一半画成剖面图，这样就可以用一个图形同时表达形体的外形和内部构造，这样的图形习惯上称为半剖面图。

如图 8-5 所示的形体，由于左右对称，因此采用了半剖面图的表达方法，同时表达出了形体外部形状和内部构造。

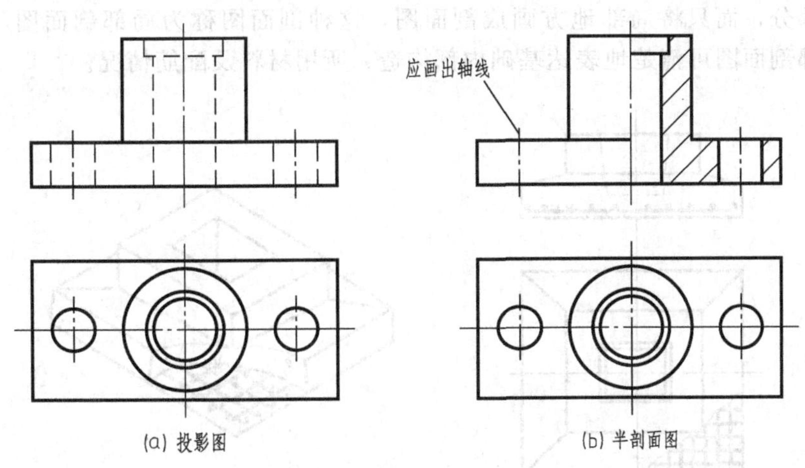

图 8-5　形体的半剖面图

画半剖面图时，若图形左右对称，左边应画投影图，右边画剖面图；当图形上下对称时，上方应画投影图，下方画剖面图。对称线用点画线来表示。

半剖面图可同时表示出形体的外部和内部构造。在半剖面图中，虚线可省略不画。

3. 阶梯剖面图

当形体在不同的层次上有不同的构造，用一个剖切平面不能把形体需要表达的内部构造完全表达清楚时，可采用几个相互平行的剖切平面剖开形体。如在图 8-6 所示的形体中，一个与 V 面平行的剖切平面不能同时剖开左边的小孔和右边的大孔，在这种情况下，可将剖切平面直角转折成两个相互平行的剖切平面，一个剖开左边的小孔、另一个剖开右边的大孔，从而将形体内部的构造表达清楚。这样得到的剖面图称为阶梯剖面图。

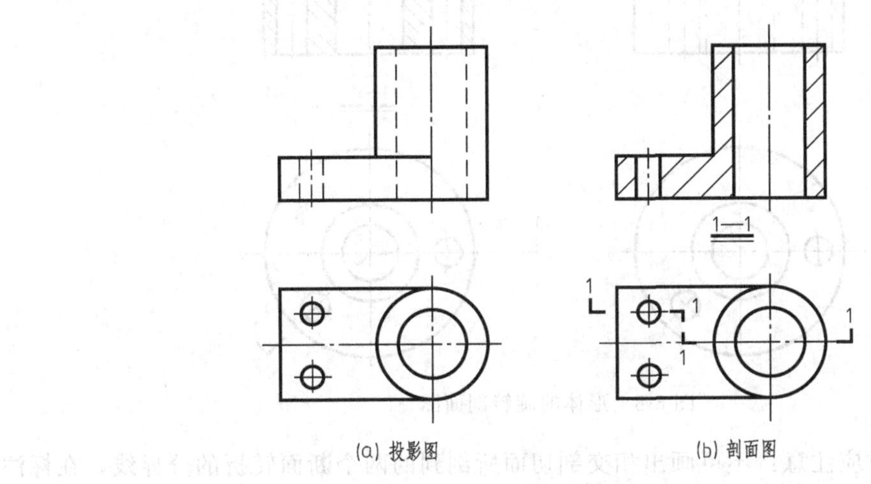

图 8-6　形体的阶梯剖面图

注意：① 在标注阶梯剖面图的符号时，剖切位置线的转折处也应编号。

② 在阶梯剖面图上，两个剖切平面的转折处不画分界线。

4. 局部剖面图

假想用剖切面把形体局部剖开，所得到的剖面图称为局部剖面图。当形体内有局部构造需要表达清楚，或形体的外形比较复杂，完全剖开后就无法表达其外部形状时，可以保留原投影图的大部分，而只将局部地方画成剖面图，这种剖面图称为局部剖面图，如图8-7所示，采用局部剖面图可清楚地表达基础内部构造、所用材料及配筋情况。

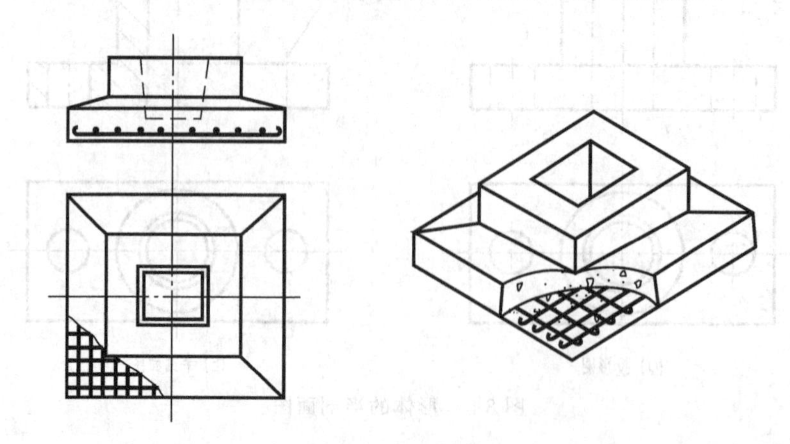

图8-7 局部剖面图

在画局部剖面图时，形体被假想剖开的部分与未剖开的部分以徒手画的波浪线为分界线，表明剖切范围，波浪线不能超出图形轮廓线，也不能与图形上的图线重合。

5. 旋转剖面图

采用两个或者两个以上的相交的剖切平面将形体剖开（其中一个剖切平面平行于一投影面，另一个剖切平面则与这个投影面倾斜），假想将与投影面倾斜的断面及其所关联的部分的形体绕剖切平面的交线（投影面垂直线）旋转到与这个投影面平行，再进行投影，所得到的剖面图称为旋转剖面图，如图8-8所示。

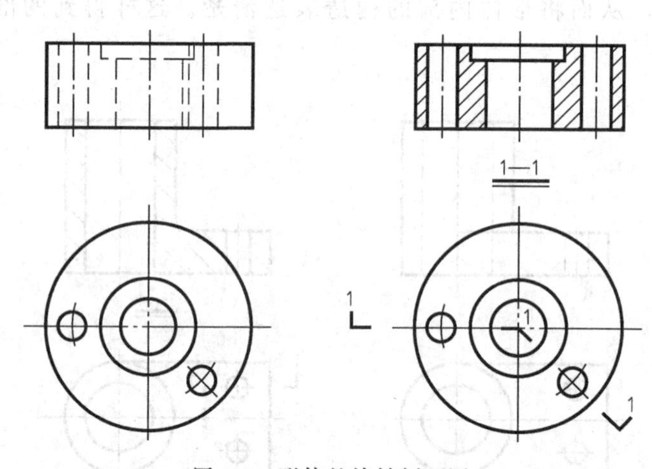

图8-8 形体的旋转剖面图

画旋转剖面图时应注意：不可画出相交剖切面所剖到的两个断面转折的分界线，在标注时，为清晰明了，应在两剖切位置线的相交处加注与剖面剖切符号相同的编号。

五、剖面图的应用

图8-9所示为一组合体的剖面图。由于该形体的两个圆孔轴线不位于某个基本投影面的同一平行平面上，故用一个阶梯剖面1—1将该形体剖开，得到处于正立面图位置的剖面图，在该剖面图上同时反映出了两个圆孔。又用两个局部剖面图表现出了两个圆孔的基本构造。

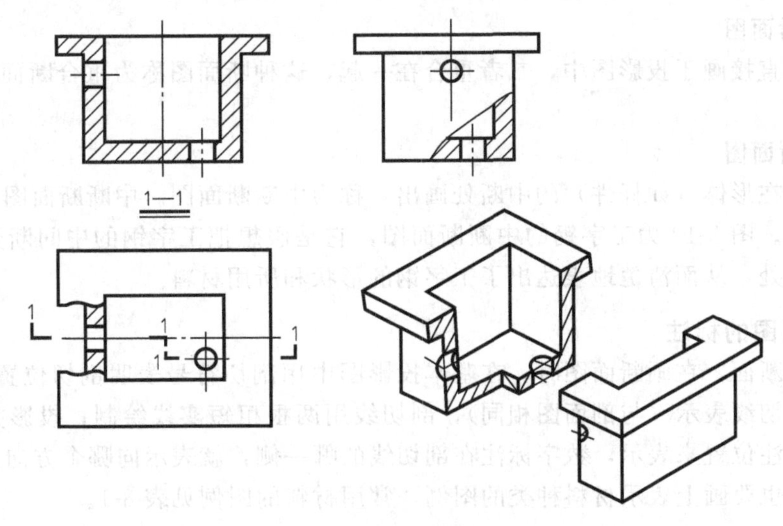

图 8-9　剖面图的应用

第二节　断　面　图

一、断面图的基本概念

假想用剖切平面将形体上所要表达的位置切断后，仅把截断面投影到与之平行的投影面上，所得到的图形称为断面图。断面图与剖面图的区别如下。

① 断面图只画出形体上断面的投影，而剖面图除了要画出形体上断面的投影外，还要画出形体断面后的可见部分的投影。

② 剖面图表示的是立体的投影，而断面图表示的是平面的投影。

二、断面图的种类

1. 移出断面图

将形体的断面图形画在投影图的一侧，称为移出断面图，如图 8-10 所示。断面图也可用较大比例画出，以利于标注尺寸和清晰显示其内部构造。

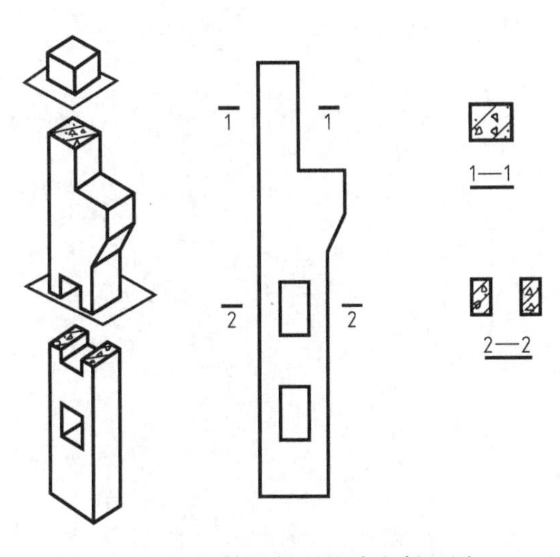

图 8-10　钢筋混凝土的移出断面图

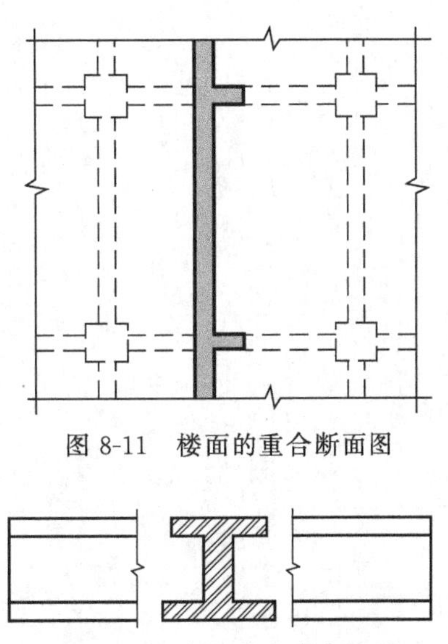

图 8-11　楼面的重合断面图

图 8-12　工字钢的中断断面图

2. 重合断面图

将断面图直接画于投影图中，二者重合在一起，这种断面图称为重合断面图，如图8-11所示。

3. 中断断面图

将断面图在形体（如杆件）的中断处画出，称为中断断面图。中断断面图常用来表达杆件结构的形体。图 8-12 为工字钢的中断断面图，它是假想把工字钢的中间断开，然后将断面图画于中断处，从而清楚地表达出了工字钢的形状和所用材料。

三、断面图的标注

对于移出断面，在画断面图时，在基本投影图中用剖切符号表明剖切位置和投影方向。剖切位置用剖切线表示（与剖面图相同），剖切线用两根粗短实线绘制；投影方向则用断面编号数字的标注位置来表示，数字标注在剖切线的哪一侧，就表示向哪个方向投影。

断面图中也要画上表示材料种类的图例，常用材料的图例见表 8-1。

第九章 建筑施工图

第一节 概 述

建筑施工图是将建筑物的平面布置、外形轮廓、装修、尺寸大小、结构构造和材料做法等内容，按照国家标准的规定，用正投影方法，详细准确地画出的图样。它是用来组织和指导施工、完成房屋建造的一套图纸，所以又称为房屋施工图。

一、房屋建筑施工图的内容

一套完整的房屋建筑施工图，根据其专业内容或作用的不同，一般分为以下几种。

(1) 建筑施工图（简称建施） 建筑施工图主要表明建筑物的总体布局、外部造型、内部布置、细部构造、内外装饰等情况。包括首页图（设计说明）、建筑总平面图、平面图、立面图、剖面图和详图等。

(2) 结构施工图（简称结施） 结构施工图主要表明建筑物各承重构件的布置和构造等情况。包括首页图（结构设计说明）、基础平面图及基础详图、结构平面布置图及节点构造详图、钢筋混凝土构件详图等。

(3) 设备施工图（简称设施） 设备施工图是表明建筑物各专业管道和设备的布置及安装要求的图样。包括给水排水施工图（简称水施）、采暖通风施工图（简称暖施）、电气施工图（简称电施）等。一般都由首页图、平面图、系统图、详图等组成。

一幢房屋全套施工图一般应包括：图纸目录、总平面图（施工总说明）、建筑施工图、结构施工图、给水排水施工图、采暖通风施工图、电气施工图等。

二、房屋建筑施工图的有关规定

为确保制图质量，提高制图和识图效率，做到表达简明统一，我国制定了国家标准《房屋建筑制图统一标准》(GB/T 50001—2001)，在绘制施工图时，应严格遵守标准中相关规定。

1. 图线

在建筑施工图中，为了表达工程图样的不同内容并分清主次，增加图面效果，必须选用不同的线宽和线型来绘制。

图线的线宽、线型及用途见表 9-1。

表 9-1 图线的线宽、线型及用途

名称	线 型	线宽	用 途
粗实线	————	b	(1)平、剖面图中被剖切的主要建筑构造(包括构配件)的轮廓线 (2)建筑立面图或室内立面图的外轮廓线 (3)建筑构造详图中被剖切的主要部分的轮廓线 (4)建筑构配件详图中的外轮廓线 (5)平、立、剖面图的剖切符号
中实线	————	$0.5b$	(1)平、剖面图中被剖切的次要建筑构造(包括构配件)的轮廓线 (2)建筑平、立、剖面图中建筑构配件的轮廓线 (3)建筑构造详图及建筑构配件详图中的一般轮廓线

续表

名称	线　型	线宽	用　途
细实线	————	0.25b	小于0.5b的图形线、尺寸线、尺寸界线、图例线、索引符号、标高符号、详图材料做法引出线等
中虚线	-------	0.5b	(1)建筑构造详图及建筑构配件不可见轮廓线 (2)平面图中的起重机(吊车)轮廓线 (3)拟扩建的建筑物轮廓线
细虚线	--------	0.25b	图例线、小于0.5b的不可见轮廓线
粗单点长画线	—·—·—	b	起重机(吊车)轨道线
细单点长画线	—·—·—	0.25b	中心线、对称线、定位轴线
折断线	—\/—	0.25b	不需画全的断开线

2. 比例

由于建筑物的形体大而复杂，因此绘制时应根据建筑物的形体尺寸，选择不同的比例进行绘制。常用比例见表9-2。

表9-2　比例

图名	建筑物或构筑物的平面图、立面图、剖面图	建筑物或构筑物的局部放大图	配件构造详图
比例	1∶50　1∶100　1∶150　1∶200　1∶300	1∶10　1∶20　1∶25　1∶30　1∶50	1∶1　1∶2　1∶5　1∶10　1∶15　1∶20　1∶25　1∶30　1∶50

3. 定位轴线及其编号

定位轴线是确定建筑物或构筑物主要承重构件平面位置的重要依据。在施工图中，凡是承重的墙、柱子、大梁、屋架等主要承重构件，都要画出定位轴线来确定其位置。对于非承重的隔墙、次要构件等，有时用附加定位轴线（分轴线），来确定其位置。具体规定如下。

① 定位轴线应用细点画线绘制。

② 定位轴线一般应编号，编号应注写在轴线端部的圆内。圆应用细实线绘制，直径为8～10mm，定位轴线圆的圆心，应在定位轴线的延长线上。

③ 平面图上定位轴线的编号，宜标注在图样的下方与左侧。横向编号应用阿拉伯数字，从左到右顺序编号，竖向编号应用大写英文字母，从下到上顺序编写，如图9-1所示，英文字母的I、O、Z不得用于轴线的编号，以免与数字1、0、2混淆。

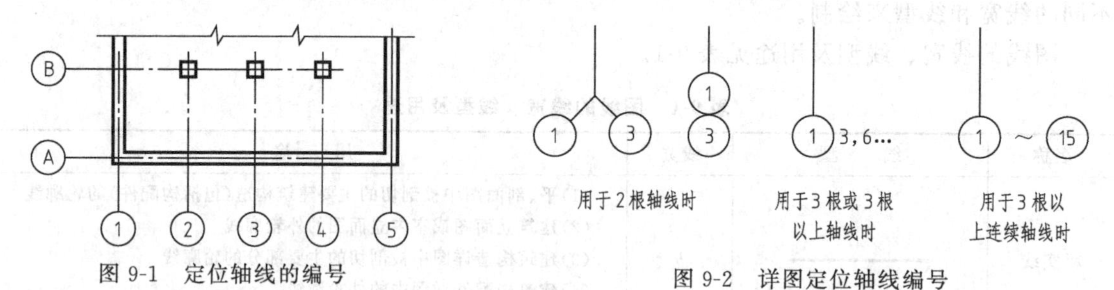

图9-1　定位轴线的编号

图9-2　详图定位轴线编号

④ 附加定位轴线的编号，应以分数形式表示。两根轴线间的附加轴线，分母表示前一轴线的编号，分子表示附加轴线的编号，编号宜用阿拉伯数字顺序编写，如：

(1/2)表示2号轴线之后附加的第一根轴线；

(3/C)表示 C 号轴线之后附加的第三根轴线。

1 号轴线或 A 号轴线之前的附加轴线的分母应以 01 或 0A 表示，如：

(1/01)表示 1 号轴线之前附加的第一根轴线；

(3/0A)表示 A 号轴线之前附加的第三根轴线。

⑤ 对于详图上的轴线编号，若该详图适用于几根轴线时，应同时标注有关轴线的编号，如图 9-2 所示；通用详图中的定位轴线，一端只画圆，不注写轴线编号。

4. 尺寸标注

(1) 单位　图纸上的尺寸单位除标高及总平面图以米（m）为单位外，其他尺寸必须以毫米（mm）为单位。

(2) 标高　标高是表示建筑物高度的一种尺寸形式。

标高有绝对标高和相对标高之分。

① 绝对标高。我国是以青岛附近的黄海平均海平面为零点，以此为基准而设置的标高。

② 相对标高。标高的基准面（即±0.000 水平面）是根据工程需要而选定的，这类标高称为相对标高。在一般建筑中，通常取一层室内主要地面作为相对标高的基准面。

标高符号应以等腰直角三角形表示，用细实线绘制，如图 9-3 所示。

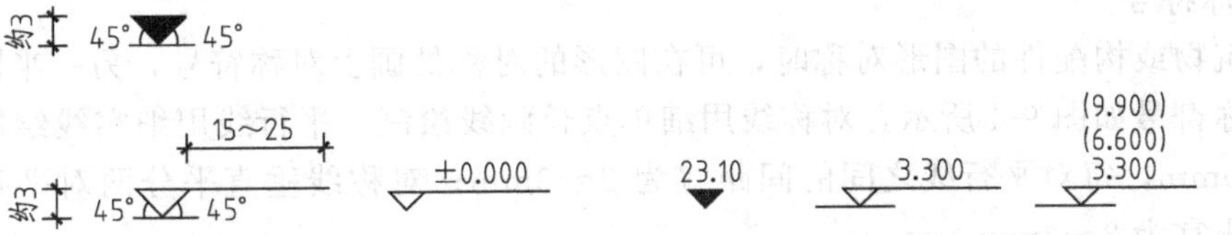

约3　45°　45°　15~25　约3　45°　45°　±0.000　23.10　3.300　(9.900) (6.600) 3.300

(a) 标高符号画法　(b) 用于建筑平面图　(c) 用于总平面图　(d) 用于建筑立面或剖面图　(e) 用于多层平面共用同一图样时

图 9-3　标高符号

标高数字应以米（m）为单位，注写到小数点后三位。在总平面图中，可注写到小数点后两位。零点标高应注写成“±0.000”，正数标高不注“+”；负数标高应注“-”，标高数字不到 1 米（m）时小数点前应加写“0”。

5. 索引符号、详图符号

施工图中部分图形或某一构件，由于比例较小或细部构造较复杂而无法表示清楚时，通常要将这些图形和构件用较大的比例放大画出，这种放大后的图就称为详图。

图样中的某一局部或构件，如有详图，应以索引符号索引。索引符号是由直径为 10mm 的圆和水平直径组成，圆及水平直径均以细实线绘制。详图符号是由直径为 14mm 的粗实线绘制。索引符号和详图符号见表 9-3。

表 9-3　索引符号和详图符号

名　称	符　　号	说　　明
索引符号	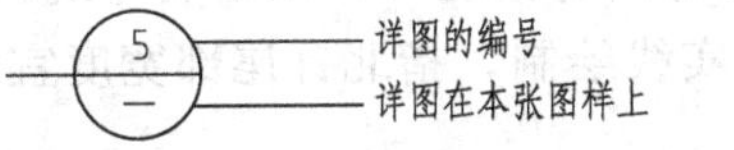 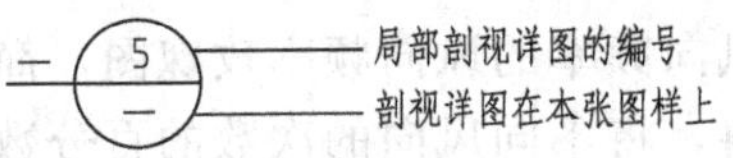 5/— 详图的编号；详图在本张图样上 5/— 局部剖视详图的编号；剖视详图在本张图样上	详图在同一张图纸内

续表

名　称	符　号	说　明
索引符号	5/4：详图的编号；详图所在的图样编号	详图不在同一张图纸内
	5/4：局部剖视详图的编号；剖视详图所在的图样编号	
	J103 5/4：标准图册编号；标准详图编号；详图所在的图样编号	采用标准图集
详图符号	5：详图的编号	被索引的图样在同一张图纸内
	5/2：详图的编号；被索引的图样编号	被索引的图样不在同一张图纸内

6. 对称符号

当建筑物或构配件的图形对称时，可在图形的对称处画上对称符号，另一半图形可省略不画。对称符号如图 9-4 所示，对称线用细单点长画线绘制，平行线用细实线绘制，其长度宜为 6～10mm，每对平行线之间的间距宜为 2～3mm；对称线垂直平分两对平行线，两端超出平行线宜为 2～3mm。

7. 连接符号

连接符号表示构件图形的一部分与另一部分是连接在一起的。连接符号应以折断线表示需连接的部位，折断线两端靠近图样一侧应标注大写字母或数字表示连接符号。两个连接图样必须用相同的字母或数字编号，连接符号如图 9-5 所示。

图 9-4　对称符号　　　　图 9-5　连接符号

8. 指北针及风向频率玫瑰图

在房屋总平面图及底层建筑平面图上一般都画有指北针，以指明建筑物朝向。指北针形状如图 9-6 所示，圆的直径宜为 24mm，用细实线绘制，指北针尾部宽度宜为 3mm，指北针头部应注“北”或“N”字样。

在建筑总平面图上通常画出表示风向和风向频率的风向频率玫瑰图，简称风玫瑰图。风向频率玫瑰图是根据当地多年统计的风向资料，将不同风向的次数的百分数值，用一定比例画在一个十六方位线上，如图 9-7 所示。风玫瑰图指向正北方向，图中表示的风向指从外吹向中心，实线表示常年风向频率，虚线表示夏季6、7、8三个月的风向频率。图9-7示出的风向频率玫瑰图表示全年最大的主导风向为西北风。

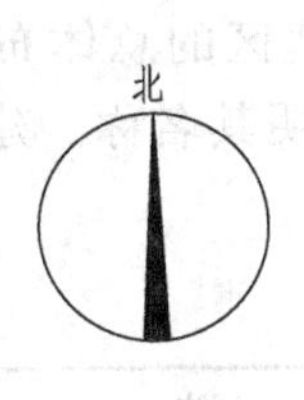

图9-6 指北针

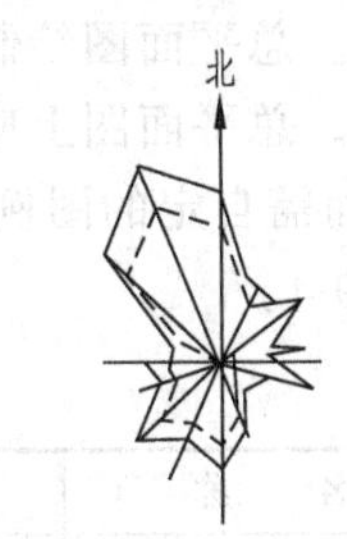

图9-7 风向频率玫瑰图

第二节 施工图首页和建筑总平面图

一、施工图首页

施工图首页是建筑施工图的第一页，内容一般包括图纸目录、设计说明、建筑做法说明、门窗表等。

(1) 图纸目录　图纸目录是为了便于识图者对整套图样有一个概略了解和方便查找图样而列的表格。内容包括图样的名称、张数和编号等。

(2) 设计说明　设计说明是对工程的概貌和总设计要求的说明。内容包括工程概况、工程设计依据、工程设计标准、主要的施工要求和技术经济指标、建筑用料说明等。

(3) 建筑做法说明　建筑做法说明是对工程的细部构造及要求加以说明。内容包括楼地面、内外墙、散水、台阶等处的构造做法和装修做法。

(4) 门窗表　为了便于装修和加工，应列有门窗表。内容包括编号、尺寸、数量、说明等。

二、建筑总平面图

建筑总平面图简称总平面图，是用水平投影的方法和相应的图例，画出新建建筑物在基地范围内位置的总体布置图。总平面图反映新建建筑物的平面形状、层数、位置、标高、朝向及其周围的总体布局情况。它是新建建筑物定位、施工放线、土方施工及进行施工总平面设计的重要依据。

(1) 总平面图的图示内容

① 表明新建区的总体布局，如占地范围，建筑物的位置，道路、管网的位置等；

② 确定新建、改建或扩建工程的具体位置；

③ 确定建筑物定位的建筑坐标或相互关系尺寸，标明建筑物的名称、编号、建筑物的层数等；

④ 注明建筑物一层地面的绝对标高，室外地坪、道路的绝对标高；

⑤ 用指北针或风向频率玫瑰图表示建筑物的朝向和该地区的常年风向频率；

⑥ 建筑物使用编号时，需开列“建筑物名称编号表”；

⑦ 根据工程需要，有时还有水、暖、电等管线总平面图，各种管线综合布置图，绿化规划等。

上面所列内容，可根据工程的特点和实际情况而定需要与否。对一些简单的工程，可不画等高线、坐标网或绿化规划和管道的布置等。

(2) 总平面图的图示方法

① 比例。总平面图绘制时常用的比例为 1∶500、1∶1000、1∶2000 等。

② 图例。总平面图上应用图例来表明新建区、扩建区或改建区的总体布置。对于标准中缺乏规定而需自定的图例，必须在总平面图中绘制清楚，并注明其名称。建筑总平面图常用图例见表 9-4。

表 9-4 建筑总平面图常用图例

序号	名称	图例	备注
1	新建建筑物	 8	(1)需要时，可用▲表示出入口，可在图形内右上角用点数或数字表示层数 (2)建筑物外形(一般以±0.00 高度处的外墙定位轴线或外墙面线为准)用粗实线表示。需要时，地面以上建筑用中粗实线表示，地面以下建筑用细虚线表示
2	原有建筑物	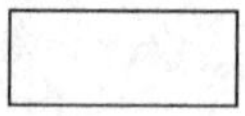	用细实线表示
3	计划扩建的预留地或建筑物		用中粗虚线表示
4	拆除的建筑物	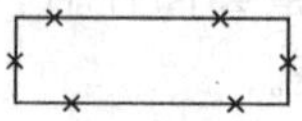	用细实线表示
5	建筑物下面的通道	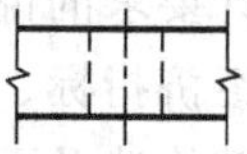	
6	围墙及大门	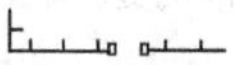	上图为实体性质的围墙，下图为通透性质的围墙，若仅表示围墙时不画大门
7	坐标	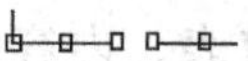 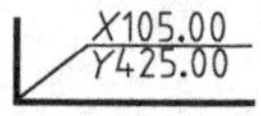 X105.00 Y425.00	表示测量坐标
		 A105.00 B425.00	表示建筑坐标
8	室内标高	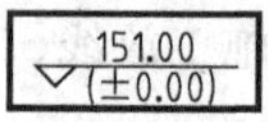 151.00 (±0.00)	
9	室外标高	•143.00 ▼143.00	室外标高也可采用等高线表示
10	新建的道路	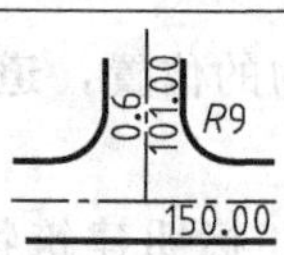 0.6 101.00 R9 150.00	“R9”表示道路转弯半径为 8m，“150.00”为路面中心控制点标高，“0.6”表示 0.6%的纵向坡度，“101.00”表示变坡点间距离
11	人行道	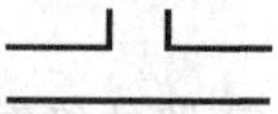	
12	拆除的道路		
13	计划扩建的道路	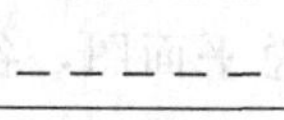	
14	原有道路		

续表

序号	名　　称	图　例	备　注
15	桥梁		上图为公路桥，下图为铁路桥 用于旱桥时应注明
16	花卉		
17	草坪		
18	花坛		
19	常绿针叶树		
20	落叶针叶树		
21	常绿阔叶乔木		
22	落叶阔叶乔木		

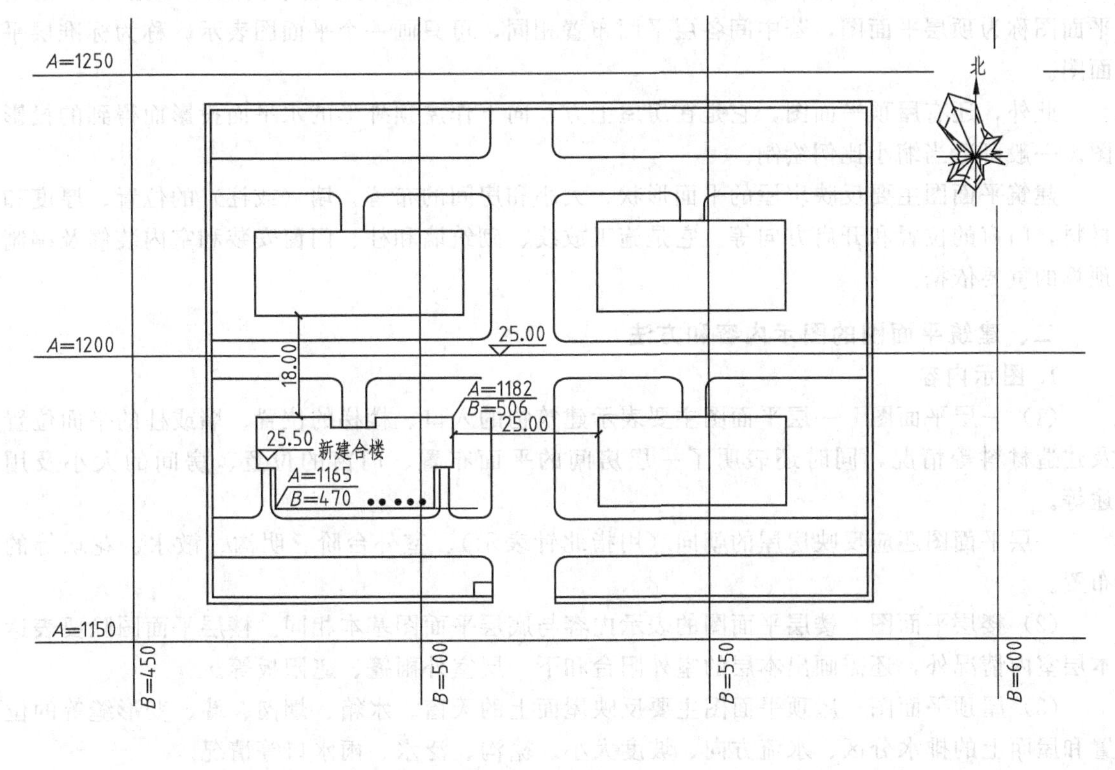

图 9-8　某学校总平面图

③ 单位、标高。总平面图中标注的标高应为绝对标高。总平面图中的坐标、标高、距离以米（m）为单位，并应至少取至小数点后两位，不足时以“0”补齐。

（3）总平面图的识读　现以某学校的总平面图（图 9-8）为例，说明总平面图的识读方法。

① 了解图名、比例、图例及有关的说明。

② 了解工程的性质、地形地貌、建筑物的布置、周围环境、道路布置等情况。

③ 了解拟建建筑物的室内外高差、道路标高等。

新建综合楼室内绝对标高为 25.50mm，室外道路的绝对标高为 25.00mm。

④ 了解拟建建筑物的定位方式。

新建综合楼定位采用的是建筑坐标方式。与东边建筑物的距离为 25mm，与北边建筑物的距离为 18m。

⑤ 了解新建房屋的朝向和主导风向。

第三节　建筑平面图

一、建筑平面图的形成

用一个假想的水平剖切面沿房屋略高于窗台的部位剖切，移去上面部分，向下作剩余部分的正投影而得到的水平面投影图，称为建筑平面图，简称平面图。

一般来说，房屋有几层，就应画出几个平面图，并在图形的下方注出相应的图名、比例等。沿房屋一层窗洞口剖切所得到平面图称为一层平面图（或首层平面图），最上面一层的平面图称为顶层平面图，若中间各层平面布置相同，可只画一个平面图表示，称为标准层平面图。

此外，还有屋顶平面图，它是在房屋上方，向下作屋顶外形的水平面投影而得到的投影图。一般可适当缩小比例绘制。

建筑平面图主要反映房屋的平面形状、大小和房间的布置，墙（或柱）的位置、厚度和材料，门窗的位置和开启方向等。它是施工放线、砌筑墙和柱、门窗安装和室内装修及编制预算的重要依据。

二、建筑平面图的图示内容和方法

1. 图示内容

（1）一层平面图　一层平面图主要表示建筑物的入口、楼梯的位置、墙或柱的平面位置及建造材料等情况，同时还表明了一层房间的平面布置、门窗的位置、房间的大小及用途等。

一层平面图还应反映房屋的朝向（用指北针表示）、室外台阶、明沟、散水、花坛等的布置。

（2）楼层平面图　楼层平面图的表示内容与底层平面图基本相同。楼层平面图除要表达本层室内情况外，还需画出本层的室外阳台和下一层室外雨篷、遮阳板等。

（3）屋顶平面图　屋顶平面图主要反映屋面上的天窗、水箱、烟囱、墙、变形缝等的位置和屋面上的排水分区、水流方向、坡度大小、檐沟、泛水、雨水口等情况。

2. 图示方法

（1）比例　平面图常用 1∶50、1∶100、1∶200 的比例进行绘制。

(2) 图例 由于比例较小，平面图中许多构件、配件（如门、窗、孔道、花格等）均不按真实投影绘制，而用规定的图例表示，见表 9-5。

表 9-5 常见构件及配件的图例

序号	名称	图例	说明
1	墙体	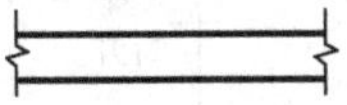	应加注文字或填充图例表示墙体材料，在项目设计图纸说明中列材料图例表给予说明
2	隔断		(1)包括板条抹灰、木制、石膏板、金属材料等隔断 (2)适用于到顶与不到顶隔断
3	栏杆		
4	楼梯	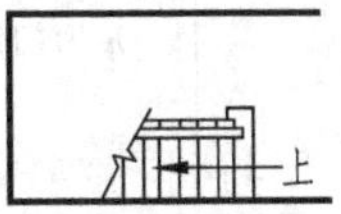 上	(1)上图为底层楼梯平面，中图为中间层楼梯平面，下图为顶层楼梯平面 (2)楼梯及栏杆扶手的形式和梯段踏步数应按实际情况绘制
5		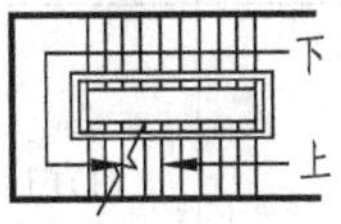 下 上	
6		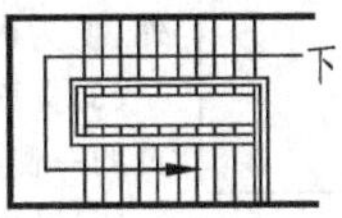 下	
7	坡道	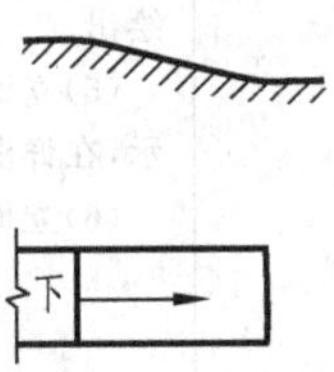 下	长坡道
8		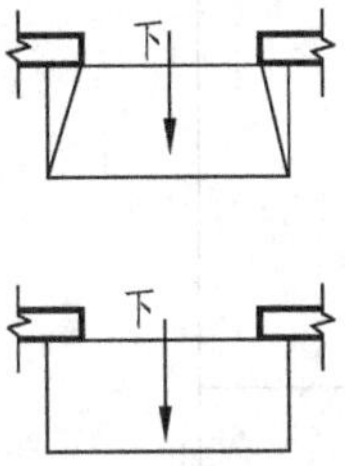 下 下	门口坡道
9	墙预留槽	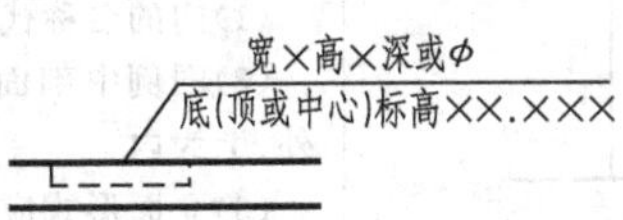 宽×高×深或φ 底(顶或中心)标高××.×××	(1)以洞中心或洞边定位 (2)宜以涂色区别墙体和留洞位置
10	烟道	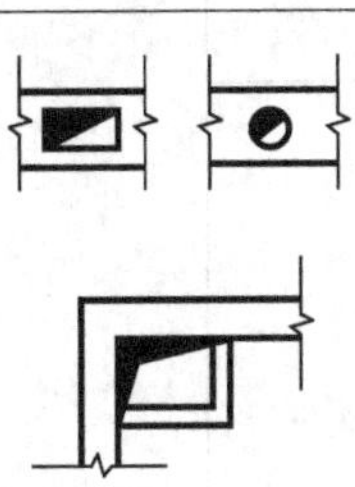	烟道与墙体为同一材料，其相接处墙身线应断开

续表

序号	名称	图例	说明
11	通风道	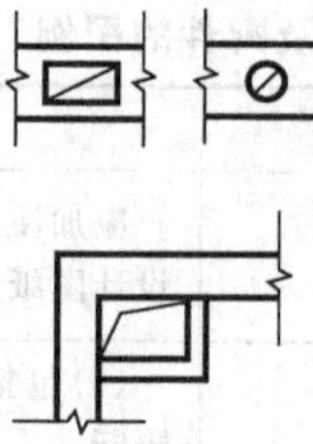	烟道与墙体为同一材料，其相接处墙身线应断开
12	空门洞	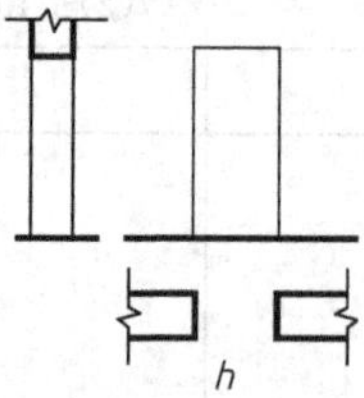 h	h 为门洞高度
13	单扇门（包括平开或单面弹簧）	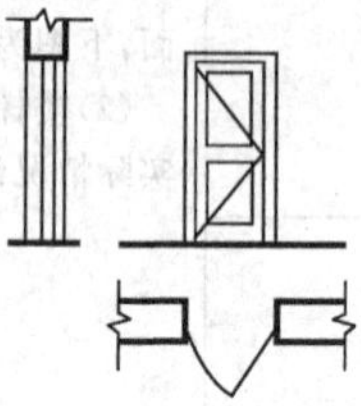	(1)门的名称代号用 M (2)图例中剖面图左为外、右为内，平面图下为外、上为内 (3)立面图中开启方向线交角的一侧为安装合页的一侧，实线为外开，虚线为内开 (4)平面图中门线应 90°或 45°开启，开启弧线宜绘出 (5)立面图中的开启线在一般设计图中可不表示，在详图及室内设计图中应表示 (6)立面形式应按实际情况绘制
14	双扇门（包括平开或单面弹簧）	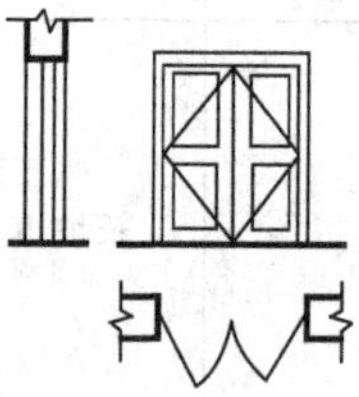	
15	墙中双扇推拉门	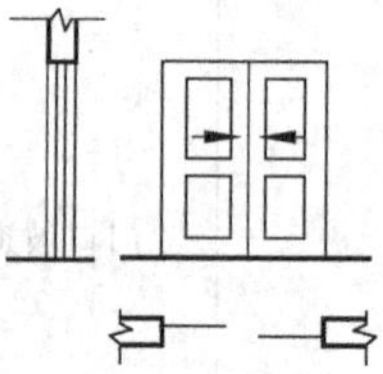	(1)门的名称代号用 M (2)图例中剖面图左为外、右为内，平面图下为外、上为内 (3)立面形式应按实际情况绘制
16	墙外单扇推拉门	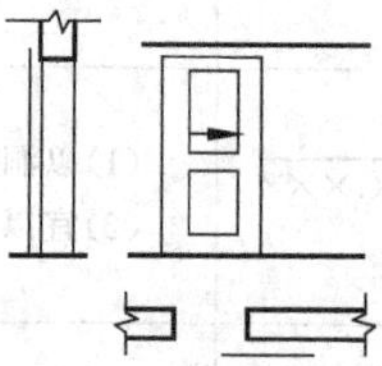	
17	墙外双扇推拉门	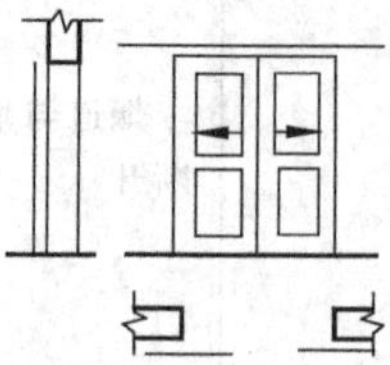	

续表

序号	名称	图例	说明
18	单扇双面弹簧门	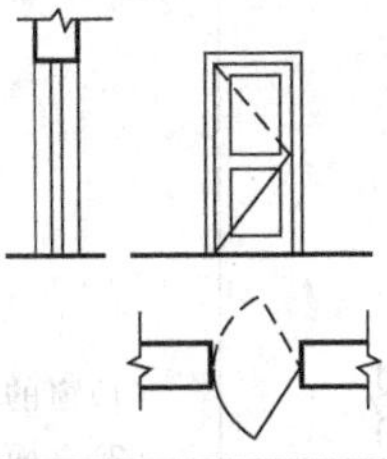	(1)门的名称代号用M (2)图例中剖面图左为外、右为内，平面图下为外、上为内 (3)立面图中开启方向线交角的一侧为安装合页的一侧，实线为外开，虚线为内开 (4)平面图中门线应90°或45°开启，开启弧线宜绘出 (5)立面图中的开启线在一般设计图中可不表示，在详图及室内设计图中应表示 (6)立面形式应按实际情况绘制
19	双扇双面弹簧门	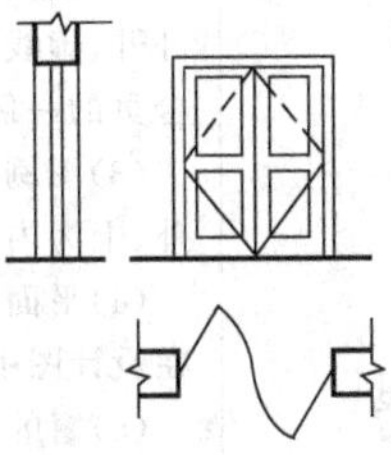	
20	单扇内外开双层门 (包括平开或单面弹簧)	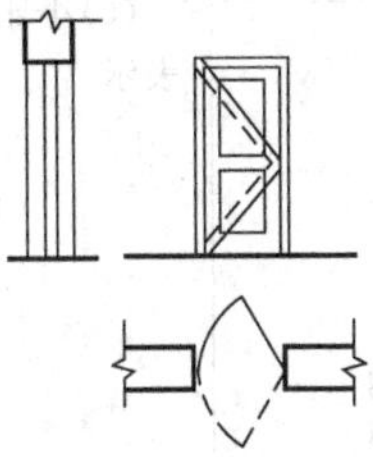	
21	转门	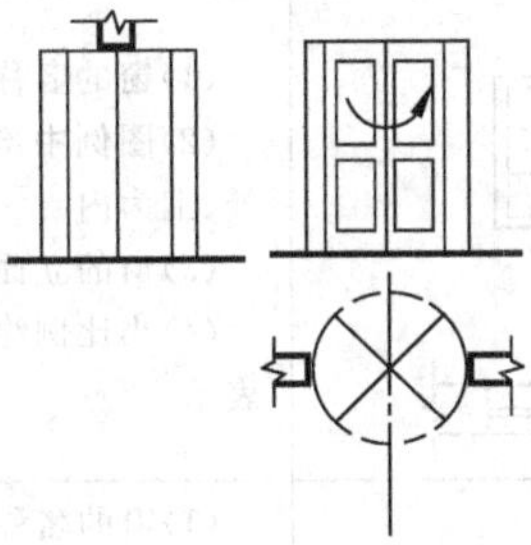	(1)门的名称代号用M (2)图例中剖面图左为外、右为内，平面图下为外、上为内 (3)平面图中门线应90°或45°开启，开启弧线宜绘出 (4)立面图中的开启线在一般设计图中可不表示，在详图及室内设计图中应表示 (5)立面形式应按实际情况绘制
22	竖向卷帘门	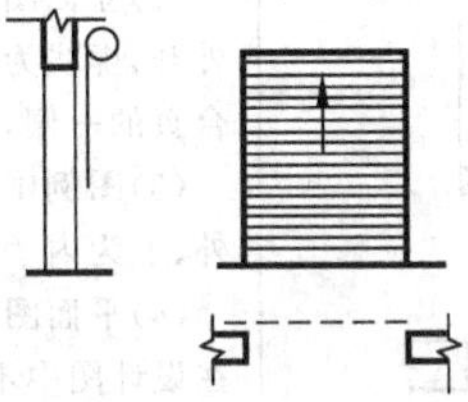	
23	单层固定窗	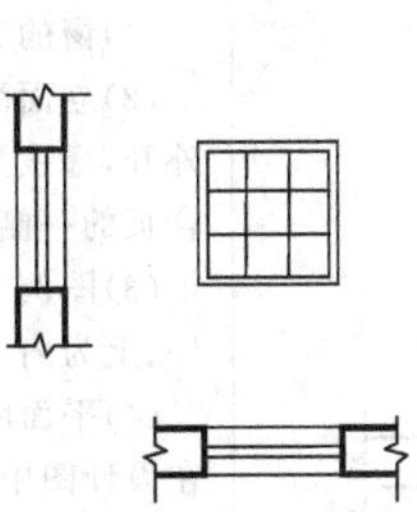	(1)窗的名称代号用C表示 (2)立面图中的斜线表示窗的开启方向，实线为外开，虚线为内开；开启方向线交角的一侧为安装合页的一侧，一般设计图中可不表示 (3)图例中剖面图左为外、右为内，平面图下为外、上为内 (4)平面图和剖面图中的虚线仅说明开关方式，在设计图中不需表示 (5)窗的立面形式应按实际情况绘制 (6)小比例绘图时平、剖面的窗线可用单粗实线表示

续表

序号	名称	图例	说明
24	单层外开平开窗	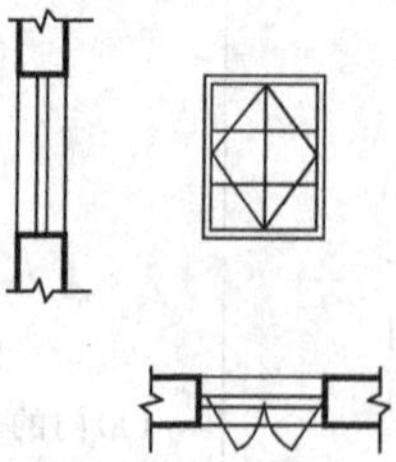	(1)窗的名称代号用C表示 (2)立面图中的斜线表示窗的开启方向，实线为外开，虚线为内开；开启方向线交角的一侧为安装合页的一侧，一般设计图中可不表示 (3)图例中剖面图左为外、右为内，平面图下为外、上为内 (4)平面图和剖面图中的虚线仅说明开关方式，在设计图中不需表示 (5)窗的立面形式应按实际情况绘制 (6)小比例绘图时平、剖面的窗线可用单粗实线表示
25	单层内开平开窗	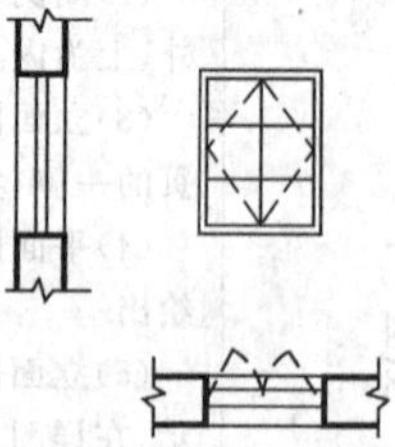	
26	双层内外开平开窗	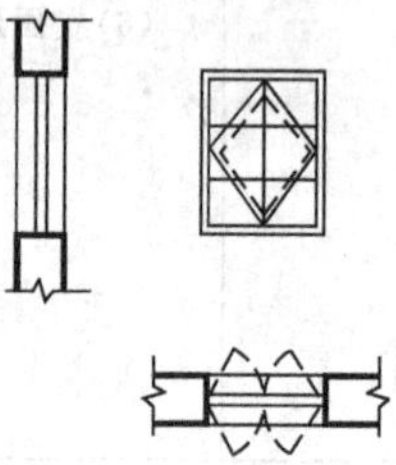	
27	推拉窗	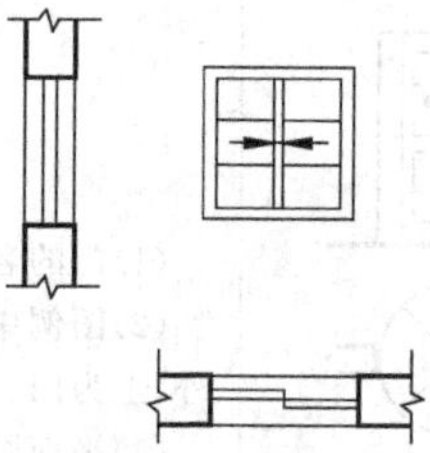	(1)窗的名称代号用C表示 (2)图例中剖面图左为外、右为内，平面图下为外、上为内 (3)窗的立面形式应按实际情况绘制 (4)小比例绘图时平，剖面的窗线可用单粗实线表示
28	百叶窗	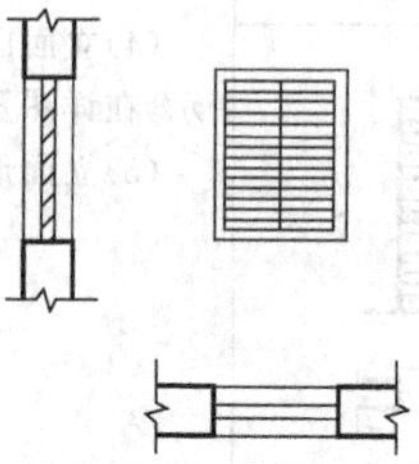	(1)窗的名称代号用C表示 (2)立面图中的斜线表示窗的开启方向，实线为外开，虚线为内开；开启方向线交角的一侧为安装合页的一侧，一般设计图中可不表示 (3)图例中剖面图左为外、右为内，平面图下为外、上为内 (4)平面图和剖面图中的虚线仅说明开关方式，在设计图中不需表示 (5)窗的立面形式应按实际情况绘制
29	高窗	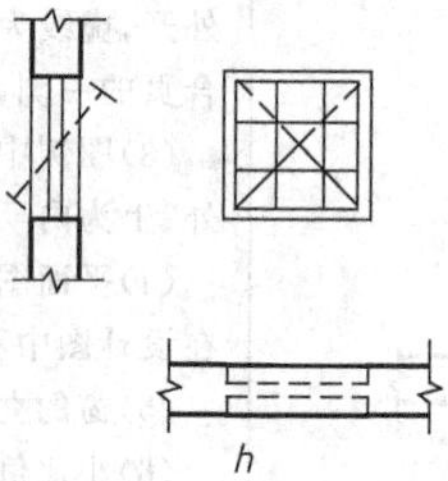 h	(1)窗的名称代号用C表示 (2)立面图中的斜线表示窗的开启方向，实线为外开，虚线为内开；开启方向线交角的一侧为安装合页的一侧，一般设计图中可不表示 (3)图例中剖面图左为外、右为内，平面图下为外、上为内 (4)平面图和剖面图中的虚线仅说明开关方式，在设计图中不需表示 (5)窗的立面形式应按实际情况绘制 (6)h为窗底距本层楼地面的高度

(3) 图线及定位轴线 承重墙、柱，必须标注定位轴线并按顺序编号。被剖切到的墙、柱断面轮廓线用粗实线画出；没有剖到的可见轮廓线（如台阶、梯段、窗台等）用中实线画出；轴线用细点画线画出，标注尺寸线、尺寸界线、引出线等用细实线画出。

(4) 尺寸标注

① 外部尺寸。外部尺寸一般标注在平面图的下方和左方，分三道标注：最外面一道是总尺寸，表示房屋的总长和总宽；中间一道是定位尺寸，表示房屋的开间和进深；最里面一道是细部尺寸，表示门窗洞口、窗间墙、墙厚等细部尺寸，同时还应注写室外附属设施，如台阶、阳台、散水、雨篷等的尺寸。

三道尺寸线间的距离一般为7～10mm，第一道尺寸线应离图形最外轮廓线10mm以上。如果房屋平面图前后或左右不对称时，则平面图的上下左右四边都应注写三道尺寸。如有部分相同，另一些不相同，可只注写不同部分。

② 内部尺寸。一般应标注室内窗洞、墙厚、柱、砖垛和固定设备（如厕所、盥洗室等）的大小、位置及其他需详细标注的尺寸等。一层平面图中，还应注写室内、外地面的标高。

三、建筑平面图的识读

现以某学校集体宿舍平面图为例，说明平面图的识读方法。

1. 了解图名、比例及有关的文字说明

图9-9～图9-11分别为某学校集体宿舍的一层平面图、标准层平面图、顶层平面图。比例为1∶100。

2. 了解平面图的形状与外墙总长、总宽尺寸

该宿舍楼平面基本形状为一字形，外墙总长52140mm、总宽17440mm，由此可计算出该房屋的用地面积。

3. 了解定位轴线的编号及其间距

定位轴线之间的距离，横向称为开间，竖向称为进深。

图9-9中横向轴线从②～⑯共计12个开间，其中轴线②～③之间为厕所，开间为4100mm；轴线③～⑤之间为盥洗室，开间为3500mm，④～⑤为入口大厅，开间为3000mm，其余轴线间为宿舍，开间为3800mm。

竖向轴线中，其中轴线Ⓑ～Ⓔ、Ⓕ～Ⓖ之间为宿舍的进深，尺寸为5600mm；轴线Ⓔ～Ⓕ之间为走廊的轴线距离，宽度为2400mm。

4. 了解房屋内部各房间的位置、用途及其相互关系

该宿舍楼为内廊式建筑，房间布置在走廊两侧，大小相同，房间内设有阳台。宿舍楼的东西两侧设有两个楼梯，在宿舍楼的西侧有公用的卫生间和盥洗室。

5. 了解平面各部分的尺寸

平面图尺寸以毫米（mm）为单位，但标高以米（m）为单位。平面图的尺寸标注有外部尺寸和内部尺寸两部分。

(1) 外部尺寸 为便于识图及施工，建筑平面图的下方及侧向一般标注有三道尺寸：

第一道尺寸是细部尺寸，表示门窗洞口宽度尺寸和门窗间墙体以及各细小部分的构造尺寸（从轴线标注）。

第二道尺寸是轴线间的尺寸，表示房间的开间和进深的尺寸。

第三道尺寸是外包尺寸，表示房屋外轮廓的总尺寸，即从一端的外墙边到另一端的外墙边的总长和总宽的尺寸。

另外，台阶（或坡道）、花池及散水等细部的尺寸，可单独标注。

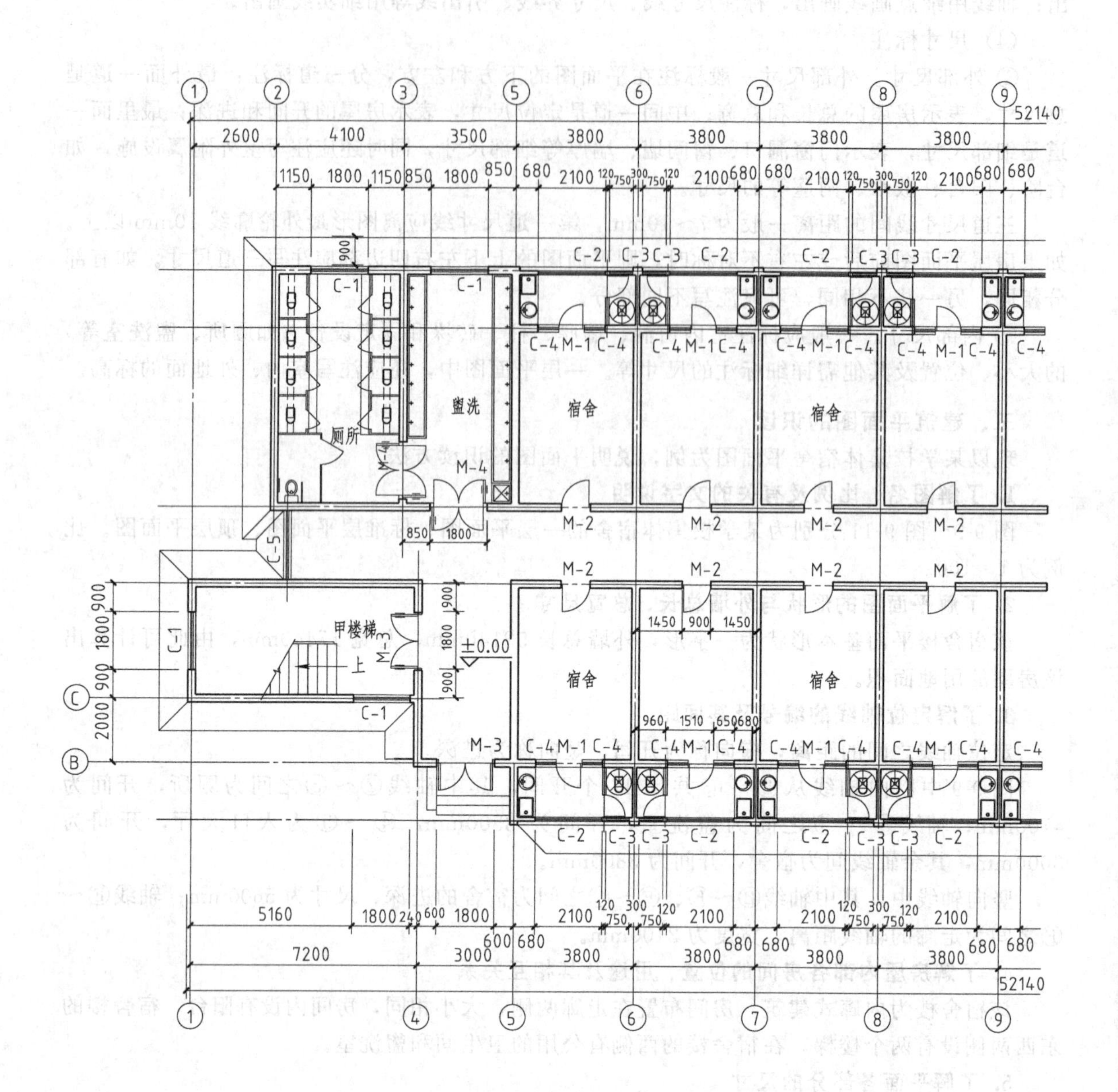

52140
2600 4100 3500 3800 3800 3800 3800
C-1
C-2 C-3 C-3 C-2
C-4 M-1 C-4
厕所
盥洗
宿舍
M-4
M-2
C-5
甲楼梯
上
M-3
±0.00
宿舍
C-4 M-1 C-4
C-2 C-3 C-3 C-2
5160 1800 240 600 1800
7200 3000 600 680 3800 3800 680 680 3800 3800 680 680
52140

图 9-9　一层建筑

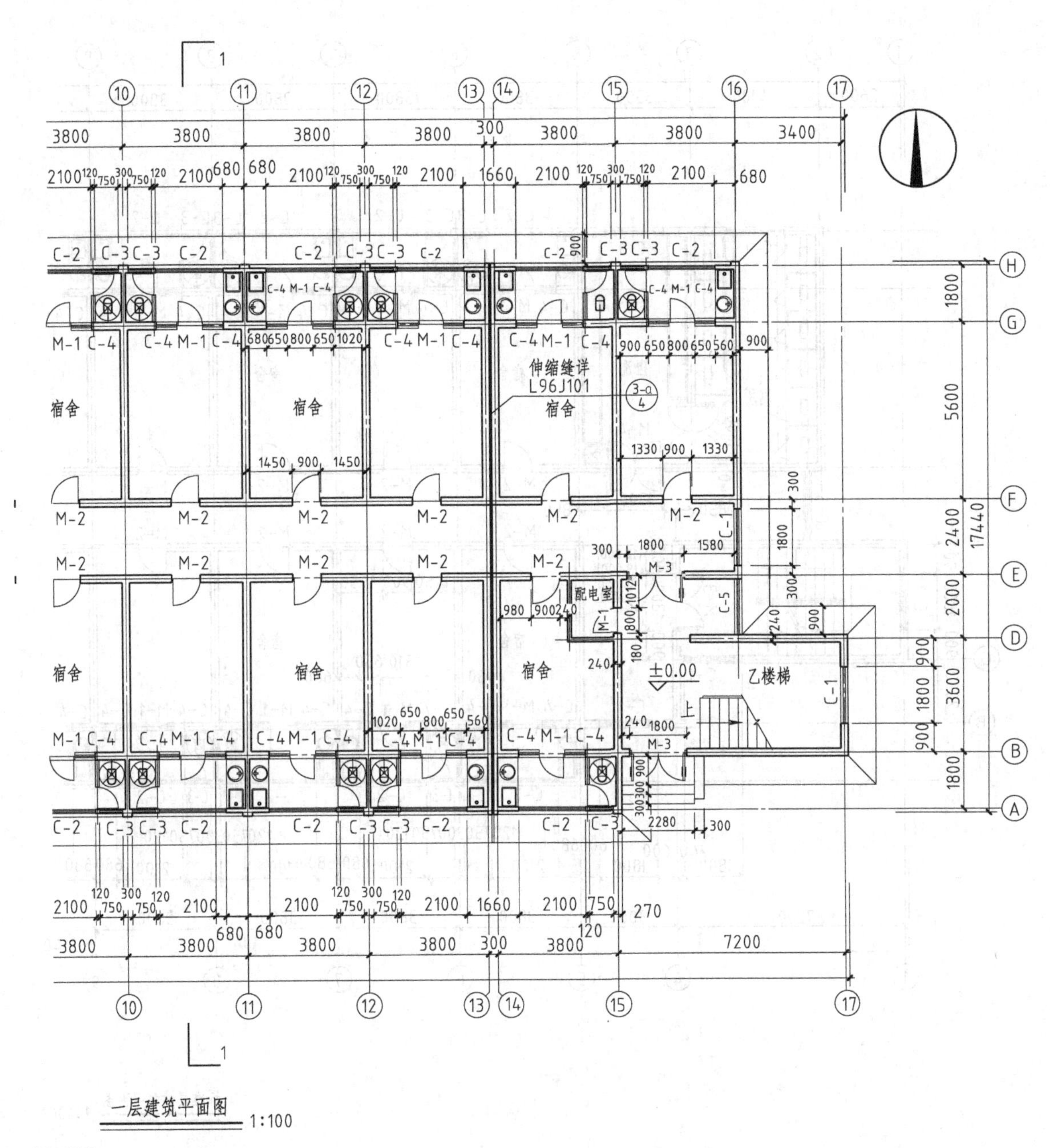

平面图

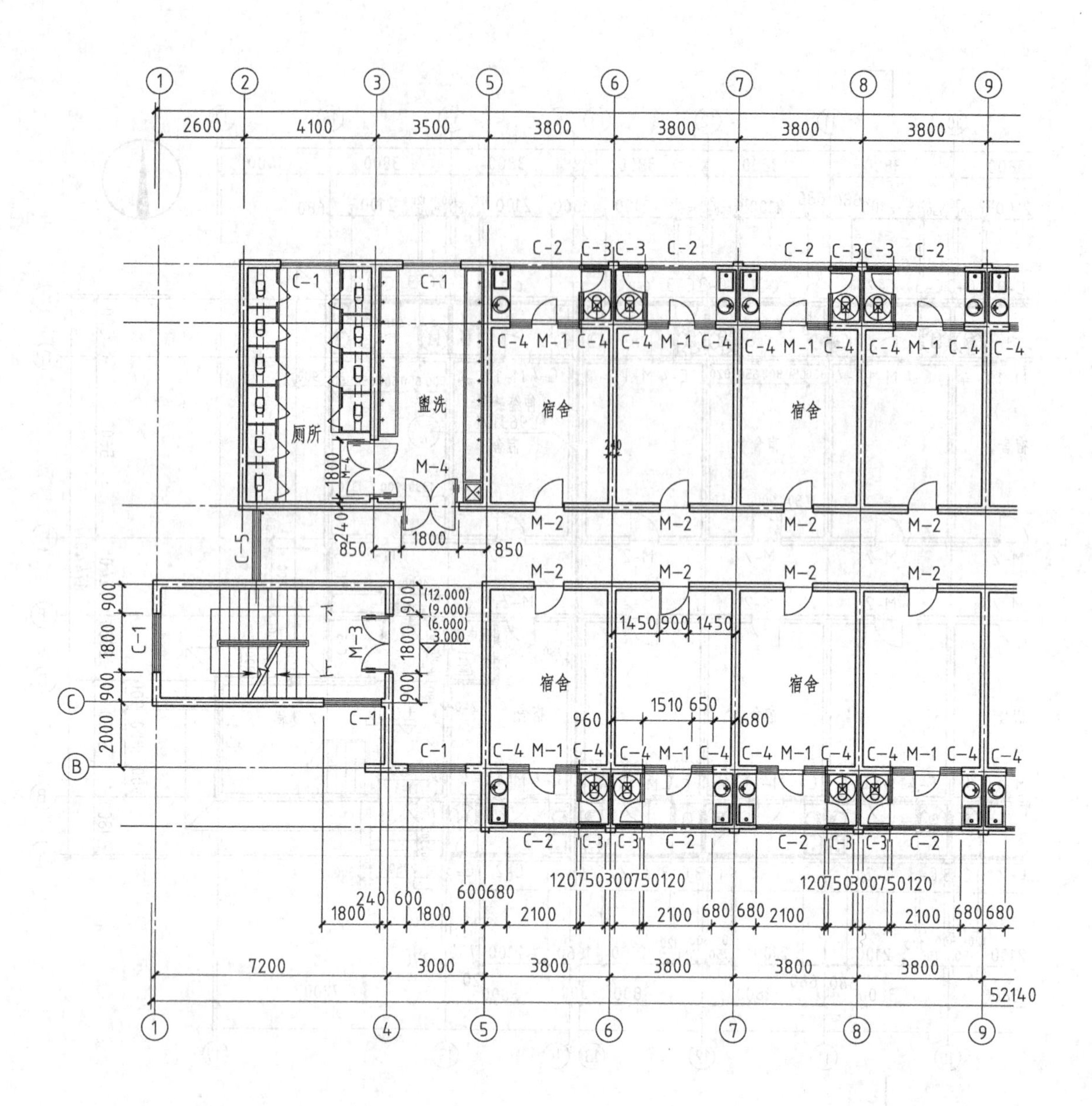

图 9-10 标准层建

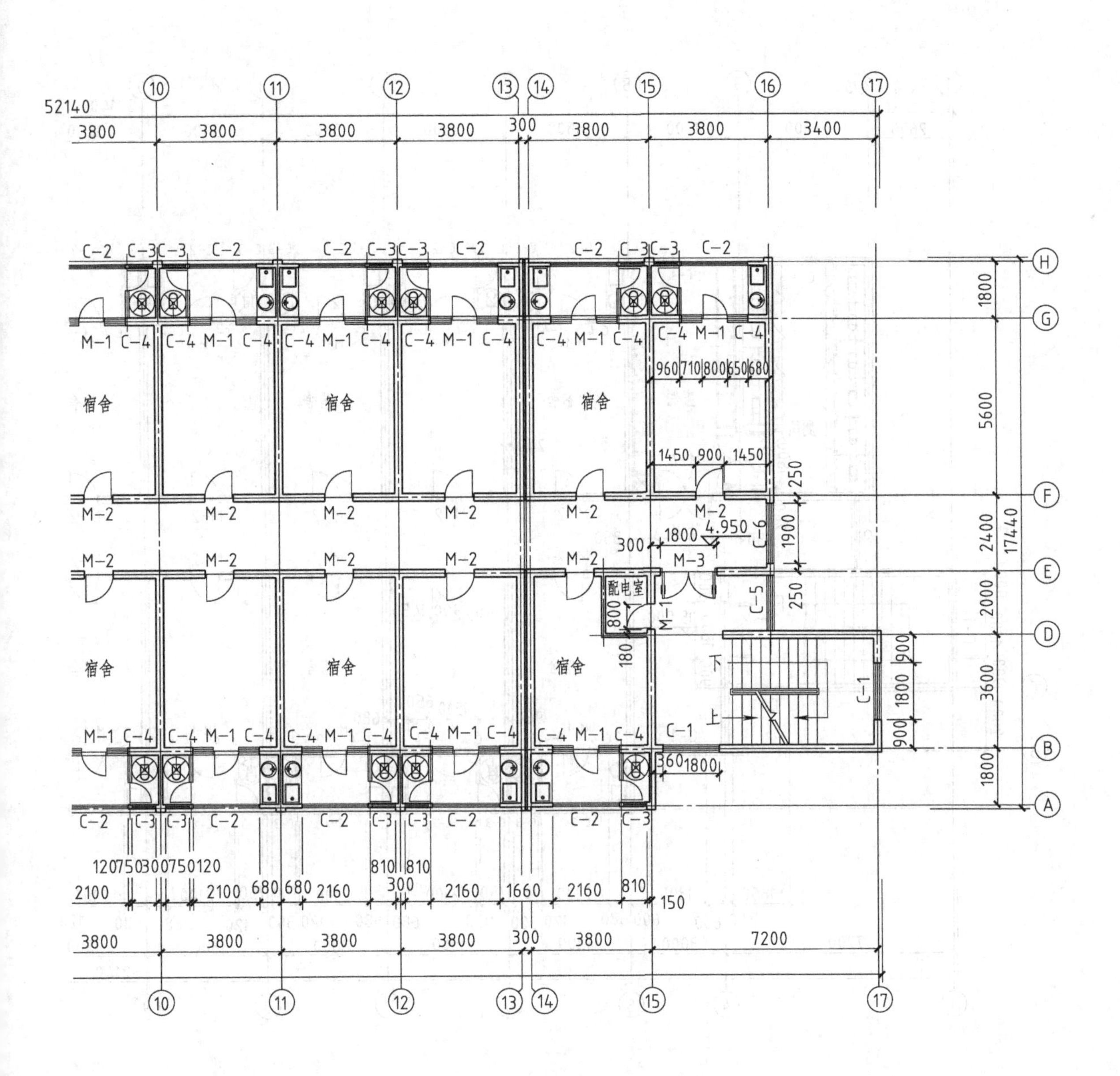

宿舍
宿舍
宿舍
宿舍
宿舍
宿舍
配电室
M-1
M-2
M-3
C-1
C-2
C-3
C-4
C-5
C-6
上
下
4.950
52140
17440
3800
3400
7200
5600
2400
2000
3600
1800

筑平面图

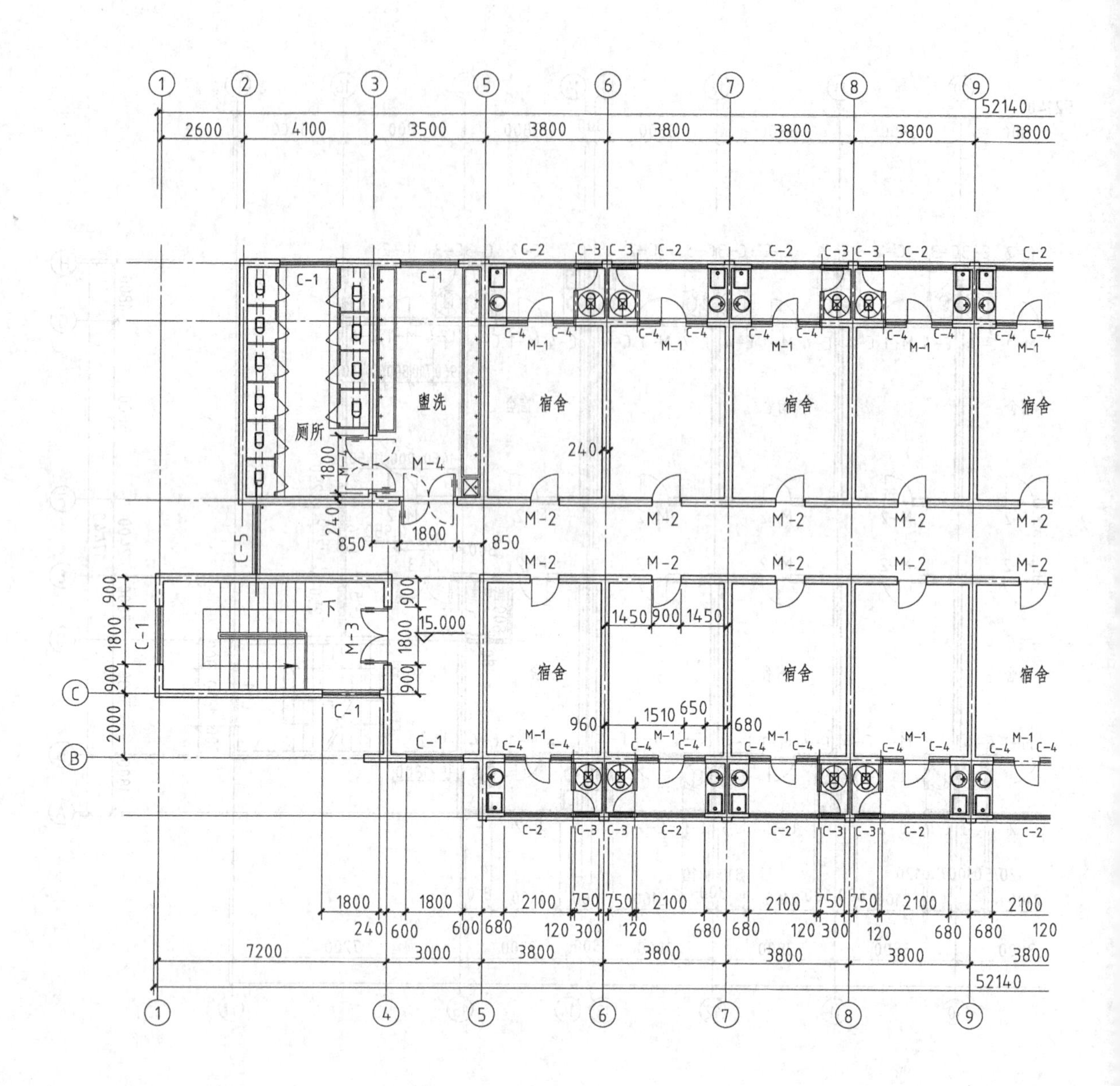

图 9-11　顶层建筑

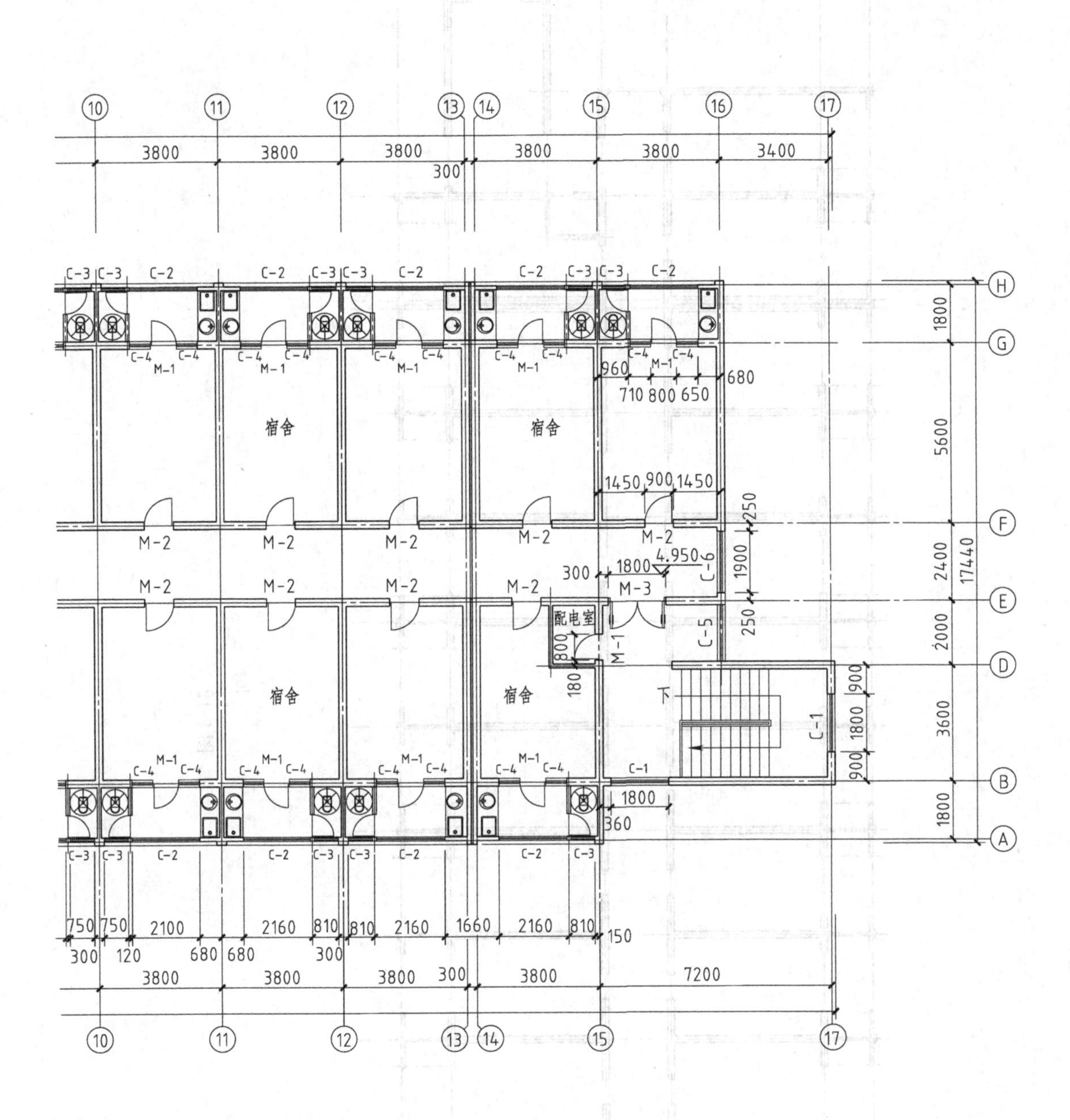

平面图

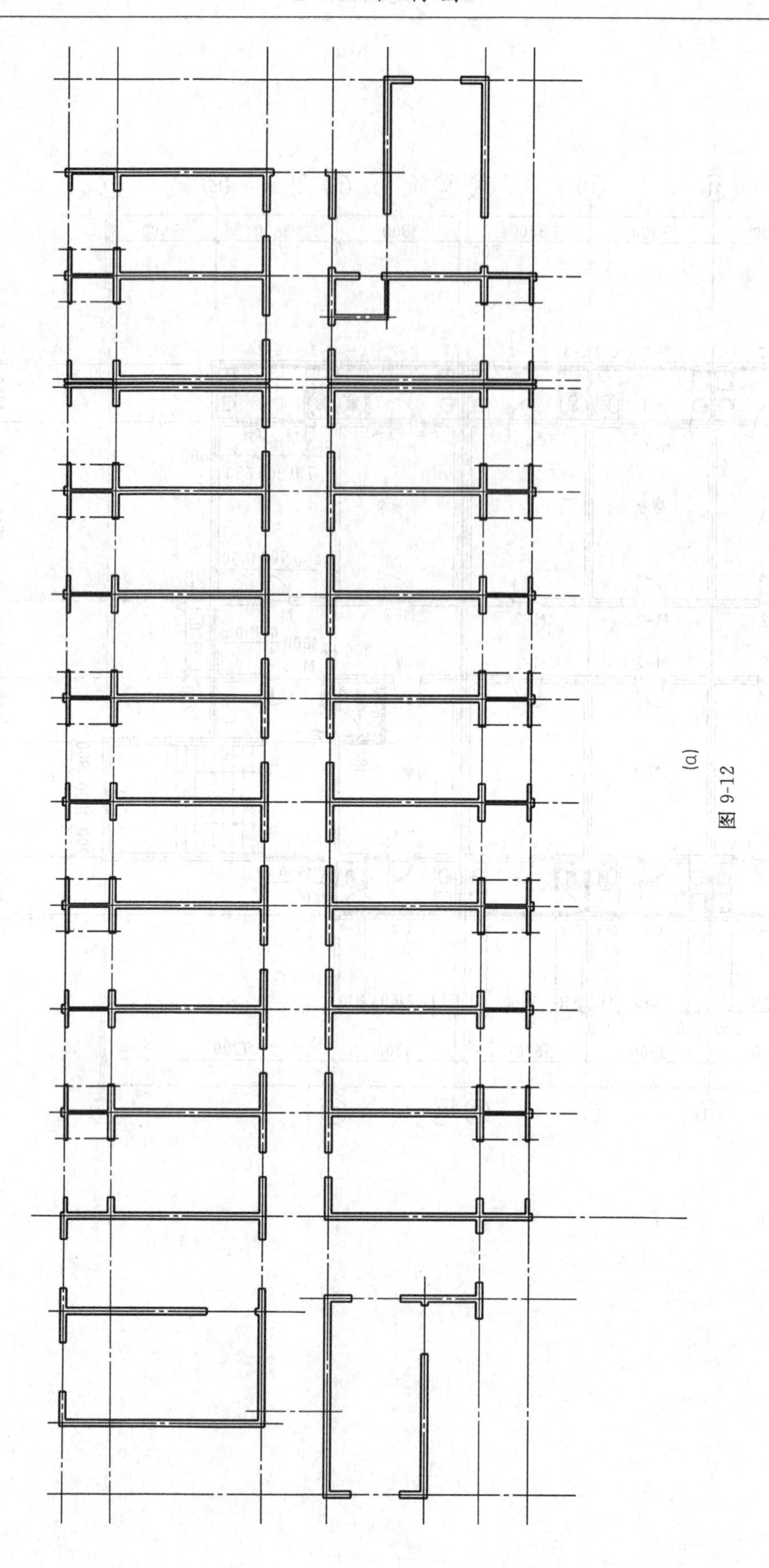

(a)

图 9-12

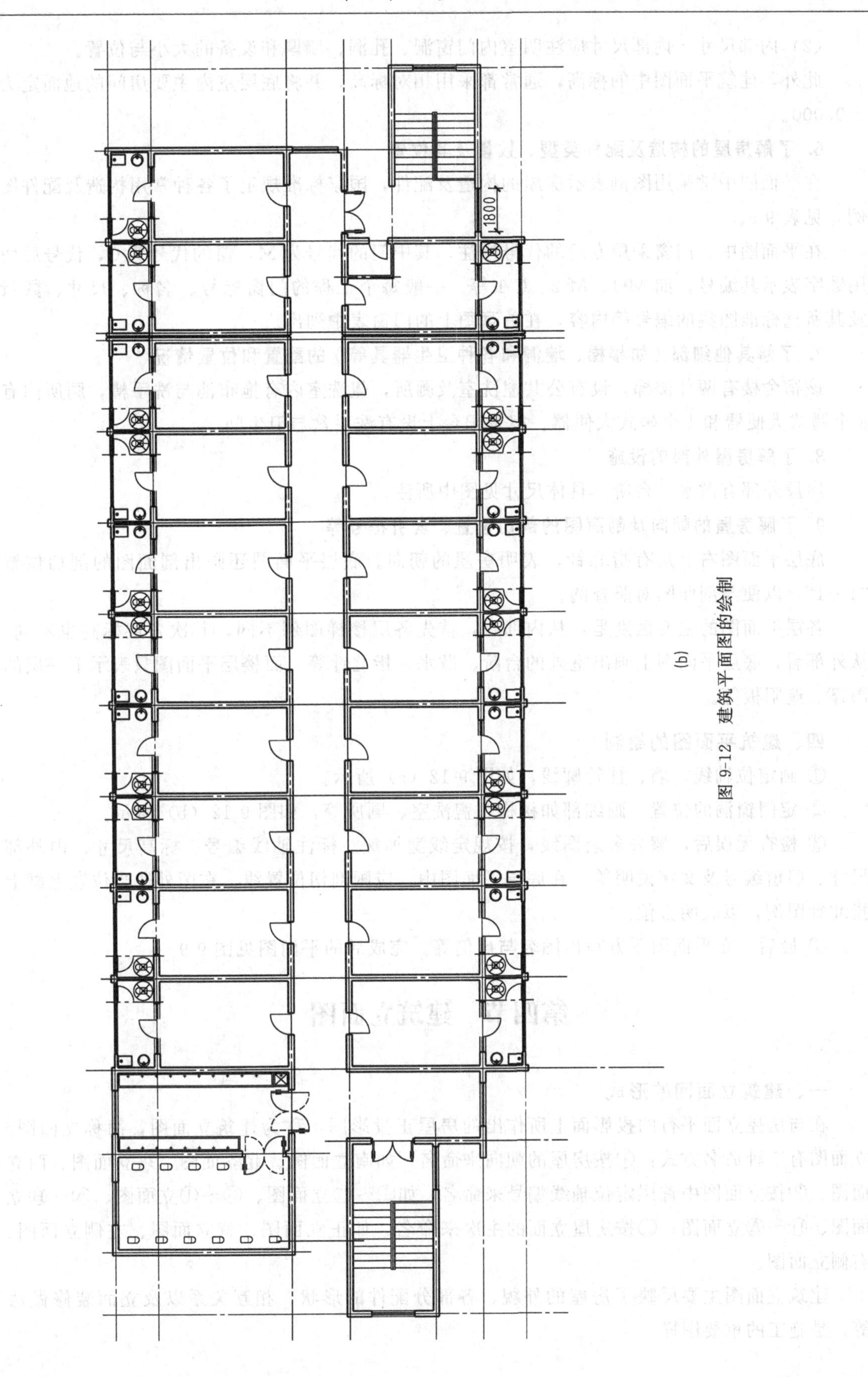

(b)

图 9-12　建筑平面图的绘制

(2) 内部尺寸　内部尺寸应注明室内门窗洞、孔洞、墙厚和设备的大小与位置。

此外，建筑平面图中的标高，通常都采用相对标高，并将底层室内主要房间的地面定为±0.000。

6. 了解房屋的构造及配件类型、数量及其位置

在平面图中常采用图例表示房屋的构造及配件，国家标准规定了各种常用构造及配件图例，见表9-5。

在平面图中，门窗采用专门的代号标注，其中门的代号为M，窗的代号为C，代号后面用数字表示其编号，如M-1、M-2、C-1等。一般每个工程的门窗标号、名称、尺寸、数量及其所选标准图集的编号等内容，在首页图上的门窗表中列出。

7. 了解其他细部（如楼梯、墙洞和各种卫生器具等）的配置和位置情况

该宿舍楼有两部楼梯，设有公共盥洗室及厕所，盥洗室内有拖布池与洗手槽，厕所内有8个蹲式大便器和1个坐式大便器。宿舍阳台上设有洗手盆与卫生间。

8. 了解房屋外部的设施

房屋外部有散水、台阶，具体尺寸见图中所注。

9. 了解房屋的朝向及剖面图的剖切位置、索引符号等

底层平面图右上角有指北针，表明房屋的朝向。底层平面图还画出剖面图的剖切位置"1—1"，以便与剖面图对照查阅。

各层平面图的主要区别是：从内部看，首先各层楼梯图例不同，其次各层标高也不同。从外部看，底层平面图上画出室外的台阶、散水、指北针等，而楼层平面图只表示下一层的雨篷、遮阳板等。

四、建筑平面图的绘制

① 画定位轴线，墙、柱轮廓线，如图9-12 (a) 所示。

② 定门窗洞的位置，画细部如楼梯、盥洗室、厕所等，如图9-12 (b) 所示。

③ 检查无误后，擦去多余图线，按规定线型加深。标注轴线编号、标高尺寸、内外部尺寸、门窗编号及文字说明等。在底层平面图中，应画剖切位置线，在图外适当位置上画上指北针图例，以表明方位。

④ 最后，在平面图下方写出图名与比例等。完成后的平面图见图9-9。

第四节　建筑立面图

一、建筑立面图的形成

在与房屋立面平行的投影面上所作出的房屋正投影图，称为建筑立面图，简称立面图。立面图有三种命名方式：①按房屋的朝向来命名，如南立面图、北立面图、东立面图、西立面图。②按立面图中首尾定位轴线编号来命名，如①～⑰立面图、⑰～①立面图、Ⓐ～Ⓗ立面图、Ⓗ～Ⓐ立面图；③按房屋立面的主次来命名，如正立面图、背立面图、左侧立面图、右侧立面图。

建筑立面图主要反映了房屋的外貌、各部分配件的形状、相互关系以及立面装修做法等，是施工的重要图样。

二、建筑立面图的图示内容和方法

(1) 图示内容

① 立面图应标明建筑物两端轴线的编号；

② 立面图应标明建筑物外形，门窗、台阶、雨篷、阳台、雨水管、水箱等的位置，外墙的留洞应标注尺寸与标高（宽×高×深及关系尺寸)；

③ 平面图上表示不出的窗的编号，应在立面图上标注。平、剖面图未能表示出来的屋顶、檐口、女儿墙、窗台等处的标高，应在立面图上分别标注，还应用标高表示出建筑物的总高度（屋檐或屋顶)、各楼层高度、室内外地坪标高以及烟囱高度等；

④ 应标明建筑外墙所用材料及饰面的分格；

⑤ 图中应标明局部详图索引符号。

(2) 图示方法

① 比例。平面图常用 1∶50、1∶100、1∶200 等比例进行绘制。

② 图线。立面图中地坪线用特粗线表示，房屋的外轮廓线用粗实线表示，房屋的构配件如窗台、窗套、阳台、雨篷、遮阳板的轮廓线用中实线表示，门窗扇、勒脚、雨水管、栏杆、墙面分隔线，及有关说明的引出线、尺寸线、尺寸界线和标高均用细实线表示。

③ 尺寸标注。立面图不标注水平方向的尺寸，只画出最左、最右两端的轴线。立面图上应标出室外地坪、室内地面、勒脚、窗台、门窗顶及檐口处的标高，并沿高度方向注写各部分高度尺寸。通常用文字说明各部分的装饰做法。

三、建筑立面图的识读

现以某学校宿舍楼为例，说明立面图的识读方法。

图 9-13～图 9-15 分别为南立面图、北立面图、东西立面图。

① 了解图名、比例及有关的文字说明

从图名或轴线的编号可知，图 9-13 是表示房屋南向的立面图（或①～⑰立面图)，比例 1∶100。

② 了解立面图与平面图的对应关系

对照平面图上的指北针或定位轴线编号，图 9-13 可知南立面图的左端轴线编号为“①”、右端为“⑰”，与建筑平面图相对应。

③ 了解房屋的外貌特征

该房屋的主要出入口在建筑东、西两侧，墙表面安装雨水管。

④ 了解房屋的竖向标高及尺寸

立面图中的尺寸，主要以标高的形式标注。一般标注室内外地坪、檐口、女儿墙、雨篷、门窗、台阶等处的标高。

⑤ 了解房屋外墙面的装修做法。

四、建筑平面图的绘制

① 画室外地坪线，外墙轮廓线，屋面线，墙面分格线，如图 9-16（a）所示。

② 根据层高、各部分标高和平面图门窗洞口尺寸，画出立面图中门窗洞、檐口，雨水管等细部的外形轮廓，如图 9-16（b）所示。

③ 画出门窗扇，画出墙面装修图例，并按规定加深图线。两端画上首尾轴线及编号，并注写标高、图名、比例及有关说明。

完成后的立面图如图 9-13 所示。

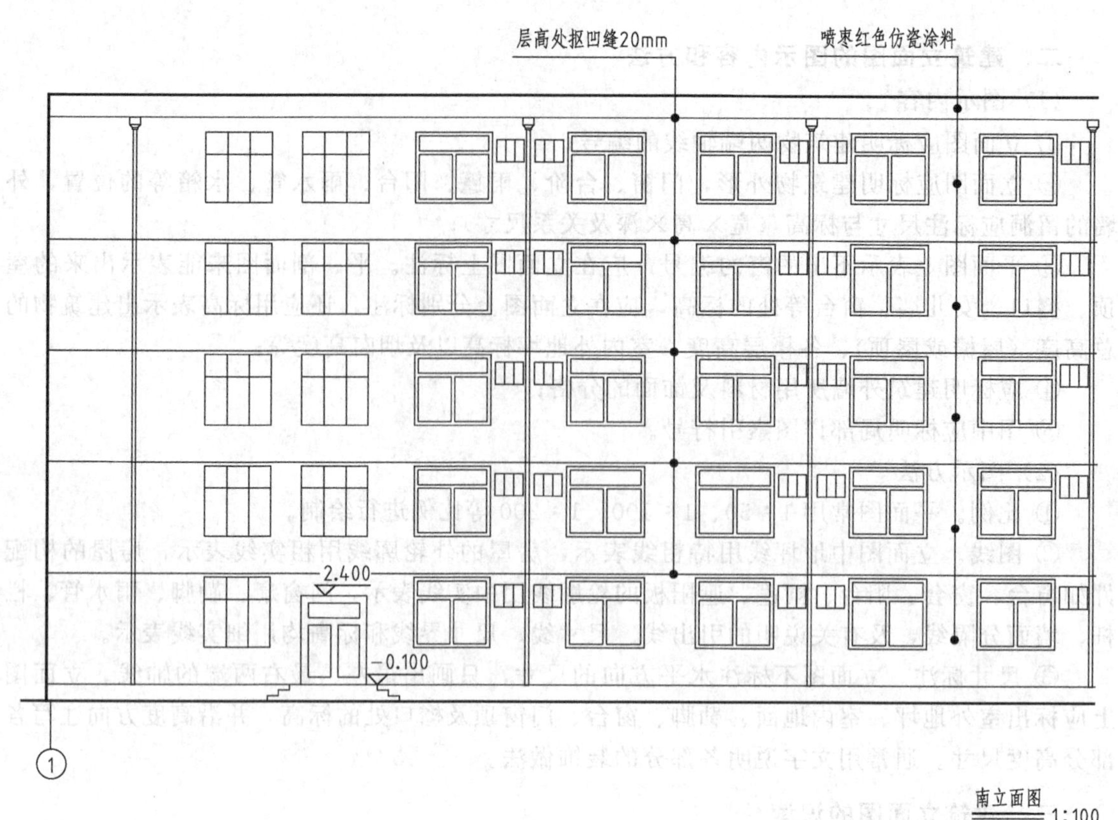

图 9-13 南立

层高处抠凹缝20mm

喷枣红色仿瓷涂料

17

图 9-14 北立

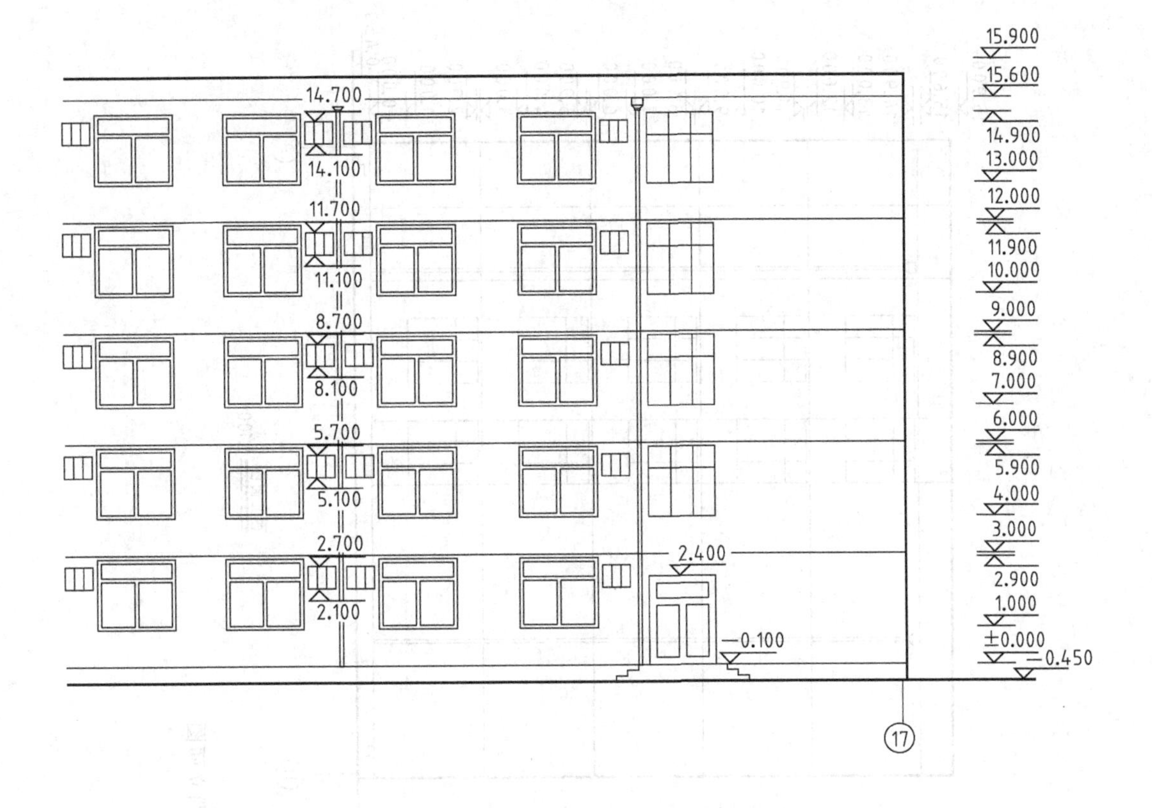

面图

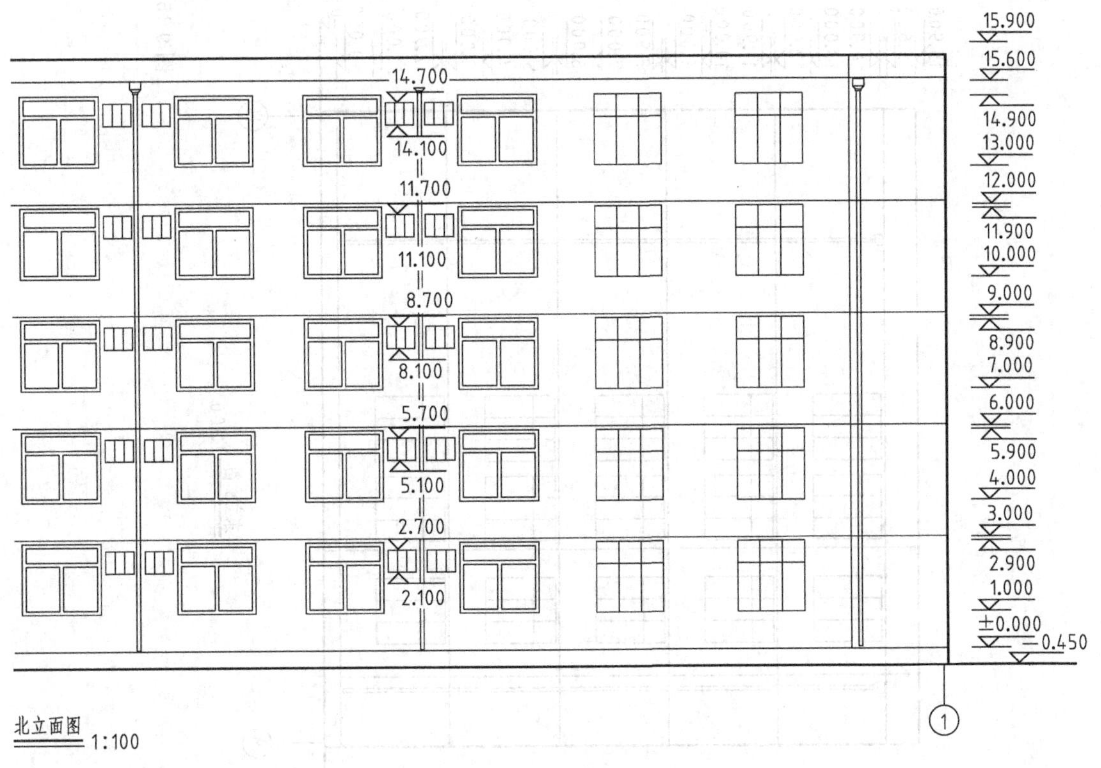

北立面图 1:100

面图

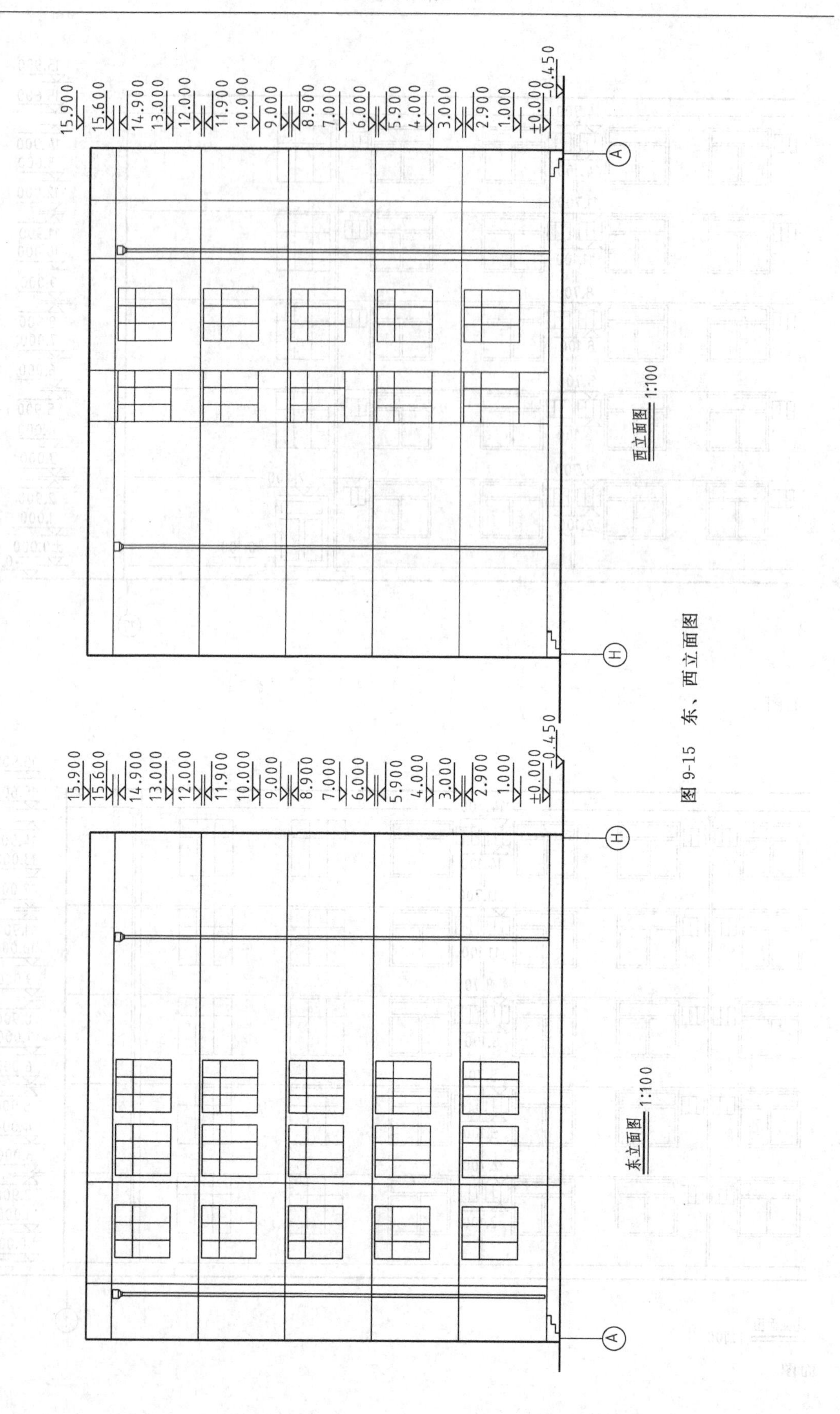
15.900
15.600
14.900
13.000
12.000
11.900
10.000
9.000
8.900
7.000
6.000
5.900
4.000
3.000
2.900
1.000
±0.000
-0.450
A
H
西立面图 1:100
东立面图 1:100

图 9-15 东、西立面图

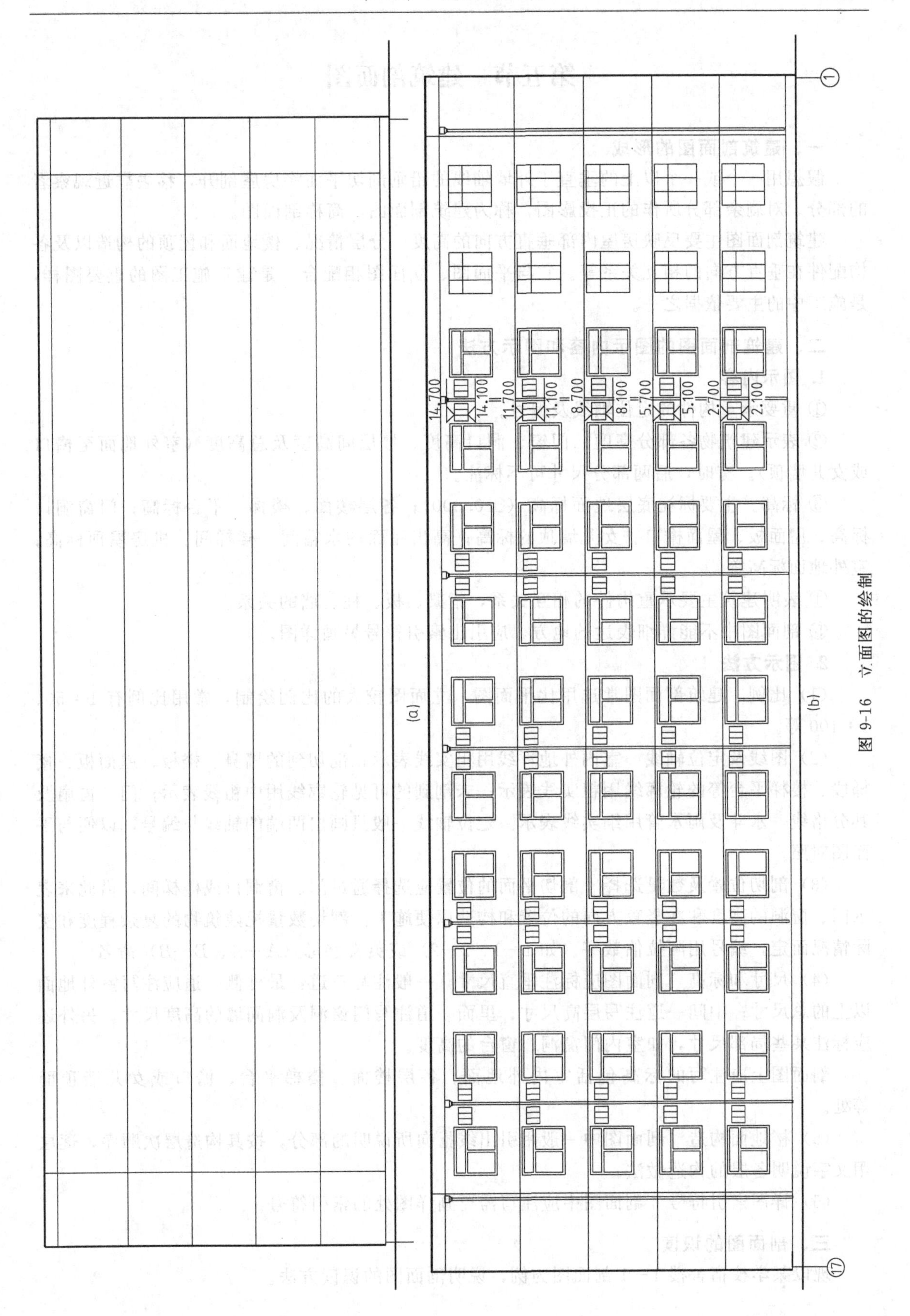

图 9-16 立面图的绘制

第五节 建筑剖面图

一、建筑剖面图的形成

假想用一个或一个以上的垂直于外墙轴线的铅垂剖切平面将房屋剖开，移去靠近观察者的部分，对剩余部分所作的正投影图，称为建筑剖面图，简称剖面图。

建筑剖面图主要反映房屋内部垂直方向的高度、分层情况、楼地面和屋顶的构造以及各构配件在垂直方向的相互关系等。它与平面图、立面图相配合，是建筑施工图的重要图样，是施工中的主要依据之一。

二、建筑剖面图的图示内容和图示方法

1. 图示内容

① 重要承重构件的定位轴线及编号。

② 表示建筑物各部分高度。门窗、洞口高度、楼层间高度及总高度（室外地面至檐口或女儿墙顶）。有时，后两部分尺寸可不标注。

③ 标高。主要标注底层地面标高（±0.000）；各层楼面、楼梯、平台标高；门窗洞口标高；屋面板、屋面檐口、女儿墙顶的标高；高出屋面的水箱间、楼梯间、机房屋顶标高；室外地面标高等。

④ 表明建筑主要承重构件的相互关系，指梁、板、柱、墙的关系。

⑤ 剖面图中不能详细表达的地方，应引出索引符号另画详图。

2. 图示方法

（1）比例　建筑剖面图常选用比平面图、立面图较大的比例绘制，常用比例有 1∶50、1∶100 等。

（2）图线及定位轴线　室内外地坪线用粗实线表示；剖切到的墙身、楼板、屋面板、楼梯段、楼梯平台等的轮廓线用粗实线表示；未剖到的可见轮廓线用中粗线表示；门、窗扇及其分格线，水斗及雨水管用细实线表示。定位轴线一般只画出两端的轴线与编号，以便与平面图对照。

（3）剖切位置及数量选择　剖切平面的位置应选择通过门、窗洞口或楼梯间，借此来表示门、窗洞的高度和在竖直方向的位置和构造以便施工。剖切数量视建筑物的复杂程度和实际情况而定，编号用阿拉伯数字（如 1—1、2—2）或英文字母（*A*—*A*、*B*—*B*）命名。

（4）尺寸和标高　剖面图应标注垂直尺寸，一般注写三道：最外侧一道应注写室外地面以上的总尺寸；中间一道注写层高尺寸；里面一道注写门窗洞及洞间墙的高度尺寸。另外还应标注某些局部尺寸，如室内门窗洞、窗台的高度。

剖面图上应注写的标高包括室内外地面、各层楼面、楼梯平台、檐口或女儿墙顶面等处。

（5）楼地面构造　剖面图中一般用引出线指向所说明的部分，按其构造层次顺序，逐层用文字说明各层的构造做法。

（6）详图索引符号　剖面图中应注写需要画详图处的索引符号。

三、剖面图的识读

现以某学校宿舍楼 1—1 剖面图为例，说明剖面图的识读方法。

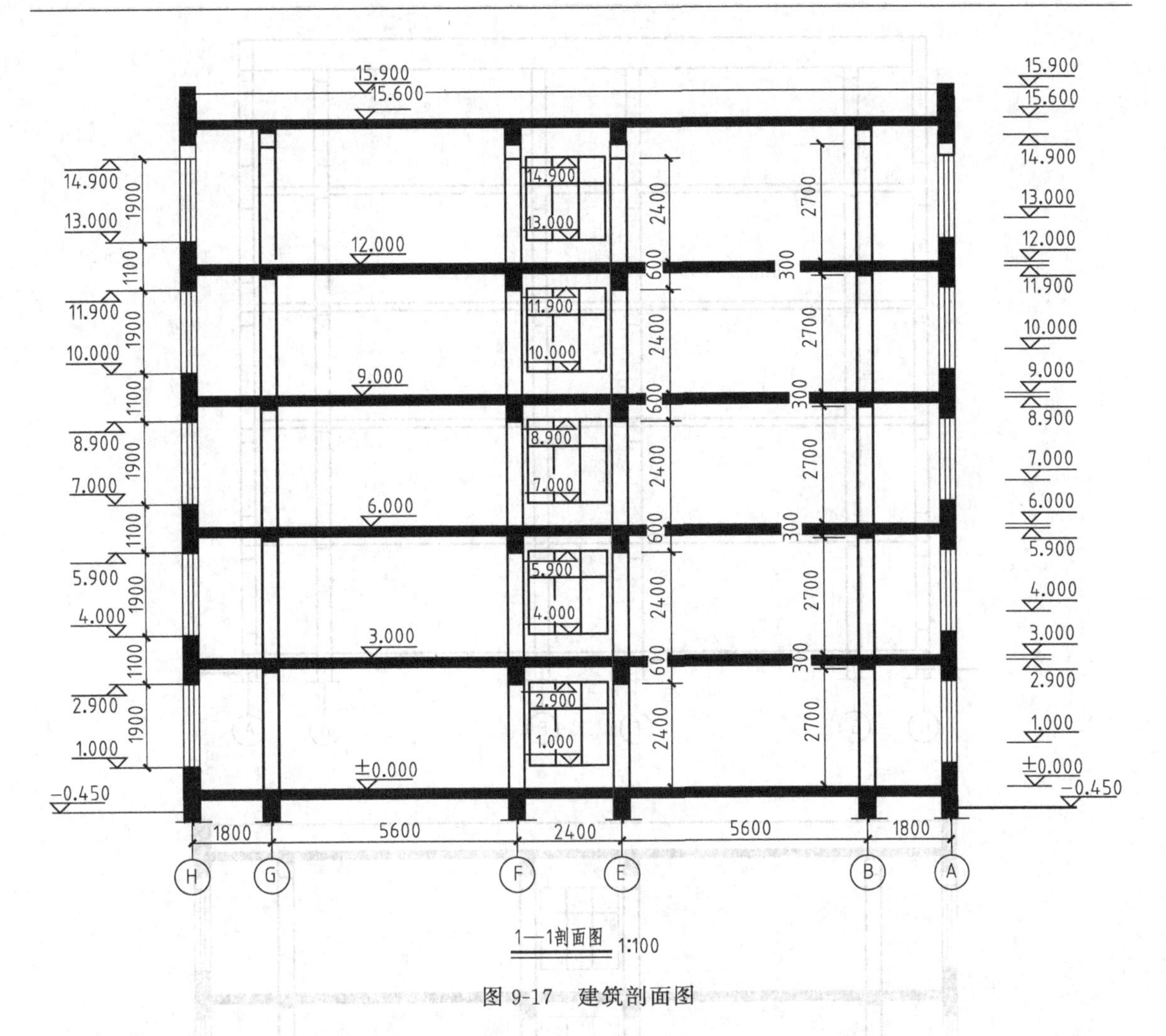

图 9-17 建筑剖面图

① 了解图名、比例。由图 9-17 可知，该图为 1—1 剖面图，比例 1∶100，与平面图和立面图相同。

② 了解剖面图与平面图的对应关系上。由图名和剖切符号与平面图上的剖切位置和轴线编号相对照，可知 1—1 剖面图的剖切位置在⑩～⑪轴之间，剖切后向右投影。

③ 了解房屋的结构形式和内部构造。

④ 核实房屋的竖向标高及尺寸。在剖面图中画出了主要承重墙的轴线、编号以及轴线间的间距尺寸。在外侧竖向注出了房屋主要部位，即室内外地坪、楼层、楼梯、檐口或女儿墙等处的标高及高度方向的尺寸。

⑤ 了解索引详图所在的位置和编号。

四、建筑剖面图的绘制

① 画定位轴线、室内外地坪线、各层楼面线和屋面线，并画出墙身，确定门窗位置，如图 9-18（a）所示。

② 确定细部，如图 9-18（b）所示。

③ 经检查无误后，擦去多余线条。按规定线型加深图线，标注标高尺寸和其他尺寸，并书写图名、比例及有关的文字说明。

完成后的剖面图如图 9-17 所示。

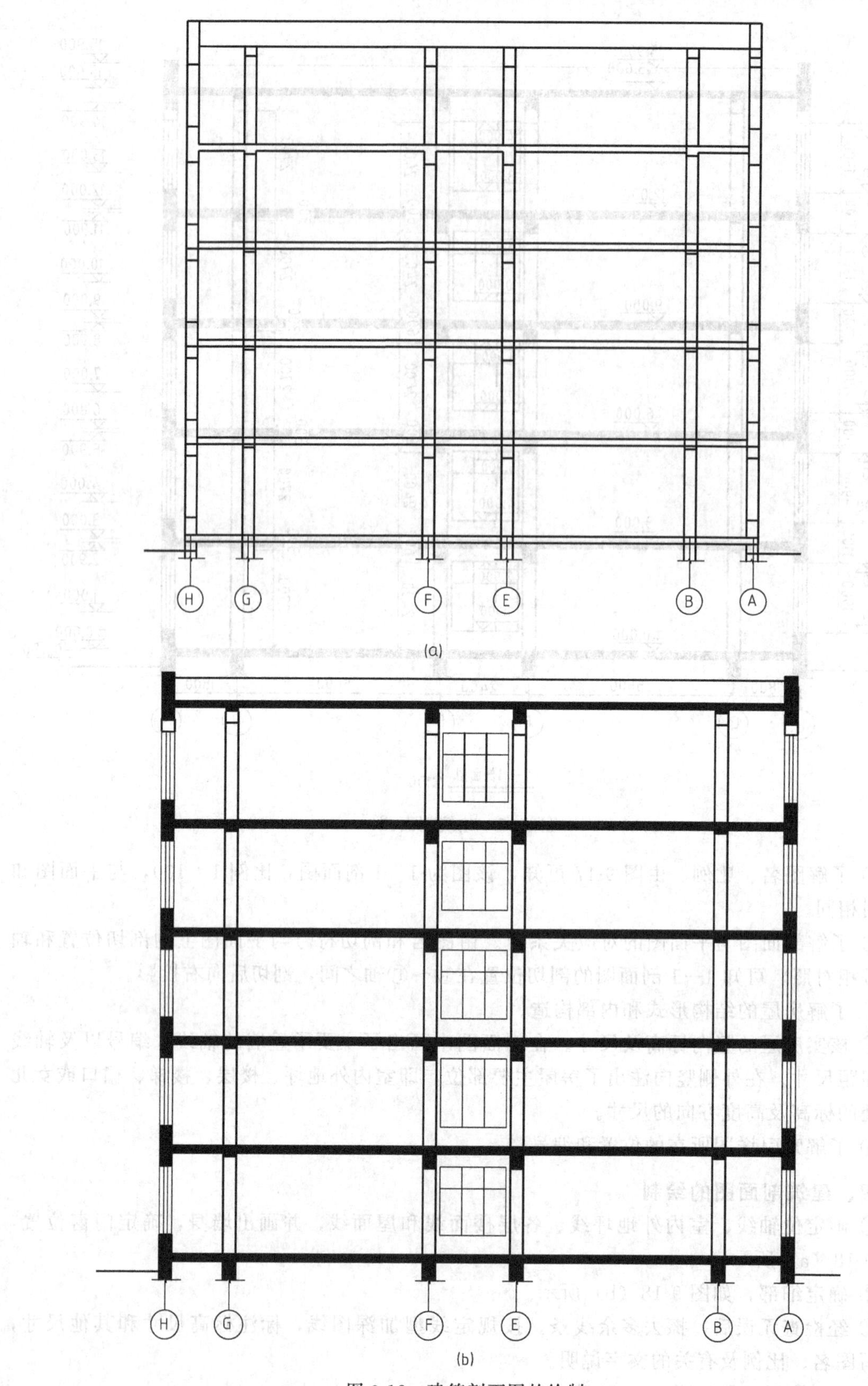

图 9-18 建筑剖面图的绘制

第十章　给水排水工程施工图

第一节　室内给水排水工程施工图

室内给水排水工程施工图是表示房屋中卫生器具、给水排水管道及附件的类型、大小以及与房屋的相对位置和安装方式的工程图。它主要包括室内给水排水平面图、系统轴测图和安装详图等。

表 10-1　室内给水排水工程施工图中的常用图例

名称	图例	说明	名称	图例	说明
管道		用于一张图上,只有一种管道	放水龙头		
	J P	用汉语拼音字头表示管道类别	室内单出口消火栓		左为平面 右为系统
		用线型区分管道类别	室内双出口消火栓		左为平面 右为系统
交叉管		管道交叉不连接,在下方和后方的管道应断开	自动喷淋头	下喷	左为平面 右为系统
管道连接		左为三通 右为四通	淋浴喷头		
管道立管	JL　JL	J:管道类别 L:立管	水表		
管道固定支架			立式洗脸盆		
多孔管			浴盆		
存水弯			污水池		
检查口			盥洗槽		
清扫口		左为平面 右为系统	小便槽		
通气帽		左为成品 右为铅丝球	小便器		
圆形地漏		左为平面 右为系统	大便器		左为蹲式 右为坐式
截止阀		左为 $DN\geqslant 50$mm 右为 $DN<50$mm	延时自闭阀		
闸阀			柔性防水套管		
止回阀			可曲挠接头		

一、室内给水排水工程施工图的图示特点

① 室内给水排水工程施工图中的平面图、详图等都是用正投影法绘制的，系统图是用斜轴测投影法绘制的。

② 室内给水排水工程施工图中（详图除外），各种卫生器具、管件、附件及阀门等，均采用统一图例来表示。室内给水排水工程施工图中的常用图例见表10-1。

③ 给水排水管道一般采用单线，以粗线绘制，而建筑、结构的图形及有关设备均采用细线绘制。

④ 不同直径的管道，以相同线宽的线条表示，管道坡度不需按比例画出（画成水平即可），管径和坡度均用数字注明。

⑤ 靠墙敷设的管道，不必按比例准确表示出管道与墙面的微小距离，图中只需略有距离即可。暗装管道亦与明装管道一样画在墙外，只需说明哪些部分要求暗装。

⑥ 当在同一位置布置有几根不同高度的管道时，若严格按正投影来画，平面图就会重叠在一起，这时可画成平行排列。

⑦ 有关管道的连接配件均属规格统一的定型工业产品，在图中均不予画出。

二、室内给水排水工程施工图的图示内容和图示方法

1. 室内给水排水工程平面图

（1）图示内容　室内给水排水工程平面图主要表明建筑物内给水排水管道及卫生器具、附件等的平面布置情况。图示内容主要包括：

① 室内卫生设备的类型、数量及平面位置。

② 室内给水系统和排水系统中各个干管、立管、支管的平面位置、走向、立管编号和管道的安装方式（明装或暗装）。

③ 管道附件如阀门、消火栓、地漏、清扫口等的平面位置。

④ 给水引入管、水表节点和污水排出管、检查井的平面位置和走向，与室外给水、排水管网的连接（底层平面图）情况。

⑤ 给水排水管道及设备安装的预留洞的位置，预埋件、管沟等对土建施工的要求等。

（2）图示方法

① 室内给水排水工程平面图的比例　室内给水排水工程平面图的比例一般采用与建筑平面图相同的比例，常用1∶100，必要时也可采用1∶50、1∶200、1∶150等。

② 室内给水排水工程平面图的数量。多层建筑的室内给水排水工程平面图，原则上应分层绘制。对于管道系统和卫生设备布置相同的楼层平面可以绘制一个平面图——标准层给水排水工程平面图，但一层给水排水工程平面图必须单独画出。当屋顶设有水箱及管道时，还应画出屋顶给水排水工程平面图，如果管道布置不复杂时，可在标准层给水排水工程平面图中用双点画线画出水箱的位置。

③ 室内给水排水工程平面图中的房屋平面图。在室内给水排水工程平面图中的房屋平面图，仅作为管道及卫生设备等各组成部分平面布置及定位的基准，因此仅需画出房屋的墙、柱、门窗、楼梯、台阶等主要部分，其余细部可省略，房屋平面图的图线均用细实线绘制。

一层给水排水工程平面图应画出整幢房屋的建筑平面图，其余各层可仅画出布置有管道和卫生设备的局部建筑平面图。

④ 室内给水排水工程平面图中的卫生设备。卫生设备中的洗脸盆、大便器、小便器等都是工业产品，不必详细表示，可按规定图例画出；而对于现场浇筑的卫生设备，其详图由

建筑专业绘制，在室内给水排水工程平面图中仅画出其主要轮廓。

⑤ 室内给水排水工程平面图中的给水排水管道

a. 室内给水排水工程平面图是水平剖切房屋后的水平正投影图。其各种管道不论在楼面（地面）之上或之下，都不考虑其可见性，即每层平面图中的管道均以连接该层卫生设备的管道为准，而不是以楼层地面为分界。如属本层使用但安装在下层空间的排水管道，应绘于本层平面图上。

b. 一般将给水系统和排水系统绘制于同一平面图上，这对于设计和施工以及对于识读都比较方便。

c. 由于管道连接一般均采用连接配件，往往另有安装详图，平面图中的管道连接均为简略表示，具有示意性。

d. 给水排水管线采用粗线绘制。

⑥ 给水排水工程平面图中的给水系统和排水系统的编号

a. 在给水排水工程中，一般给水管道用字母“J”表示；污水管及排水管用字母“W”、“P”表示；雨水管道用字母“Y”表示。

b. 在底层给水排水工程平面图中，当建筑物的给水引入管和污水排出管的数量多于1个时，应对每一个给水引入管和污水排出管进行编号。系统的划分一般以每一个引入管为一个给水系统，排水系统以每一个排出管为一排水系统。给水系统和排水系统的编号见图10-1。

c. 建筑物内垂直楼层的立管，其数量多于1个时，也用拼音字母和阿拉伯数字为管道立管编号，如图10-2所示。“WL-1”为1号污水立管。

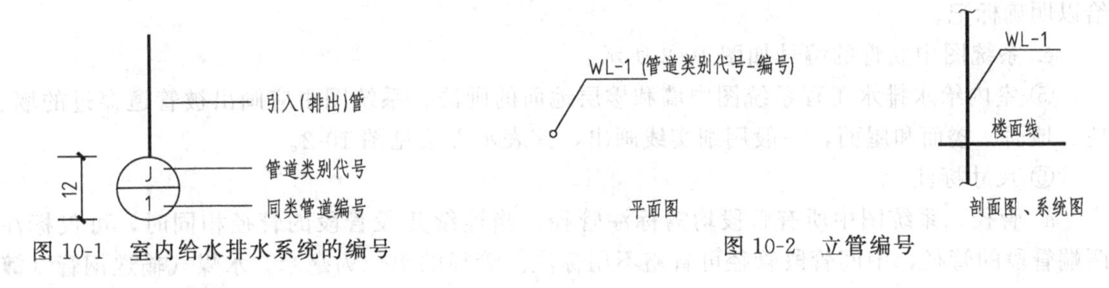

图10-1　室内给水排水系统的编号　　图10-2　立管编号

⑦ 尺寸标注

a. 在室内给水排水工程平面图中应标注墙或柱的定位轴线尺寸，以及室内外地面和各层楼的地面标高。

b. 卫生器具和管道一般都是沿墙或靠柱设置的，不必标注定位尺寸（一般在施工说明中写出），必要时，以墙面或柱面为基准标注尺寸。卫生器具的规格可注在引出线上，或在施工说明中说明。

c. 管道的管径、坡度和标高均标注在管道系统图中，在平面图中不必标出。

d. 管道长度尺寸用比例尺从图中量出近似尺寸，在安装时则以实测尺寸为准，所以在管道平面图中也不标注管道的长度尺寸。

2. 室内给水排水工程系统图

（1）图示内容　室内给水排水工程系统图是室内给水排水工程施工图中的主要图纸，它分为给水系统图和排水系统图，分别表示给水管道系统和排水管道系统的空间走向、各管段的管径、标高、排水管道的坡度以及各种附件在管道上的位置等。

（2）图示方法

① 轴向选择。室内给水排水工程系统图一般采用45°正面斜轴测投影法绘制。OX 轴处于水平方向，OY 轴一般与水平线呈 45°（也可以呈 30°或 60°），OZ 轴处于铅垂方向。三个轴向伸缩系数均为 1。

② 比例

a. 室内给水排水工程系统图的比例一般采用与平面图相同的比例，当系统比较复杂时也可以放大比例。

b. 当采用与平面图相同的比例时，OX、OY 轴向尺寸可直接从平面图上量取，OZ 轴向的尺寸可依层高和设备安装高度量取。

③ 室内给水排水工程系统图的数量。室内给水排水工程系统图的数量是按给水引入管和污水排出管的数量而定，各管道系统图一般应按系统分别绘制，即每一个给水引入管或污水排出管都对应着一个系统图。每一个管道系统图的编号都应与平面图中的系统编号相一致，系统的编号见图 10-1。

④ 室内给水排水工程系统图中的管道

a. 系统图中管道的画法与平面图中一样，给水管道用粗实线表示，排水管道用粗虚线表示；给水、排水管道上的附件（如闸阀、水龙头、检查口等）用图例表示；排水系统图中应画出接卫生器具的存水弯；用水设备不画。

b. 当空间交叉管道在图中相交时，在相交处将被挡在后面或下面的管道断开。

c. 当各层管道布置相同时，不必每层重复画出，只需在管道省略折断处标注“同某层”即可。各管道连接的画法具有示意性。

d. 当管道过于集中，无法表达清楚时，可将某些管段断开，移至别处画出，在断开处给以明确标记。

e. 系统图中立管的编号如图 10-2 所示。

⑤ 室内给水排水工程系统图中墙和楼层地面的画法。系统图中应画出被管道穿过的墙、柱、地面、楼面和屋面，一般用细实线画出，其表示方法见图 10-2。

⑥ 尺寸标注

a. 管径。系统图中所有管段均需标注管径，当连续几段管段的管径相同时，可仅标注两端管段的管径，中间管段管径可省略不用标注。管径的单位为毫米。水煤气输送钢管（镀锌、非镀锌）、铸铁管等管材，管径应以公称直径“DN”表示（如 $DN15$）；钢筋混凝土管（或混凝土管）、陶土管、耐酸陶瓷管、缸瓦管等管材，管径应以内径“d”表示（如 $d230$）；焊接钢管（直缝或螺旋缝）、无缝钢管、铜管、不锈钢管等管材，管径应以外径“$D\times$壁厚”表示（如 $D108\times4$）；塑料管材，管径宜按产品标准的方法表示。

给水排水管道一般均用公称直径“DN”表示。对于不同管材的管道，当设计中均用公称直径表示管径时，应有公称直径 DN 与相应产品规格对照表。

管径在图纸上一般标注在以下位置：管径变径处；水平管道标注在管道的上方；斜管道标注在管道的斜上方；立管道标注在管道的左侧，如图 10-3 所示。当管径无法按上述位置标注时，可另找适当位置标注。多根管线的管径可用引出线进行标注，如图 10-4 所示。

b. 标高。室内给水排水工程系统图中标注的标高是相对标高。给水横管的标高均标注管中心标高，一般要注出横管、阀门、水龙头和水箱各部位的标高。此外，还要标注室内地面、室外地面、各层楼面和屋面的标高。排水横管标注的是管内底标高，也可标注管中心标高，但要注明。排水横管的标高由卫生器具的安装高度所决定，所以只标注排水横管起点的标高。另外，还要标注室内地面、室外地面、各层楼面和屋面、立管管顶、检查口的标高。系统图中管道标高的标注如图 10-5 所示。

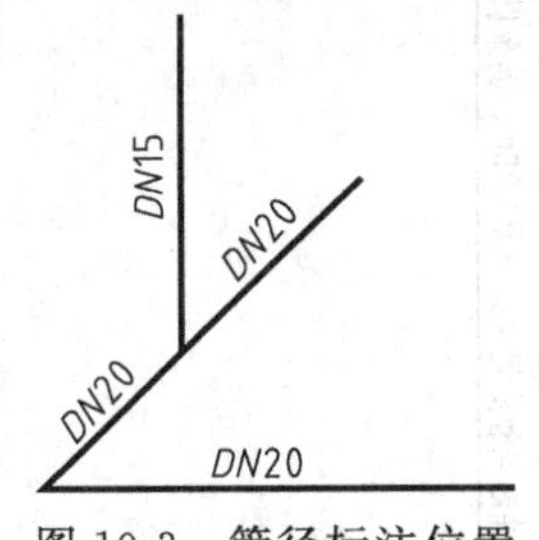

图 10-3　管径标注位置

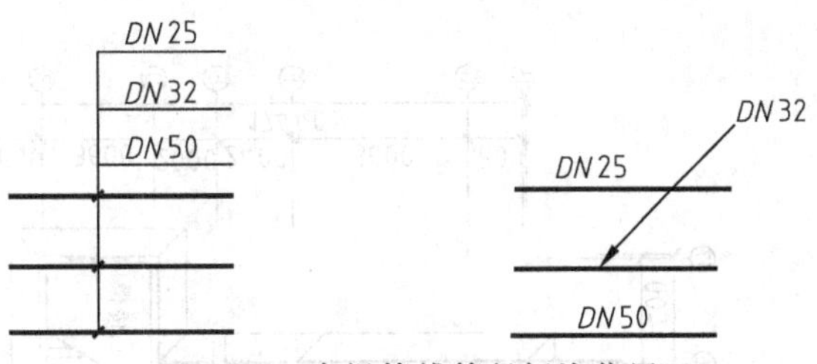

图 10-4　多根管线管径标注位置

c. 管道坡度。凡有坡度的横管都要标注出其坡度。管道的坡度及坡向表示管道倾斜的程度和坡度方向。标注坡度时，在坡度数字下，应加注坡度的符号。坡度符号的箭头一般指向下坡方向，如图 10-6 所示。

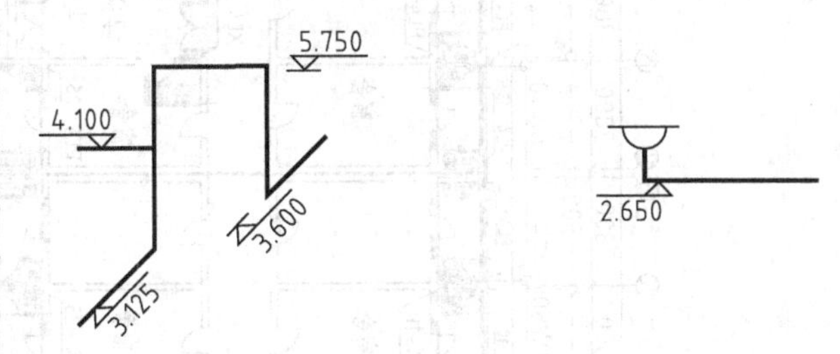

图 10-5　系统图中管道标高的标注

一般室内给水横管没有坡度，室内排水横管有坡度。

⑦ 图例。平面图和系统图应列出统一的图例，其大小要与平面图中的图例大小相同。

三、室内给水排水工程施工图的识读

室内给水排水工程施工图中的平面图和系统图是相辅相依、互相补充，共同表达屋内各种卫生设备和各种管道以及管道上各种附件的空间位置。在读图时要按照给水和排水的各个系统把平面图和系统图联系起来互相对照，反复阅读，才能看懂图纸所表达的内容。

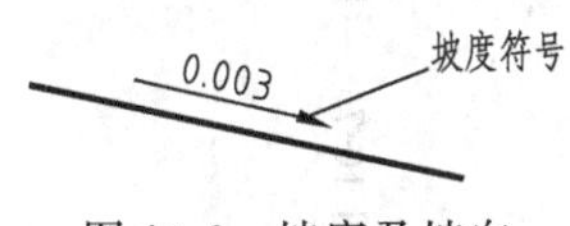

图 10-6　坡度及坡向表示方法

现以某学校宿舍楼的给水排水工程平面图、给水管道系统图、排水管道系统图、消火栓系统图为例，说明室内给水排水工程施工图识读的一般方法。

图 10-7 为一层给水排水工程平面图，图 10-8 为标准层给水排水工程平面图，图 10-9 为给水消防系统图，图 10-10 为排水系统图。

1. 室内给水排水工程平面图的识读

室内给水排水工程平面图是给水排水工程施工图中最基本和最重要的图纸，它主要表明建筑物内给水排水管道及卫生设备的平面布置情况。在识读平面图时应该掌握的内容如下。

① 了解平面图中哪些房间布置有卫生设备，卫生设备的具体位置，地面和各层楼面的标高。

卫生设备通常是用图例画出来的，它只能说明设备的类型，而不能具体表示各部分尺寸及构造。因此识读时必须结合详图或技术资料，搞清楚这些设备的构造接管方式和尺寸。

通过对给水排水工程平面图的识读可知：该学生宿舍楼共有五层。每一房间内的阳台上都有一个蹲式大便器、一个洗手盆、一个拖布池。宿舍楼每一层都有一个公共厕所、一个盥洗室，公共厕所内共有 8 个蹲式大便器和一个坐式大便器，盥洗室内共有 16 个水龙头和一个拖布池。

② 通过系统编号弄清室内有几个给水系统、排水系统、消防系统。

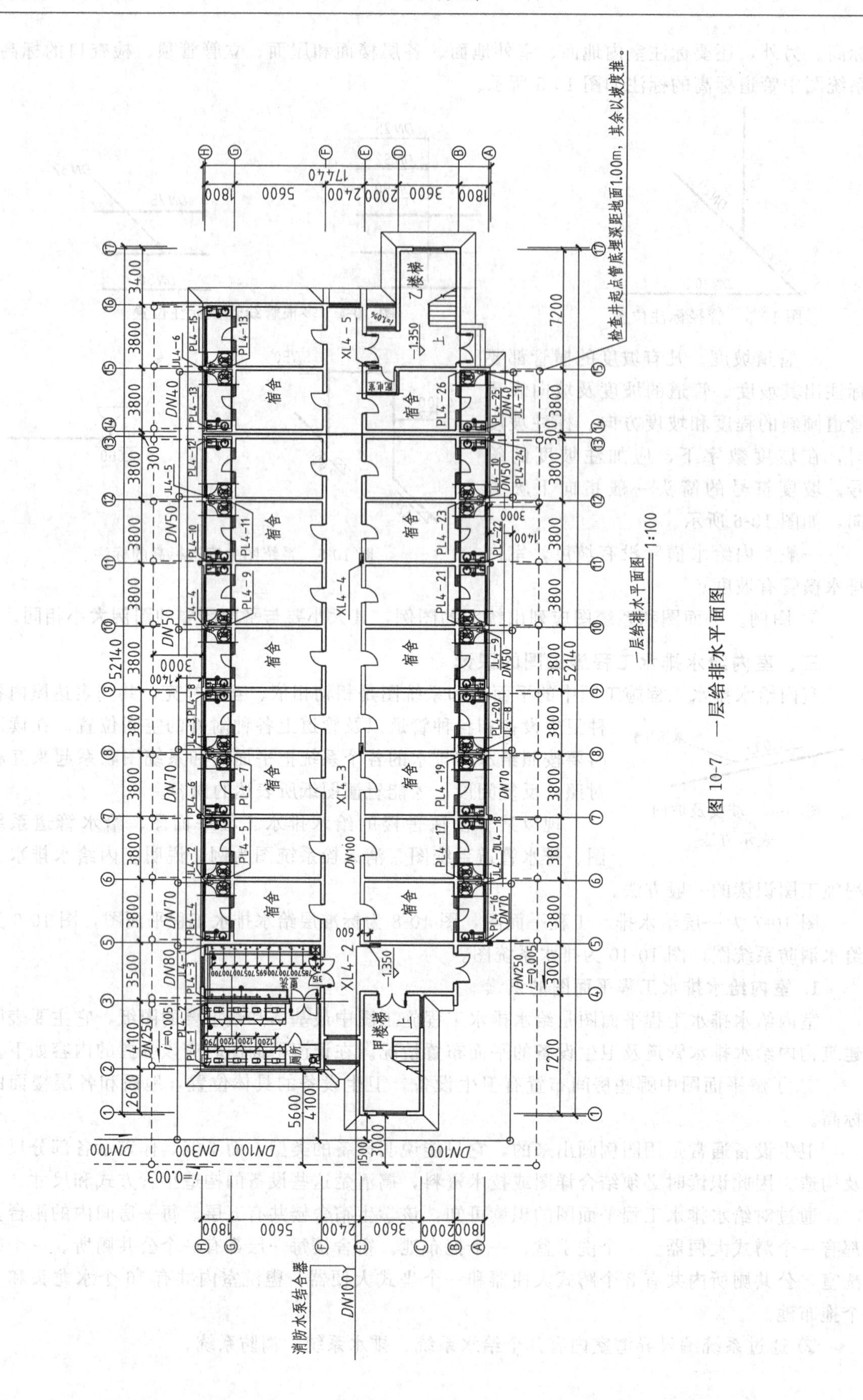

图 10-7 一层给排水平面图

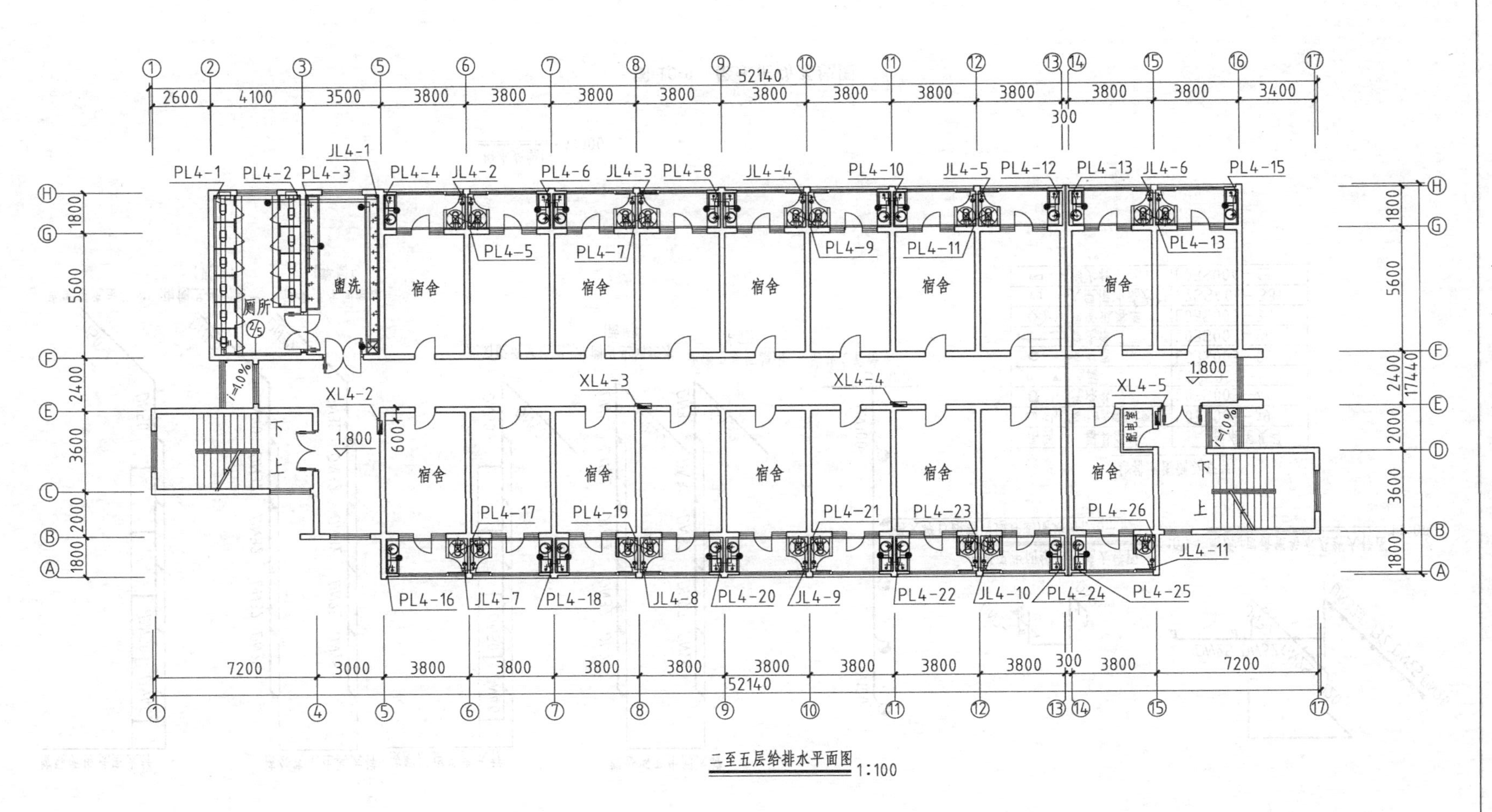

图 10-8　二至五层给排水平面图

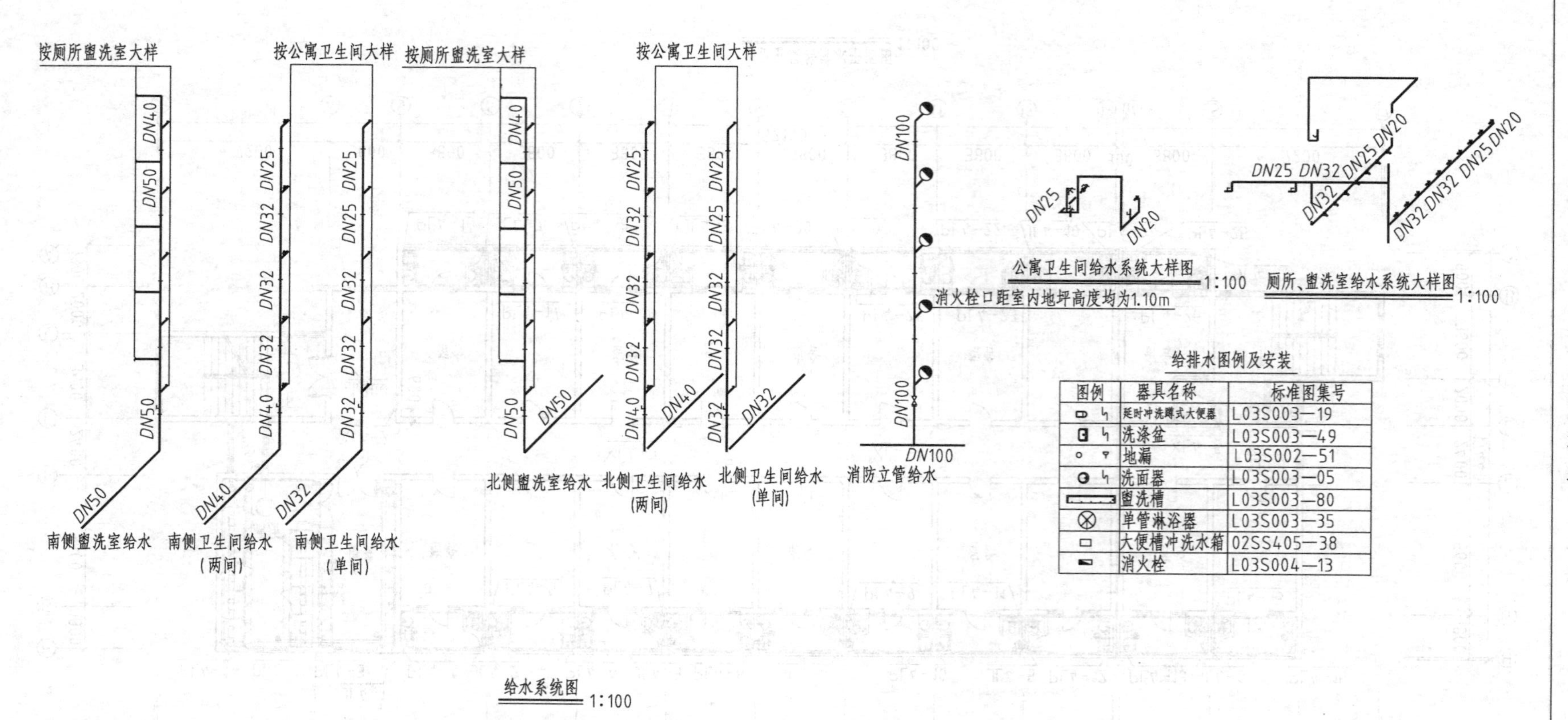

图例	器具名称	标准图集号
	延时冲洗蹲式大便器	L03S003—19
	洗涤盆	L03S003—49
	地漏	L03S002—51
	洗面器	L03S003—05
	盥洗槽	L03S003—80
	单管淋浴器	L03S003—35
	大便槽冲洗水箱	02SS405—38
	消火栓	L03S004—13

图 10-9 给水消防系统图

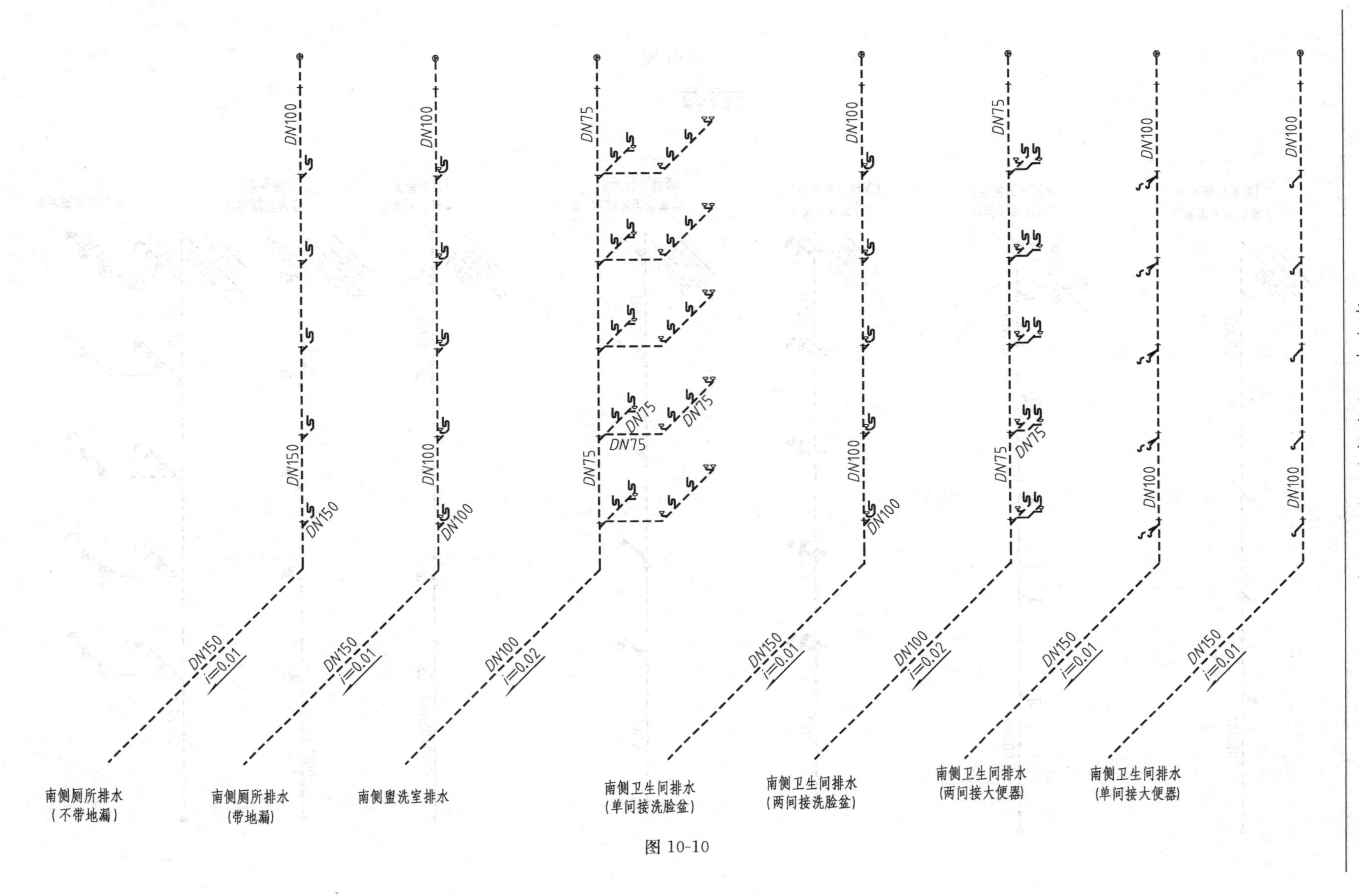
南侧厕所排水
（不带地漏）
南侧厕所排水
（带地漏）
南侧盥洗室排水
南侧卫生间排水
（单间接洗脸盆）
南侧卫生间排水
（两间接洗脸盆）
南侧卫生间排水
（两间接大便器）
南侧卫生间排水
（单间接大便器）

图 10-10

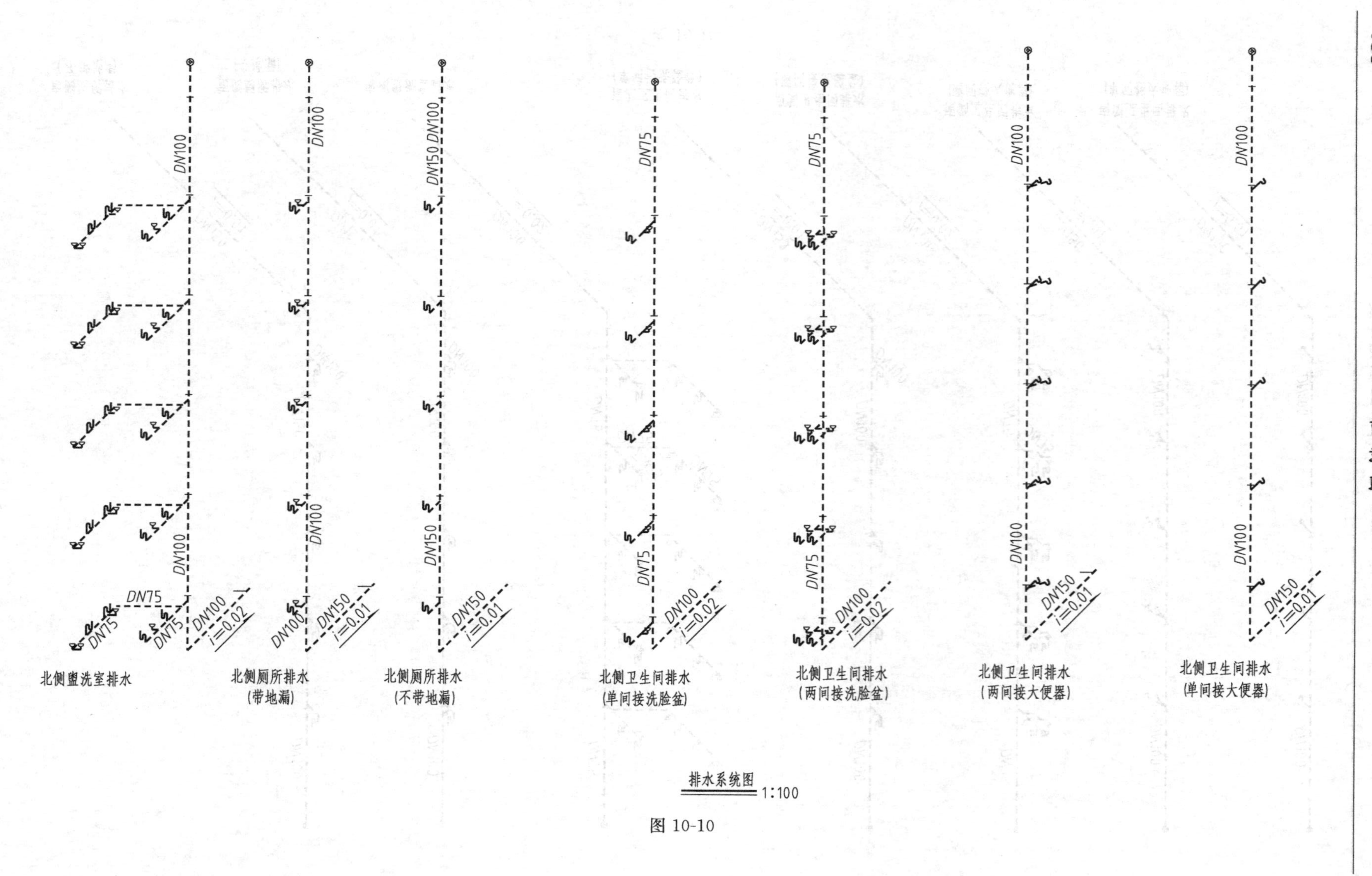

排水系统图 1:100

图 10-10

设计说明

1. 本图标高以米计，其余尺寸以毫米计。
2. 本建筑污水均为一般性质生活污水，均直接排入化粪池，处理后排入市政污水管。
3. 所有排水横管除标注外均依管径按标准坡度敷设。

管径	$DN50$	$DN75$	$DN100$	$DN150$
标准坡度	0.035	0.025	0.020	0.010

4. 生活水系统所需水压 $H=32$m，流量 $Q=800$m^3/d（最高日）。
5. 给水管道采用 PPR 管，出户管覆土厚度为 700mm，室外部分采用 PE 管。
6. 排水管室内部分采用建筑排水用 PVC 管，出户管覆土厚度为 700mm，室外部分采用缸瓦管。
7. 管道保温采用岩棉保温材料外缠玻璃丝布，具体做法见（L03S001-135～130）。
8. 防腐及试压做法见《山东省给排水标准图集》。
9. 未尽事宜参照《山东省给排水标准图集》及《采暖与卫生工程施工及验收规范》执行。
10. 未尽事宜详见 L03S001～004 及有关规定。

消防部分

1. 室内消防系统消防水量为 15L/s，所需水压 $H=36$m。
2. 系统消火栓箱内配备 $D65$mm、$L=25$m 水龙带一条，$D65\times19$mm 水枪一支。
3. 在每个消火栓下设置 2 个 5A 级 3kg 手提式磷酸铵盐干粉灭火器。
4. 在院内的市政给水管上设一个 SS16 型地上式消火栓，距离消防水泵接合器不超过 40m。

图 10-10　排水系统图

③ 弄清楚给水引入管、污水排出管、消防系统进水管的平面位置、走向、定位尺寸、管径、坡度、与室外给水排水管网的连接形式、管径等。

给水引入管通常自用水量最大或不允许间断供水的地方引入，这样可使大口径管道最短、供水可靠。给水引入管上一般都装设阀门，阀门如果设在室外阀门井内，在平面图上就能完整地表示出来，这时要查明阀门的型号及距建筑物的距离。

污水排出管与室外排水总管的连接是通过检查井来实现的，要了解排水管的长度，即外墙至检查井之间的距离。

本例中给水管道用粗实线表示，排水管道用粗虚线表示。消防管道采用粗点画线表示。

④ 查明室内给水和排水管道的干管、立管、支管的平面位置与走向、管径尺寸及立管编号。

⑤ 在给水管道上设置水表时，必须查明水表的型号、安装位置以及水表前后阀门的设置情况。

2. 室内给水排水工程系统图的识读

室内给水排水工程系统图主要表明管道系统的空间走向，识读时应按给水系统、排水系统、消防系统分别识读，在同系统中应按系统编号依次识读。

(1) 给水系统　查明给水管道系统的具体走向，干管的敷设形式，管径尺寸及其变化情况，阀门的设置，引入管、干管、支管的标高等。

识读室内给水系统时应根据给水管道系统的编号，从给水引入管开始按照水的流向，顺序进行，即从给水引入管经水表节点、水平干管、立管、横支管直至用水设备。

(2) 排水系统　查明排水管道系统的具体走向，管路分支情况、管径尺寸与横管坡度，管路标高、存水弯形式、清通设备等的设置情况等。

识读室内排水系统是根据排水管道系统的编号，从卫生器具开始按照水的流向，顺序进行，即从卫生器具开始经存水弯、水平横支管、立管、排出管直至检查井。

在施工图中，对于某些常见的管道器材、设备等细部的位置、尺寸和构造要求，往往是不加说明的，而是遵循专业设计规范、施工操作规程等标准进行施工，读图时欲了解其详细做法，需参照有关标准图和安装详图。

四、室内给水排水工程详图

以上所介绍的室内给水排水管道工程平面图、系统图中，都只是显示了管道系统的布置情况，至于用水设备的安装、管道连接等尚需绘制能用于施工的安装详图。

详图要求详尽、具体、明确、视图完整、尺寸齐全、材料规格注写清楚，并附必要说明。

室内给水排水工程中的主要设备是卫生器具。一般常用的卫生器具及设备安装详图，可直接套用给水排水国家标准图集或有关详图图集，不需自行绘制。选用标准图时只需在图例或说明中注明所采用图集编号即可。现对洗脸盆和大便器作简单的介绍，其余卫生器具的安装详图可查阅《给水排水标准图集》S342。

1. 洗脸盆

洗脸盆大多用上釉陶瓷制成，形状有长方形、半圆形及三角形等。按架设方式分为墙架式和柱脚式两种。按安装形式分为单独安装和成组安装，成组安装的洗脸盆不得超过 6 个，其中心距一般为 700mm。

给水管可以明装或暗装，水龙头一般安装在盆体上，但也有的安装在盆体的上空，此时水龙头标高应距地面 1.0m。

洗脸盆的安装高度为0.8m，单独安装时洗脸盆的排水管管径为32mm，成组安装时洗脸盆的排水管管径为50mm，存水弯可采用S式或P式，成组安装的排水管上统一使用的存水弯必须带清扫口。

图10-11是单独安装的墙架式洗脸盆的安装详图。洗脸盆的安装高度为0.8m。

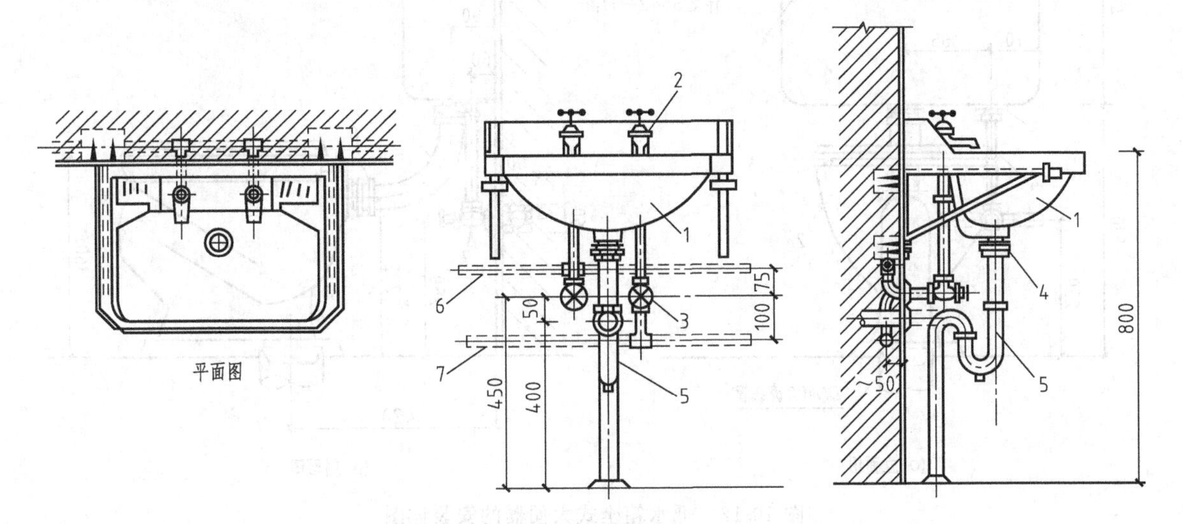

图10-11　墙架式洗脸盆的安装详图

1—洗脸盆；2—*DN*15水龙头；3—*DN*15角阀；4—*DN*32排水拴；5—*DN*32存水弯；6—热水管；7—冷水管

2. 大便器

大便器有坐式和蹲式两种。坐式大便器的本身包括存水弯，按存水弯所在的位置和形式，可分为里S式、外S式、高P式和低P式坐式大便器。坐式大便器的冲洗设备主要是低位水箱，有的也用高位水箱和闭式冲洗阀。此外，还有一种带水箱的坐式大便器，即坐箱式大便器，水箱与大便器连为一体。

蹲式大便器本身不带存水弯，安装时需另设存水弯。存水弯有S式和P式两种，P式存水弯常用于楼层，以缩短横管的吊装高度。蹲式大便器的冲洗设备常用的是高位水箱，但也有设低位水箱的。图10-12是低水箱坐式大便器安装详图。

五、室内给水排水工程施工图的画法

(1) 平面图的画法

① 画出房屋的平面图和用水设备的平面图（方法见建筑平面图的画法）；

② 画出给水管道的立管；

③ 画出给水管道的引入管，再按水流方向画出横支管和管道附件，并连接到用水设备；

④ 画出排水管道的立管；

⑤ 画出排水管道的排入管，再按水流的逆向画出排水管道的横支管和管道附件，并连接到用水设备；

⑥ 标注尺寸和标高。

(2) 管道系统图的画法

① 画出立管；

② 画出立管所穿过的地面、楼面和屋面的断面；

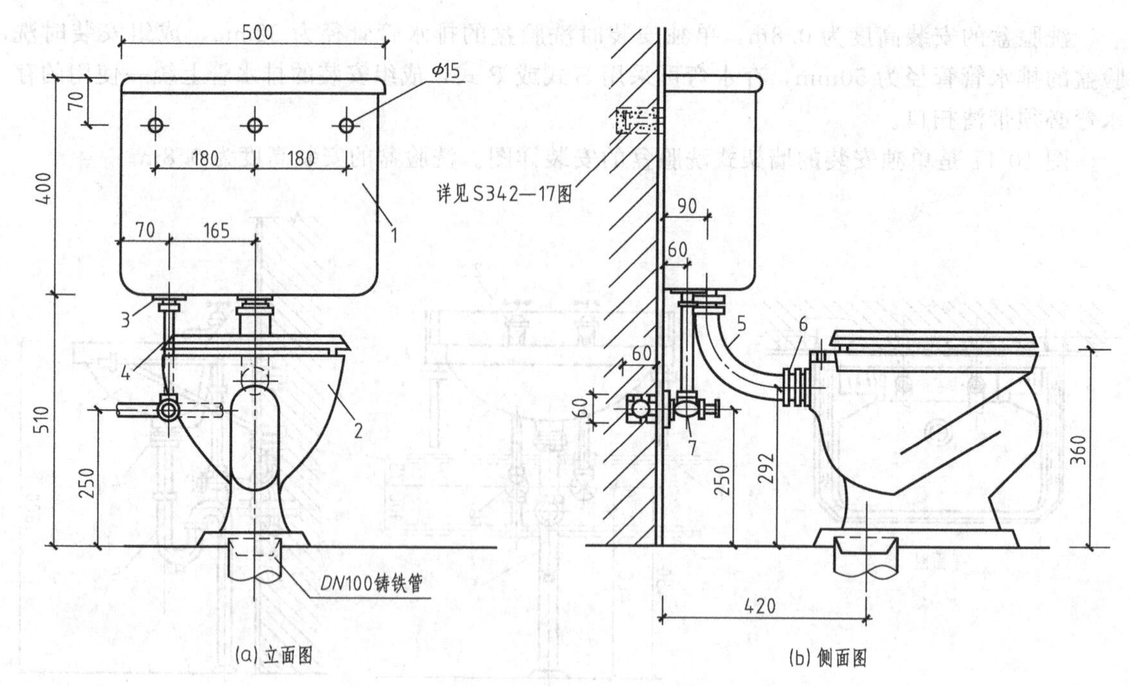

图 10-12　低水箱坐式大便器的安装详图

1—5 号低位水箱；2—3 号坐式大便器；3—*DN*15 浮球阀配件；4—*DN*15 进水管；
5—*DN*50 冲洗管及配件；6—*DN*50 锁紧螺母；7—*DN*15 角阀

③ 画出横管；

④ 画出管道上的附件；

⑤ 注写各管段的公称直径、标高、坡度等。

第二节　室外给水排水管道工程施工图

室外给水排水管道工程施工图主要表示室外管道的平面及高程的布置情况。

室外给水排水管道工程施工图表示的范围比较广，可表示一幢建筑物外部的给水排水工程，也可表示一个厂区（建筑小区）或一个城市的给水排水工程。其内容包括：给水排水管道工程平面图、纵断面图和有关的安装详图。

一、室外给水排水管道工程平面图的图示内容和图示方法

1. 图示内容

室外给水排水管道工程平面图是以建筑总平面的主要内容为基础，表明城区或厂区、街坊内的给水排水管道平面布置情况的图纸，一般包括以下内容。

（1）室外给水排水管道工程平面图中所包含的建筑总平面图的内容　建筑总平面图应表明城区的地形情况，建筑物、道路、绿化等的平面布置及标高情况等。

（2）室外给水排水管道工程平面图中的管道及其附属设施

① 室外给水排水管道工程平面图表明给水排水管道的平面布置、管径、管道长度、坡度、水流流向等。

② 在室外给水管道上要表示阀门井、消火栓等的平面布置位置及数量；在室外排水管道上要表明检查井、雨水口、污水出水口等附属构筑物的平面布置位置及数量。一般都用图

例表示。

2. 图示方法

(1) 建筑总平面图中建筑物的外轮廓线用中实线画，其余的地物、地貌、道路等均用细实线画。

(2) 一般情况下，在室外给水排水管道工程平面图上，给水管道用粗实线表示，排水管道用粗虚线表示，雨水管道用粗点画线表示。也可用管道代号（汉语拼音字母）表示，给水管道“J”、污水管道“W”、“P”、雨水管道“Y”等。

(3) 室外给水排水管道工程平面图上的管道（指单线）即是管道的中心线，管道在平面图上的定位即是指到管道中心的距离。

(4) 标注尺寸

① 标高：室外给水排水管道工程平面图中标注的标高一般为绝对标高，并精确到小数点后两位。

② 室外给水管道在平面图上应标注管道的直径、长度和管道节点编号。管道节点编号的顺序是从干管到支管再到用户。

③ 室外排水管道在平面图上应标注检查井的编号（或桩号）及管道的直径、长度、坡度、水流流向和与检查井相连的各管道的管内底标高。排水检查井的编号顺序是从上游到下游，先支管后干管。检查井的桩号指检查井至排水管道某一起点的水平距离，它表示检查井之间的距离和室外排水管道的长度。工程上排水检查井桩号的表示方式为×＋×××.××。“＋”前的数字代表公里数，“＋”后的数字为米数（至小数点后两位数），如“1＋200.00”表示检查井到管道某起点的距离为1公里200米处。

与某一检查井相连的各管道管内底标高标注及排水管管径、坡度、检查井桩号的标注如图10-13所示。

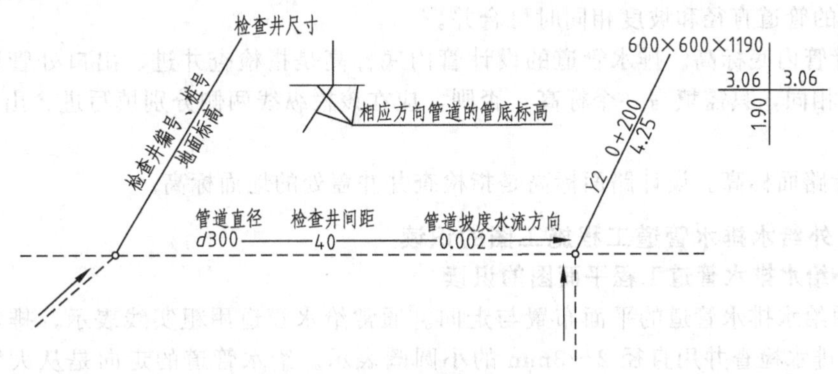

图10-13　排水管道、检查井标注

④ 室外给水排水管道工程平面图上应注明各类管道的坐标或定位尺寸。

a. 用坐标时，标注管道的转弯点（井）等处坐标，构筑物标注中心或两对角处坐标；

b. 用控制尺寸时，以建筑物外墙或轴线或道路中心线为定位尺寸基线。

二、室外给水排水管道纵断面图的图示内容和图示方法

1. 图示内容

由于地下管道种类繁多，布置复杂，因此在工程中要按管道的种类分别绘制每一条街道的管道平面图和纵断面图，以显示路面的起伏、管道的埋深、坡度、管道交接等情况。

管道纵断面图是沿管道长度方向、经过管道的轴线铅垂剖开后的断面图，由图样和资料

两部分组成。

2. 图示方法

(1) 图样部分

① 给水管道由于是压力管道，标注的是管中心标高，因此在纵断面图上给水管道用单线表示管道轴线的位置；而排水管线是重力流，要标注管内底标高，因此在纵断面图上排水管线绘制双线以表示排水管道直径、管内底标高及检查井内上下游水位连接的方式。

② 接入检查井的排水支管，按管径及其管内底标高画出其横断面并标注其管内底标高。

③ 图样中水平方向表示管道的长度，垂直方向表示管道的直径。由于管道长度方向比直径方向大得多，因此绘制纵断面图时，纵横向可采用不同的比例。横向比例，城市（或居住区）为1∶5000或1∶1000、街道庭院为1∶1000或1∶2000；纵向比例为1∶100或1∶200。

④ 图样中原有的地面线用不规则的细实线表示，设计地面线用比较规则的中粗实线表示，管道用粗实线表示。

⑤ 在排水管道纵断面图中，应画出检查井。一般用两根竖线表示检查井，竖线上连地面，下接管顶。给水管道中的阀门井不必画出。

⑥ 与管道交叉的其他管道，按管径、管内底标高以及与其相近检查井的平面距离画出其横断面，注写出管道类型、管内底标高和平面距离。

(2) 资料部分 管道纵断面图的资料标在图样的下方，并与图样对应，如图10-14所示。具体内容包括：

① 编号。在编号栏内，对于排水管道，对正图形部分的检查井位置填写检查井编号或桩号；对于给水管道，对正图形部分的节点位置填写节点编号。

② 平面距离。相邻检查井或节点的中心距离。

③ 管径及坡度。填写排水两检查井或给水两节点之间的管径和坡度，当若干个检查井或节点之间的管道直径和坡度相同时可合并。

④ 设计管内底标高。排水管道的设计管内底标高是指检查井进、出口处管道的内底标高。如两者相同，只需填写一个标高；否则，应在该栏纵线两侧分别填写进、出口处管道的内底标高。

⑤ 设计路面标高。设计路面标高是指检查井井盖处的地面标高。

三、室外给水排水管道工程施工图的识读

1. 室外给水排水管道工程平面图的识读

① 查明给水排水管道的平面布置与走向。通常给水管道用粗实线表示，排水管道用粗虚线表示，排水检查井用直径2～3mm的小圆圈表示。给水管道的走向是从大管径到小管径通向建筑物的；排水管道的走向则是从建筑物出来到检查井，各检查井之间从高标高到低标高，管径从小到大。

② 室外给水管道要查明调节构筑物及消火栓、管道节点、阀门井的具体位置。当管道上有泵站、水塔以及其他调节构筑物时，要查明这些构筑物的位置，管道进出的方向。

③ 室外排水管道识读时，要特别注意检查井进出管的标高。当没有标注标高时，可用坡度计算出管道的相对标高。当排水管道有局部污水处理构筑物时，还要查明这些构筑物的位置，进、出管的管径、距离、坡度等，必要时应查看有关的详图，进一步搞清构筑物的构造以及构筑物上的配管情况。

④ 要了解给水排水管道的埋深及管径。管道标高标注的一般是绝对标高，识读时要搞清地面的自然标高，以便计算管道的埋设深度。

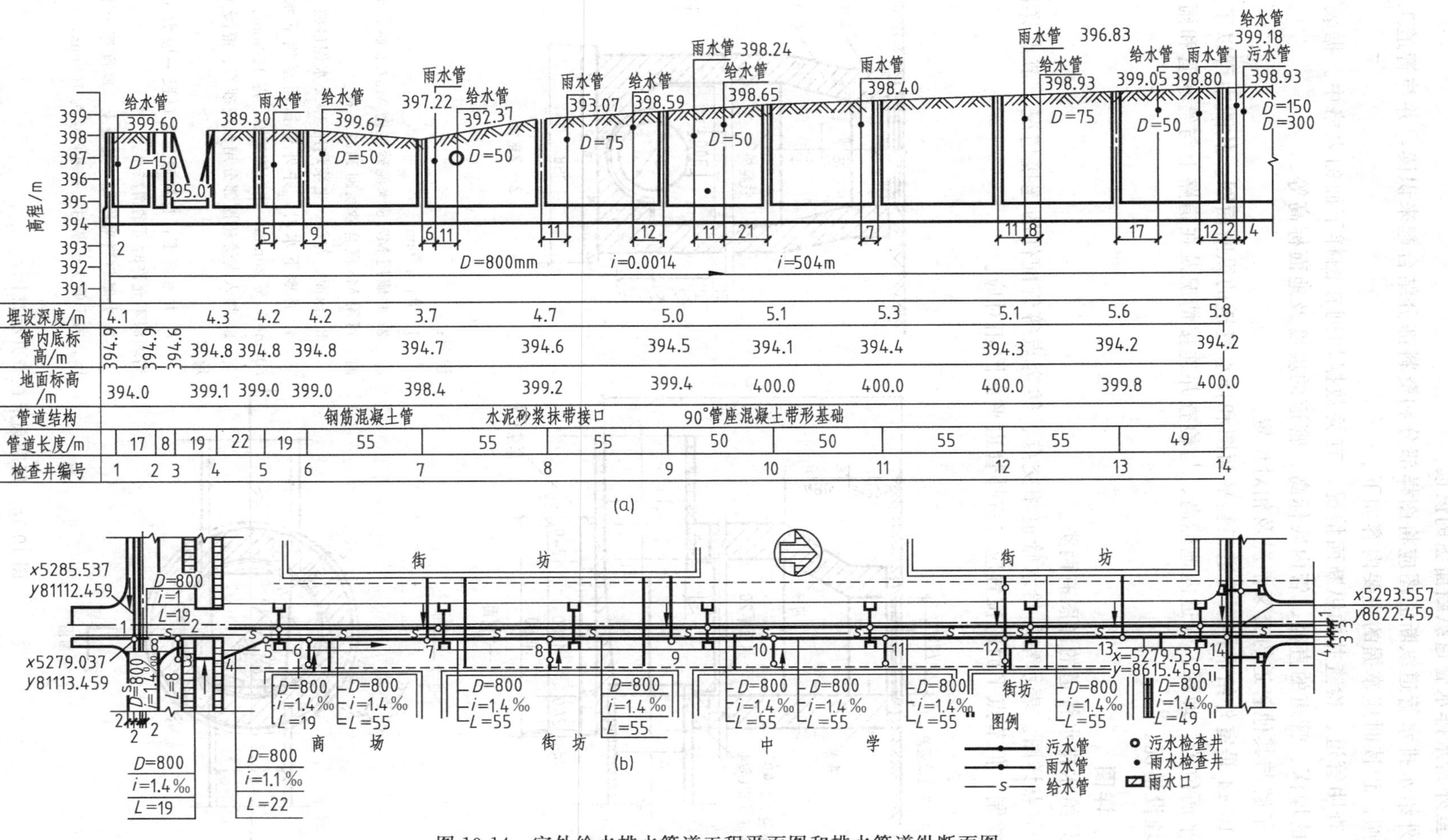

图 10-14　室外给水排水管道工程平面图和排水管道纵断面图

2. 室外给水排水管道纵断面图的识读

室外给水排水管道纵断面图应将图样部分和资料部分结合起来识读，并与管道工程平面图相对照。识读时应掌握的主要内容如下。

① 查明管道、检查井的纵断面情况。有关数据均列在图样下面的表格中。据表格可查明管道的埋深、管道的直径、管内底标高、管道的坡度及地面标高等。

② 了解与其他管道的交叉情况及相对位置。

图 10-14 是室外给水排水管道工程平面图和排水管道的纵断面图。从图中可以了解该排水管道平面位置、埋深、管道内地标高、与检查井连接情况及在道路上与给水管和雨水管交叉时的埋设情况。

四、详图

室外给水排水管道的详图有两类。

① 节点详图。表示室外给水管道相交点、转弯点等管配件的连接情况。节点详图可不按比例绘制，但节点平面的位置应与室外管道平面图相对应。

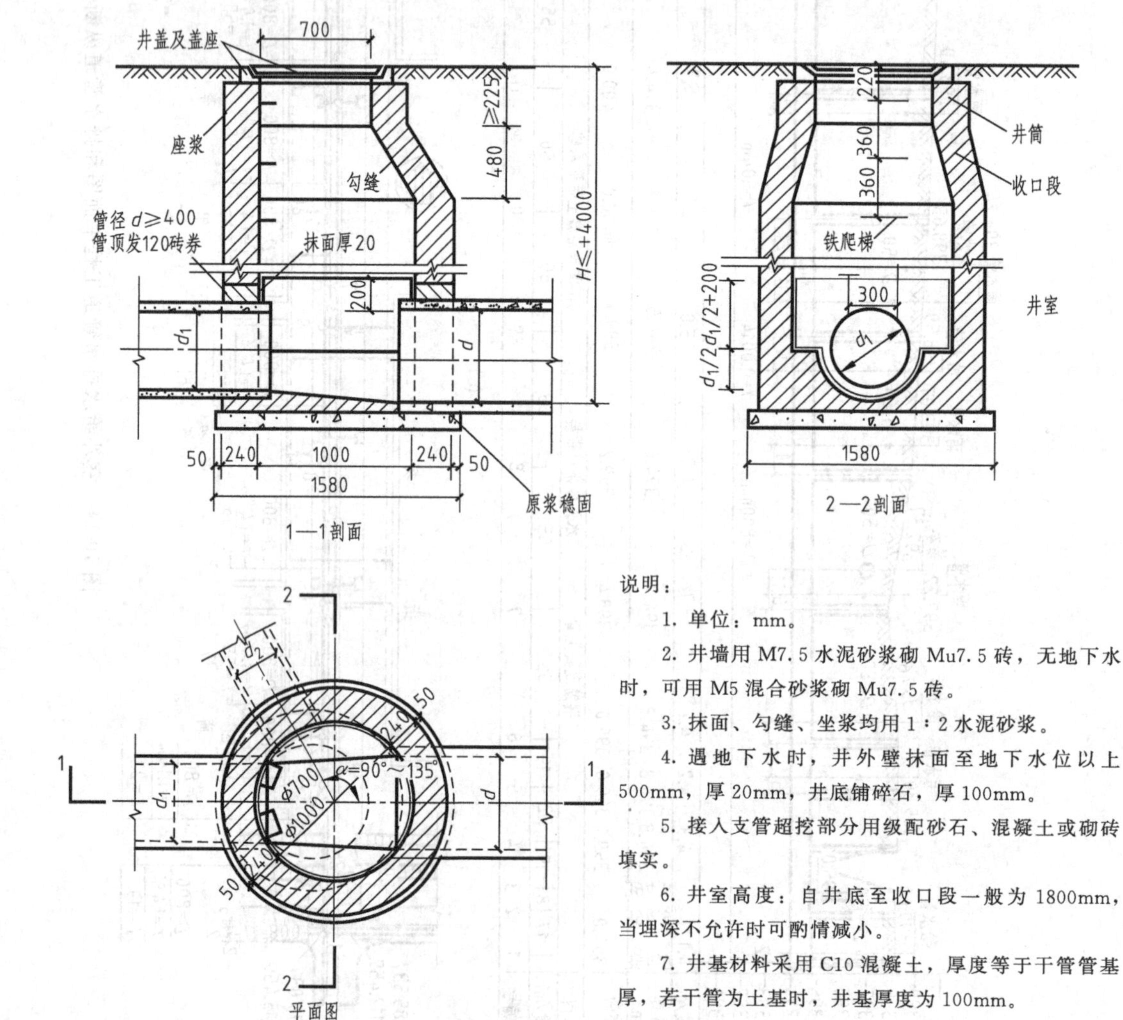

说明：

1. 单位：mm。

2. 井墙用 M7.5 水泥砂浆砌 Mu7.5 砖，无地下水时，可用 M5 混合砂浆砌 Mu7.5 砖。

3. 抹面、勾缝、坐浆均用 1∶2 水泥砂浆。

4. 遇地下水时，井外壁抹面至地下水位以上 500mm，厚 20mm，井底铺碎石，厚 100mm。

5. 接入支管超挖部分用级配砂石、混凝土或砌砖填实。

6. 井室高度：自井底至收口段一般为 1800mm，当埋深不允许时可酌情减小。

7. 井基材料采用 C10 混凝土，厚度等于干管管基厚，若干管为土基时，井基厚度为 100mm。

图 10-15 砖砌圆形检查井标准图

② 构筑物的构造详图，如阀门井、检查井、雨水口等附属构筑物的详图。有关构筑物的构造详图有统一的标准图，不需另绘。

现以排水管道上检查井标准图为例说明如何识读详图。

图10-15是井内径为1000mm的砖砌圆形检查井，适用于$d200$～$d600$管径的雨水管道。平面图中表示了检查井进水干管d_1、进水支管d_2、出水干管d的平面位置，检查井内径为1000mm，井盖采用的是直径700mm铸铁制品；1—1剖面图表示检查井基础直径1580mm，采用C10素混凝土，管上200mm以下用1：2水泥砂浆抹面，厚度为20mm；2—2剖面图主要反映了：井底流水槽为管径的1/2（即图中的$d_1/2$）；铁爬梯的宽度和高度；井筒高度不能小于225mm。

第十一章 采暖工程施工图

第一节 室内采暖工程施工图

室内采暖工程施工图是表示一幢建筑物采暖工程的图样，它主要包括室内采暖平面图、室内采暖系统轴测图和详图等。

一、室内采暖工程施工图的图示特点

室内采暖工程施工图的图示特点与室内给水排水工程施工图的图示特点类似，这里不再详述。室内采暖工程施工图常用图例见表 11-1。

表 11-1 室内采暖工程施工图常用图例

序号	名称	图例	序号	名称	图例
1	热水(蒸汽)干管		13	活接头	
2	回水(冷凝水)干管		14	法兰	
3	保温管		15	丝堵	
4	保护套管		16	可曲挠橡胶软接头	
5	固定支架		17	截止阀(通用)	
6	介质流向	或	18	闸阀	
7	矩形补偿器		19	蝶阀	
8	套管补偿器		20	膨胀阀	或
9	波纹管补偿器		21	旋塞	
10	弧形补偿器		22	止回阀	
11	球形补偿器		23	减压阀	或
12	变径管、异径管		24	安全阀	

续表

序号	名称	图例	序号	名称	图例
25	疏水阀		30	散热器	15　15
26	集气罐、排气装置				
27	自动排气阀		31	水泵	
28	除污器（过滤器）		32	离心风机	
29	节流孔板、减压孔板		33	轴流风机	

二、室内采暖工程施工图的图示内容和图示方法

1. 室内采暖工程平面图

(1) 图示内容　室内采暖工程平面图主要表示采暖管道、附件及散热设备在建筑平面上的布置情况及其之间的相互关系，是施工图中的主要图样，包括底层采暖平面图、楼层采暖平面图、顶层采暖平面图。其主要内容包括：

① 散热器的平面位置、规格、数量及安装方式（明装或暗装）。

② 采暖管道系统中的干管、立管、支管的平面位置、走向，立管编号和管道的安装方式（明装或暗装）。

③ 采暖干管上的阀门、固定支架、补偿器等构配件的平面位置。

④ 在采暖系统上有关设备如膨胀水箱、集气罐（热水采暖）、疏水器（蒸汽采暖）的平面位置、规格、型号以及这些设备与连接管道的平面布置。

⑤ 热介质入口及入口地沟的情况。同时平面图上还要标明热介质来源、流向及与室外热网的连接情况。

⑥ 在平面图上还要表明管道与设备安装预留洞、预埋件、管沟等方面对土建施工的要求等。

(2) 图示方法

① 室内采暖工程平面图的比例。室内采暖工程平面图的比例一般采用与建筑平面图相同的比例，常用 1：100，必要时也可采用 1：50、1：200 等。

② 室内采暖系统的编号。一项建筑工程中同时有供暖、通风等两个及两个以上的不同系统时，应进行系统编号。系统的编号如图 11-1（a）所示，当一个系统出现分支时，可采

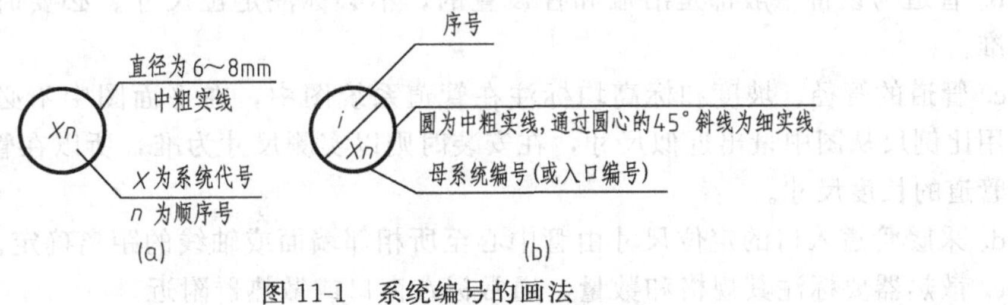

图 11-1　系统编号的画法

用图 11-1（b）的形式编号。系统代号由大写拉丁字母表示（系统代号见表 11-2），顺序号由阿拉伯数字表示。系统编号宜标注在系统总管处。

表 11-2 系统代号

序号	字母代号	系统名称	序号	字母代号	系统名称
1	N	(室内)采暖系统	9	X	新风系统
2	L	制冷系统	10	H	回风系统
3	R	热力系统	11	P	排风系统
4	K	空调系统	12	JS	加压送风系统
5	T	通风系统	13	PY	排烟系统
6	J	净化系统	14	P{Y}	排风兼排烟系统
7	C	除尘系统	15	RS	人防送风系统
8	S	送风系统	16	RP	人防排风系统

竖向布置的垂直管道系统，应标注立管的编号，如图 11-2（a）所示。在不致引起误解时，可只标注序号，如图 11-2（b）所示，但应与建筑图的定位轴线编号有明显区别。

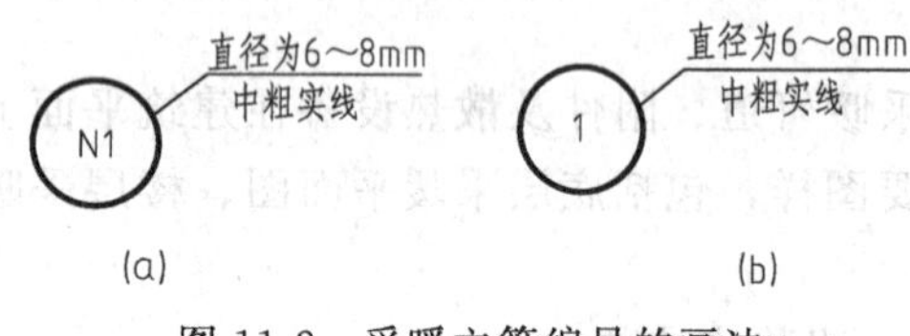

图 11-2 采暖立管编号的画法

③ 室内采暖工程平面图的数量。多层建筑的采暖工程平面图原则上应分层绘制。对于管道系统及散热设备布置相同的楼层平面可以绘制一个平面图——标准层采暖工程平面图，但底层和顶层平面图必须单独画出。

④ 室内采暖工程平面图中的房屋平面图。在室内采暖工程平面图中的房屋平面图，仅作为管道及散热设备等平面布置和定位的基准，因此仅需画出房屋的墙、柱、门窗、楼梯、台阶等主要构配件，房屋的细部和门窗代号等均可省略，同时，房屋平面图的图线均用细实线绘制；底层平面图要画全轴线；楼层平面图可只画边界轴线。

⑤ 散热器。散热器等主要设备及部件都是工业产品，不必详细表示，可按规定图例画出。图线采用细线。

⑥ 室内采暖工程平面图。室内采暖工程平面图按正投影法绘制。各种采暖管道不论在楼层地面之上或之下，都不考虑其可见性问题，仍按管道的类型以规定线型和图例画出。管道系统一律用单线绘制。

平面图中采暖管道与散热器连接的图示方法见表 11-3。

⑦ 尺寸标注

a. 房屋的平面尺寸一般只需在底层平面图中注出定位轴线间的尺寸。另外需标注室外地面整平标高和各楼层地面标高。

b. 管道与设备一般都是沿墙和柱设置的，不必标注定位尺寸。必要时，以墙面和柱面为基准。

c. 管道的管径、坡度和标高均标注在管道系统图中，在平面图中不必标出。管道长度尺寸用比例尺从图中量出近似尺寸，在安装时则以实测尺寸为准，所以在管道平面图中也不标注管道的长度尺寸。

d. 采暖管道入口的定位尺寸由管中心至所相邻墙面或轴线的距离确定。

e. 散热器要标注其规格和数量，通常标在窗口或散热器附近。

表 11-3 管道与散热器连接的图示方法

系统类型	楼层	平面图	系统图
双管上分式	顶层	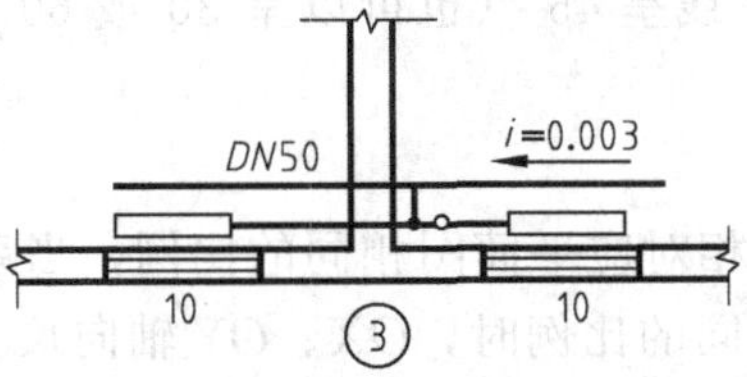 DN50 i=0.003 10 10 ③	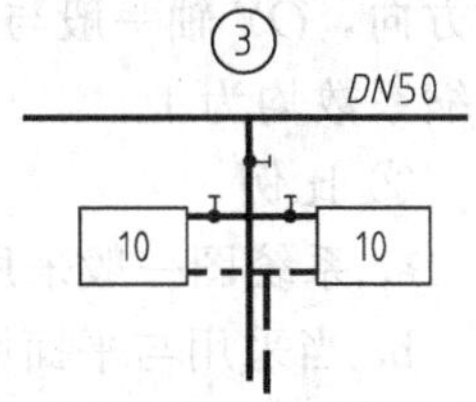 ③ DN50 10 10
	中间层	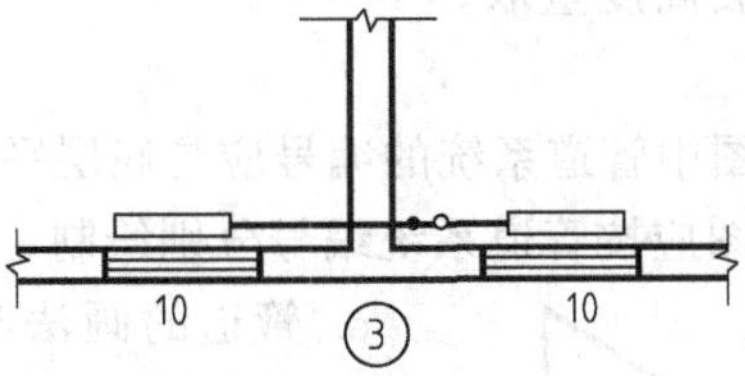 10 10 ③	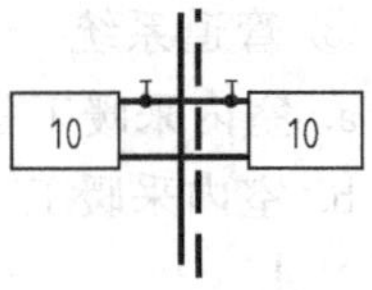 10 10
	底层	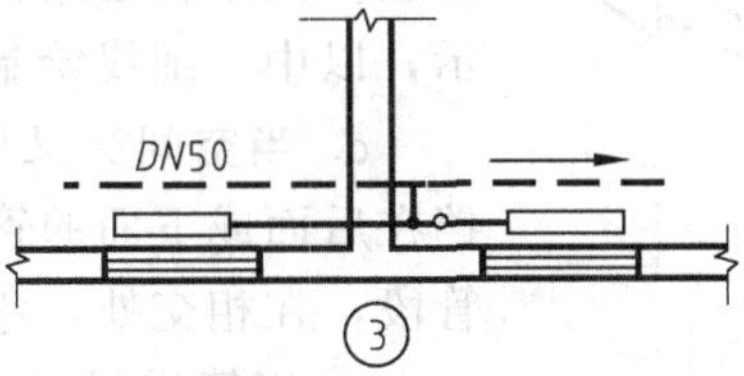 DN50 ③	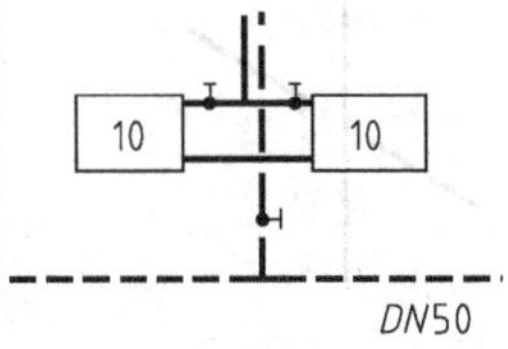 10 10 DN50
单管垂直式	顶层	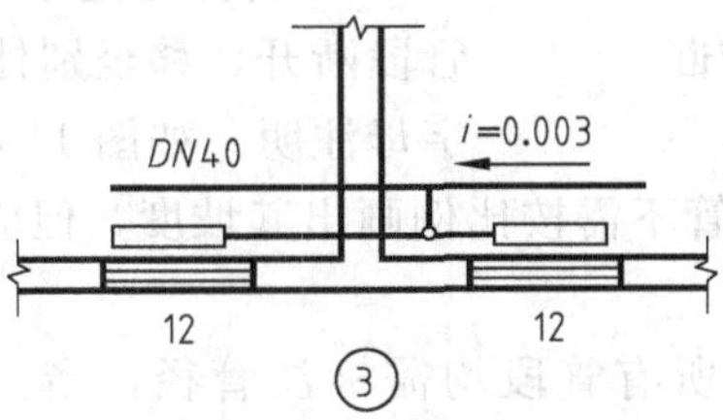 DN40 i=0.003 12 12 ③	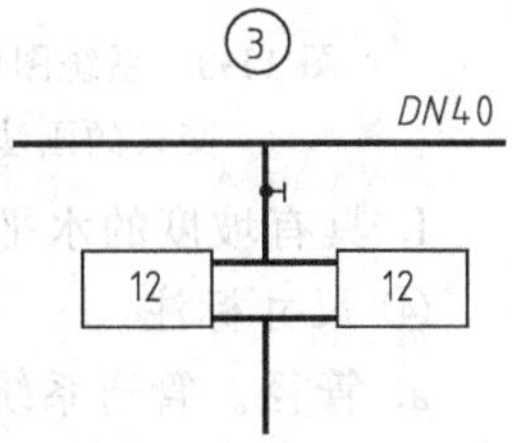 ③ DN40 12 12
	中间层	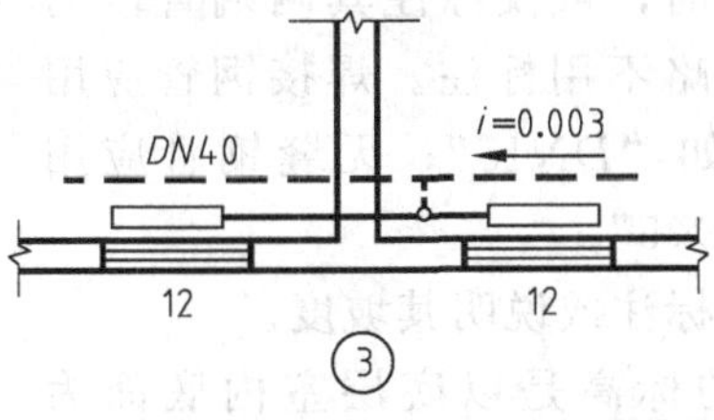 DN40 i=0.003 12 12 ③	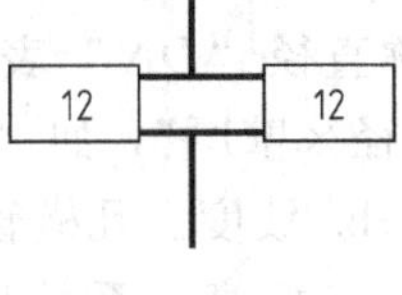 12 12
	底层	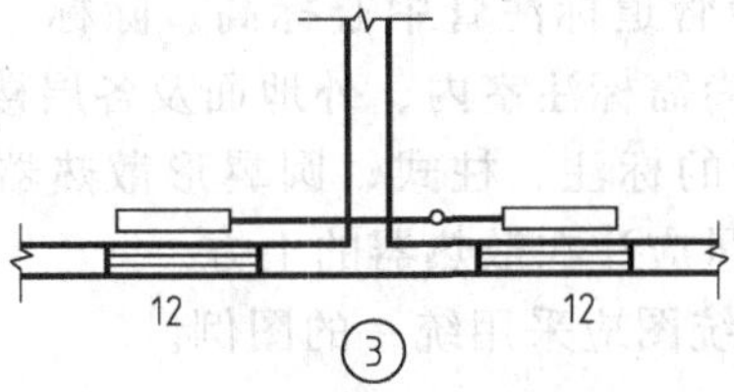 12 ③	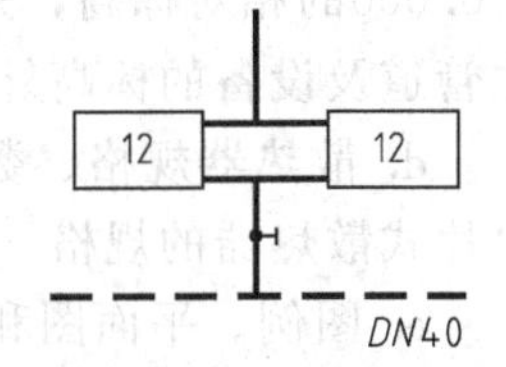 12 12 DN40

2. 室内采暖工程系统图

(1) 图示内容　室内采暖工程系统图是在平面图的基础上，根据各层采暖平面中管道与设备的平面位置和竖向标高，采用正面斜轴测法绘制出来的。它表明从热介质入口至出口的采暖管道、散热设备、主要附件的空间位置及相互关系。室内采暖工程系统图中注有管径、标高、坡度、立管编号、系统编号以及各种设备、部件在管道系统中的位置。把系统图与平面图对照起来可了解整个室内采暖系统的全貌。

（2）图示方法

① 轴向选择。室内采暖工程系统图一般采用45°正面斜轴测投影法绘制。*OX* 轴处于水平方向，*OY* 轴一般与水平线呈45°（也可以呈30°或60°），*OZ* 轴处于铅垂方向。三个轴向伸缩系数均为1。

② 比例

a. 系统图一般采用与相对应平面图相同的比例，当系统比较复杂时也可以放大比例。

b. 当采用与平面图相同的比例时，*OX*、*OY* 轴向尺寸可直接从平面图上量取，*OZ* 轴向的尺寸可依层高和设备安装高度量取。

③ 管道系统

a. 室内采暖工程系统图中管道系统的编号应与底层平面图中的系统索引符号的编号一致。

b. 室内采暖工程系统图应按管道系统编号分别绘制，这样可避免过多的管道重叠和交叉。

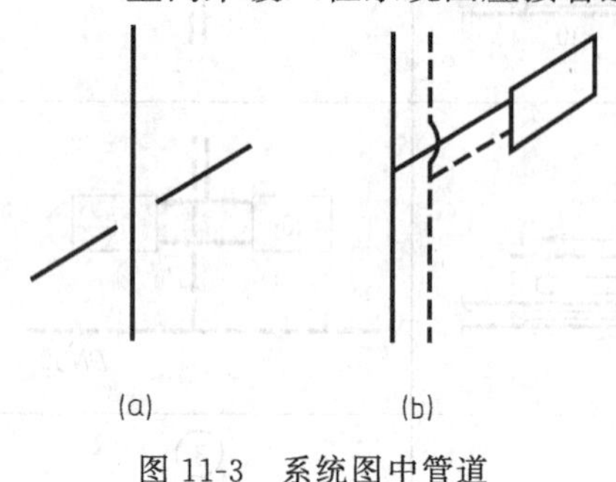

图11-3 系统图中管道交叉的画法

c. 管道的画法与平面图相同，供热管道用粗实线绘制；回水管道用粗虚线绘制；设备及部件均用图例表示，以中、细线绘制。

d. 当空间交叉管道在图中相交时，在相交处将被挡在后面或下面的管线断开；位于同一平面上的两交叉管段，在相交处，弯折回水管段，如图11-3所示。

e. 当管道过于集中，无法表达清楚时，可将某些管段断开，移至别处绘制，断开处宜用相同的小写拉丁字母注明，如图11-4所示。

f. 具有坡度的水平横管不需按比例画出其坡度，但应注明其坡度或另加说明。

④ 尺寸标注

a. 管径。管道系统中所有管段均需标注管径，当连续几段管段的管径相同时，可仅标注其两端管段的管径，中间管段管径可省略不用标注。焊接钢管应用公称直径“*DN*”表示，如“*DN*15”；无缝钢管应用“外径×壁厚”，如“*D*114×5”。

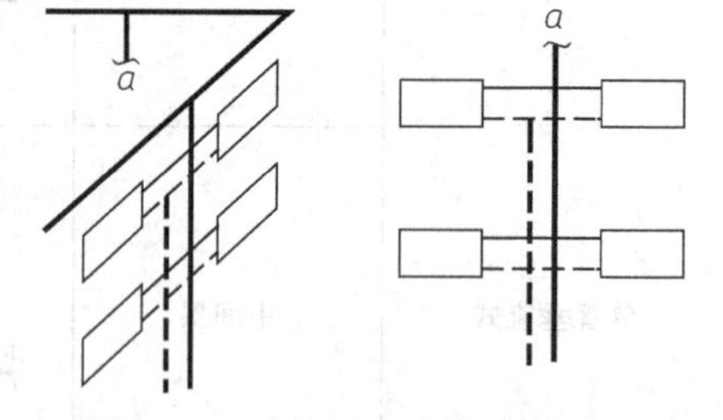

图11-4 系统图中重叠、密集处的引出画法

b. 坡度。凡横管均须标注或说明其坡度。

c. 标高。系统图中的标高是以底层室内底面为±0.000的相对标高，采暖管道标注管中心标高。除标注管道及设备的标高外，尚需标注室内、外地面及各层楼面的标高。

d. 散热器规格、数量的标注。柱式、圆翼形散热器的数量，注在散热器内。光管式、串片式散热器的规格、数量应注在散热器的上方。

e. 图例。平面图和系统图应采用统一的图例。

三、室内采暖工程施工图的识读

现以某学校宿舍楼的采暖工程平面图、采暖工程系统图为例，说明室内采暖工程施工图的识读方法。图11-5为一层采暖平面图，图11-6为标准层采暖平面图，图11-7为五层采暖平面图，图11-8为采暖系统图。

1. 室内采暖工程平面图的识读

① 通过采暖工程平面图了解建筑平面布置情况。

② 掌握散热器的布置情况。本例散热器全部在房间靠窗户的一侧靠墙布置。散热器的

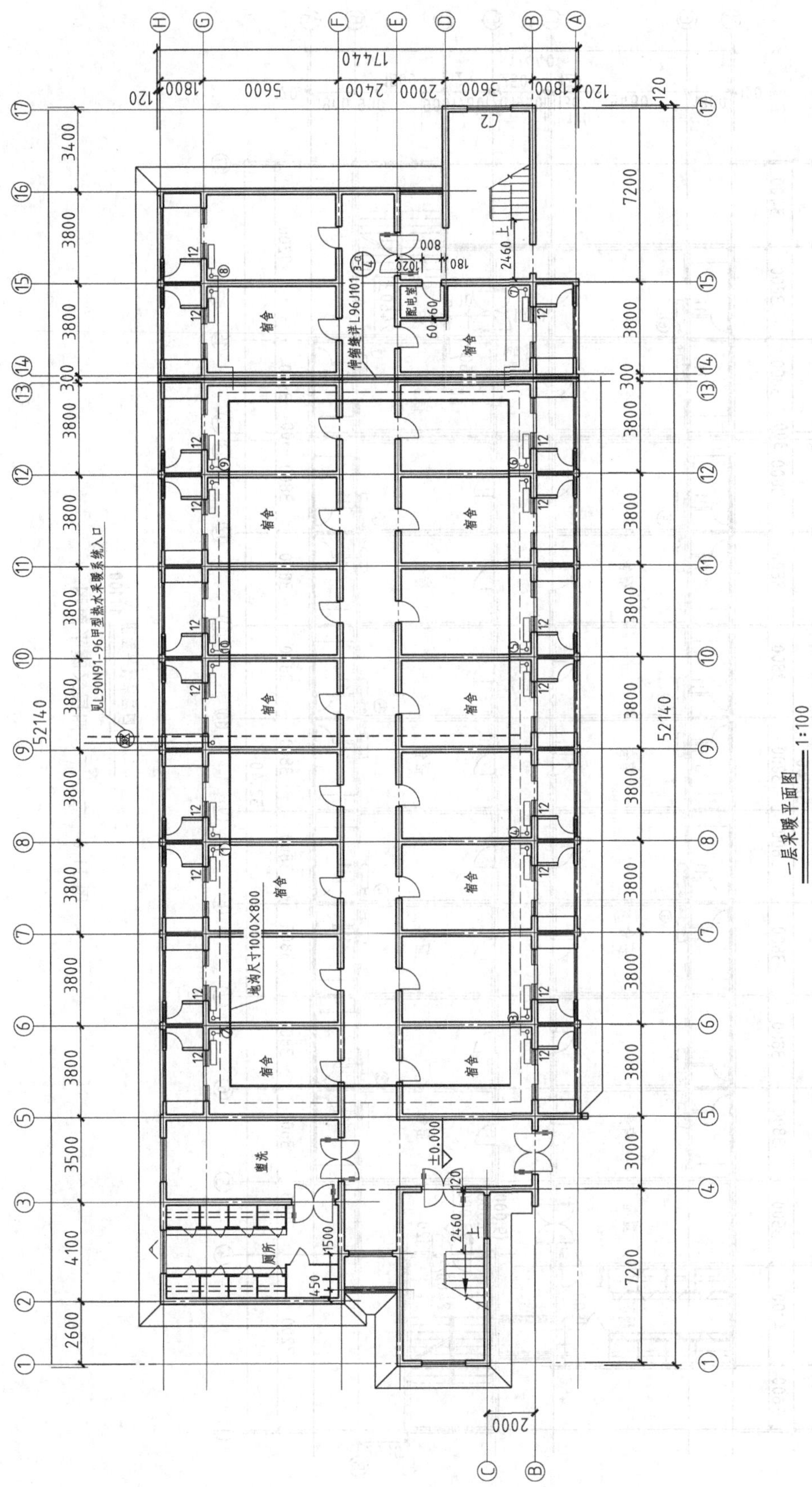

图 11-5　一层采暖平面图

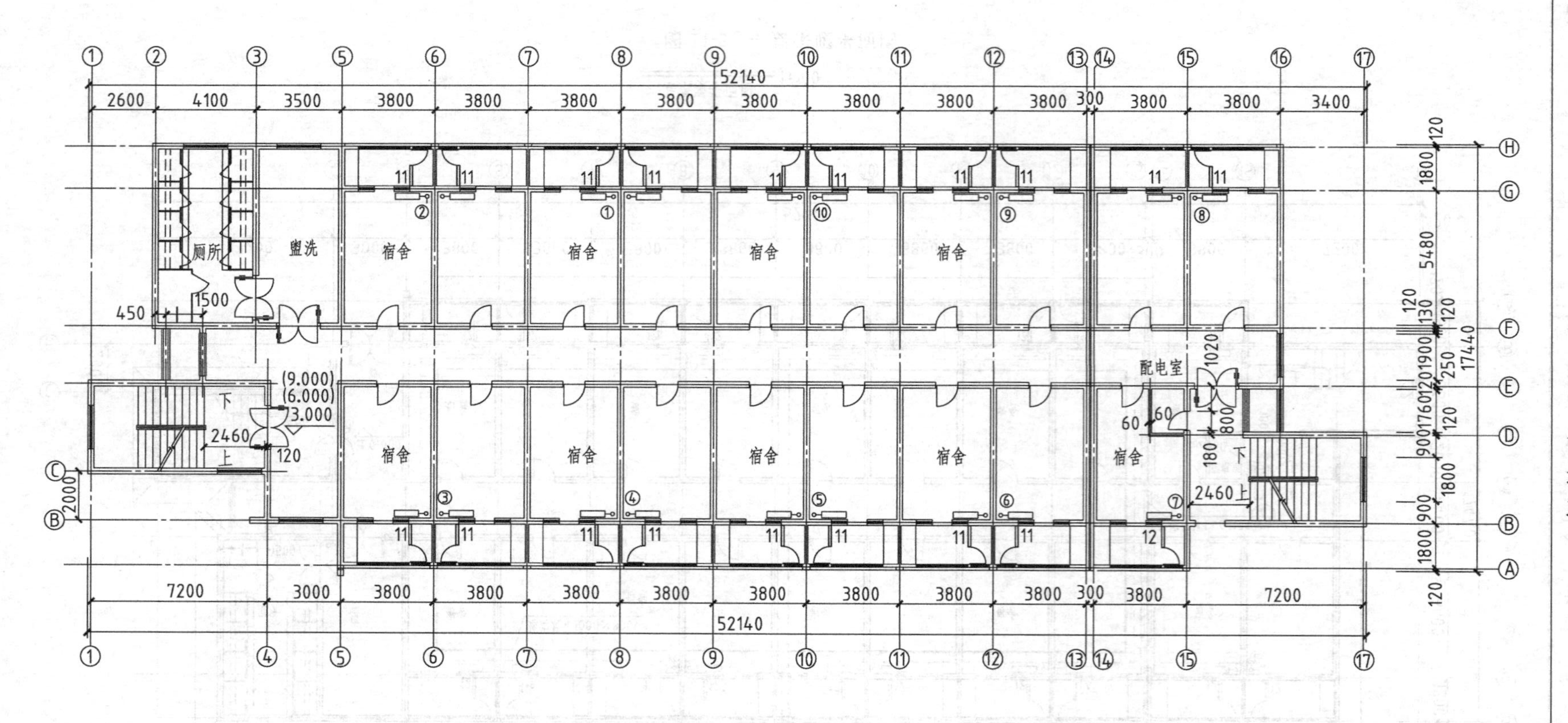

图 11-6 二、三、四层采暖平面图

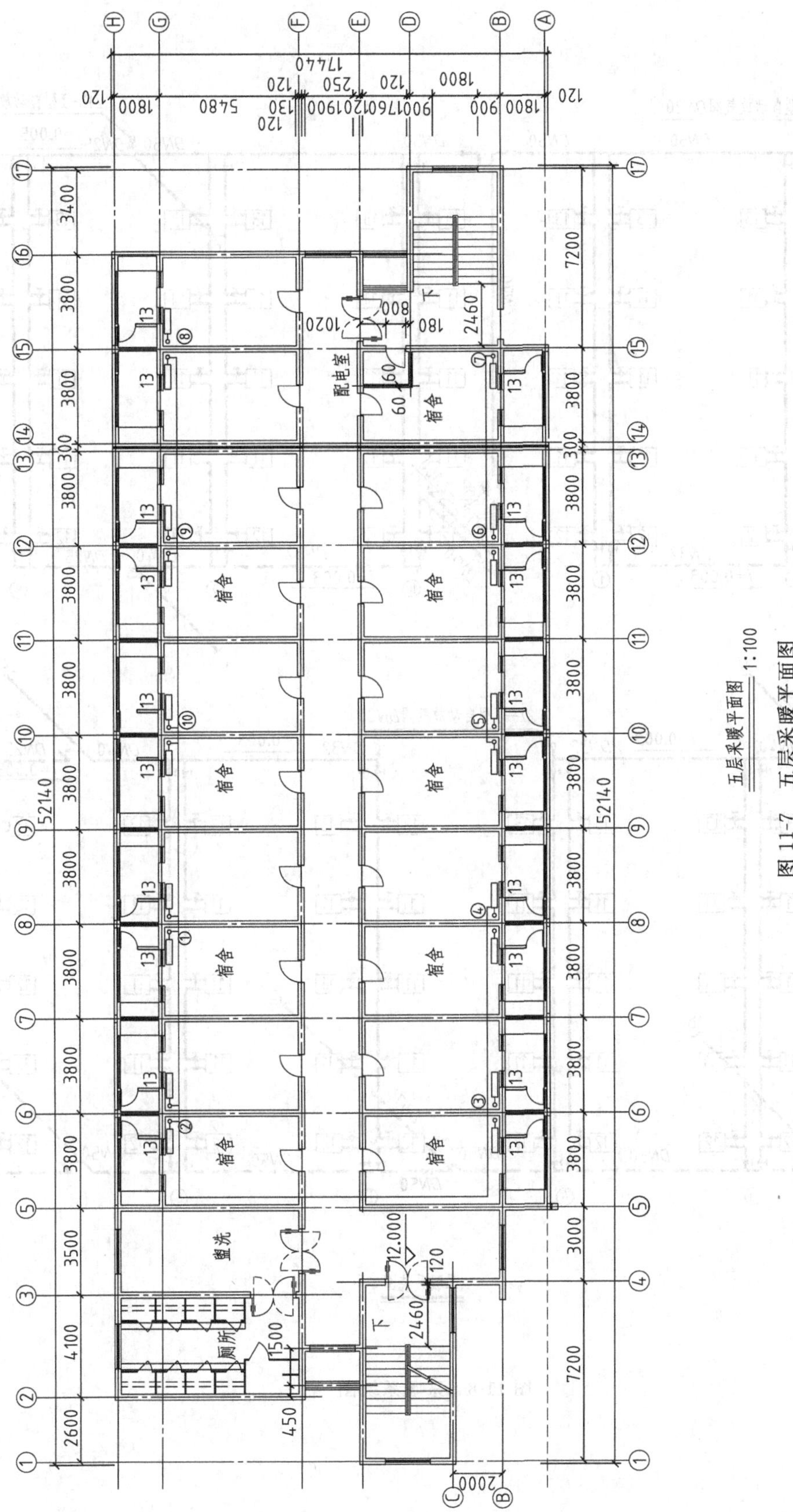

图 11-7 五层采暖平面图

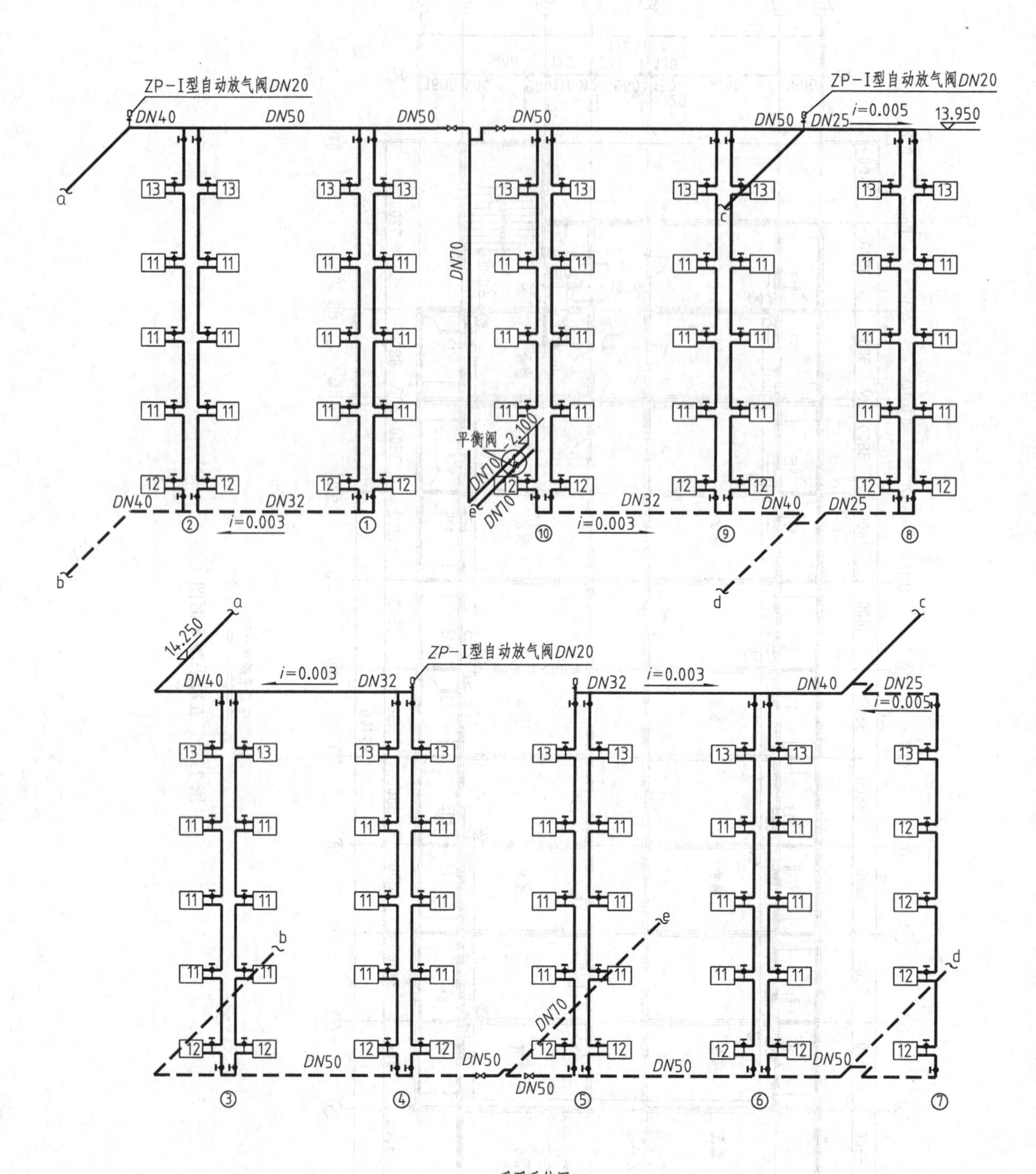
ZP-I型自动放气阀DN20
DN40
DN50
DN50
DN50
DN50
DN25
i=0.005
13.950
DN70
平衡阀
2.100
DN40
DN32
i=0.003
DN32
i=0.003
DN40
DN25
14.250
DN40
i=0.003
DN32
DN32
i=0.003
DN40
DN25
i=0.005
DN70
DN50
DN50
DN50
DN50
DN50
采暖系统图

图 11-8 采暖系统图

片数都标注在散热器图例内或边上，一层各房间内散热器均为 12 片、二、三、四层各房间的散热器均为 11 片，五层各房间的散热器均为 13 片。

③ 了解热力入口情况和室内采暖系统的布置形式。热介质干管入口在宿舍楼的北面，在定位轴线⑨和⑩之间，穿过定位轴线⑪的墙体进入室内。采暖的供水干管在五层，回水干管在一层，所以室内采暖系统采用的是双管上供下回式采暖系统。

④ 通过立管的编号查清系统立管的数量和布置位置。本例中采暖供水立管和回水立管各有 10 根，全部沿外墙靠近散热器布置。

⑤ 在平面图上还要查明管道与设备安装的预留孔洞、预埋件、管沟等对土建施工的要求。

2. 室内采暖工程系统图的识读

① 了解采暖管道的空间走向、干管位置、标高、管径、坡度等。了解采暖管道的空间走向需要将平面图和系统图结合起来进行识读。看系统图时应沿着热介质的流向进行。

② 了解散热器的数量。

③ 注意查清其他部件和设备在管道系统中的位置、规格及尺寸。凡注明规格的，都要与平面图和材料表等进行核对。

四、详图

采暖工程平面图和系统图所用的比例较小，管道及设备、部件都用图例表示，其本身的构造及安装情况在平面图中不能表达清楚。因此，必须用较大的比例画出其构造和安装详图，以便于施工。详图常用的比例为 1∶5、1∶10、1∶20 等。

图 11-9 是柱形散热器的安装详图。

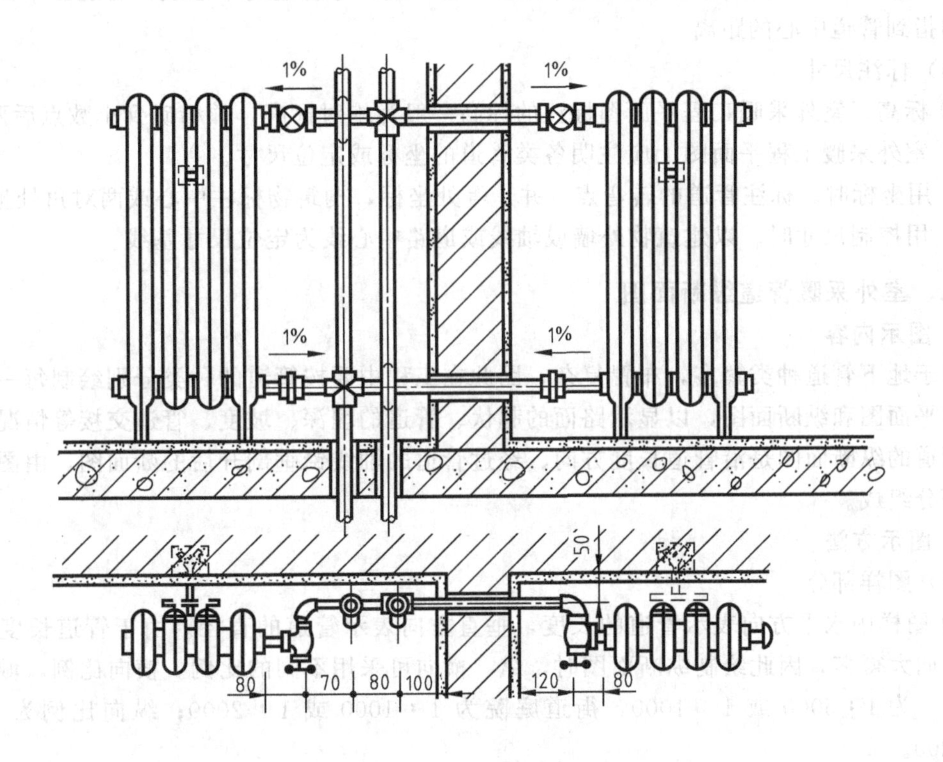

图 11-9　柱形散热器的安装详图

第二节 室外采暖管道工程施工图

室外采暖管道工程施工图主要表示室外采暖管道的平面及高程的布置情况。其施工图主要包括：室外采暖管道工程平面图、纵断面图和有关的安装详图。

一、室外采暖管道工程平面图的图示内容和图示方法

1. 图示内容

室外采暖管道工程平面图是以建筑总平面的主要内容为基础，表明城区或厂区、街坊内的采暖管道平面布置情况的图纸，一般包括以下内容：

(1) 室外采暖管道工程平面图中所包含的建筑总平面图的内容　建筑总平面图应表明城区的地形状况，建筑物、道路、绿化等的平面布置及标高状况等。

(2) 室外采暖管道工程平面图中的管道及其附属设施

① 在平面图上应表明蒸汽管道和凝结水管道或供水管道和回水管道的平面布置情况。

② 在平面图上要标明补偿器、排水和放气装置、阀门等辅助设施的位置。

③ 要注明管道的节点及纵、横断面的编号，以便按照这些编号查找有关图纸。

2. 图示方法

(1) 建筑总平面图中建筑物的外轮廓线用中实线画，其余地物、地貌、道路等均用细实线画。

(2) 一般情况下，在室外采暖管道工程平面图上，供热管道用粗实线表示，回水管道用粗虚线表示。

(3) 室外采暖管道工程平面图上的管道（指单线）即管道的中心线，管道在平面图上的定位即指到管道中心的距离。

(4) 标注尺寸

① 标高。室外采暖工程平面图标注的标高一般为绝对标高，并精确到小数点后两位。

② 室外采暖工程平面图上应注明各类管道的坐标或定位尺寸。

a. 用坐标时。标注管道的转弯点（井）等处坐标，构筑物标注中心或两对角处坐标。

b. 用控制尺寸时。以建筑物外墙或轴线或道路中心线为定位尺寸基线。

二、室外采暖管道纵断面图

1. 图示内容

由于地下管道种类繁多，布置复杂，因此在工程中要按管道的种类分别绘制每一条街道的管道平面图和纵断面图，以显示路面的起伏、管道的埋深、坡度、管道交接等情况。

管道的纵断面图是沿管道长度方向、经过管道的轴线铅垂剖开后的断面图，由图样和资料两部分组成。

2. 图示方法

(1) 图样部分

① 图样中水平方向表示管道的长度，垂直方向表示管道的直径。由于管道长度方向比直径方向大得多，因此绘制纵断面图时，纵、横向可采用不同的比例。横向比例，城市（或居住区）为1∶5000或1∶1000，街道庭院为1∶1000或1∶2000；纵向比例为1∶100或1∶200。

② 图样中原有的地面线用不规则的细实线表示，设计地面线用比较规则的中粗实线表

示，管道用粗实线表示。

③ 在管道纵断面图中，应画出检查井。一般用两根竖线表示，竖线上连地面，下接管道。

④ 与管道交叉的其他管道，按管径、管内底标高以及与其相近检查井的平面距离画出其横断面，注写出管道类型、管内底标高和平面距离。

(2) 资料部分 管道纵断面图的资料标在图样的下方，并与图样对应，如图 11-11 所示。具体内容应包括：节点编号，地面标高，管底标高，管道的直径、坡度、长度，固定支座的推力，检查井底标高等。

三、室外采暖管道工程图的识读

现以图 11-10 和图 11-11 为例说明室外采暖管道平面图、纵断面图的识读。

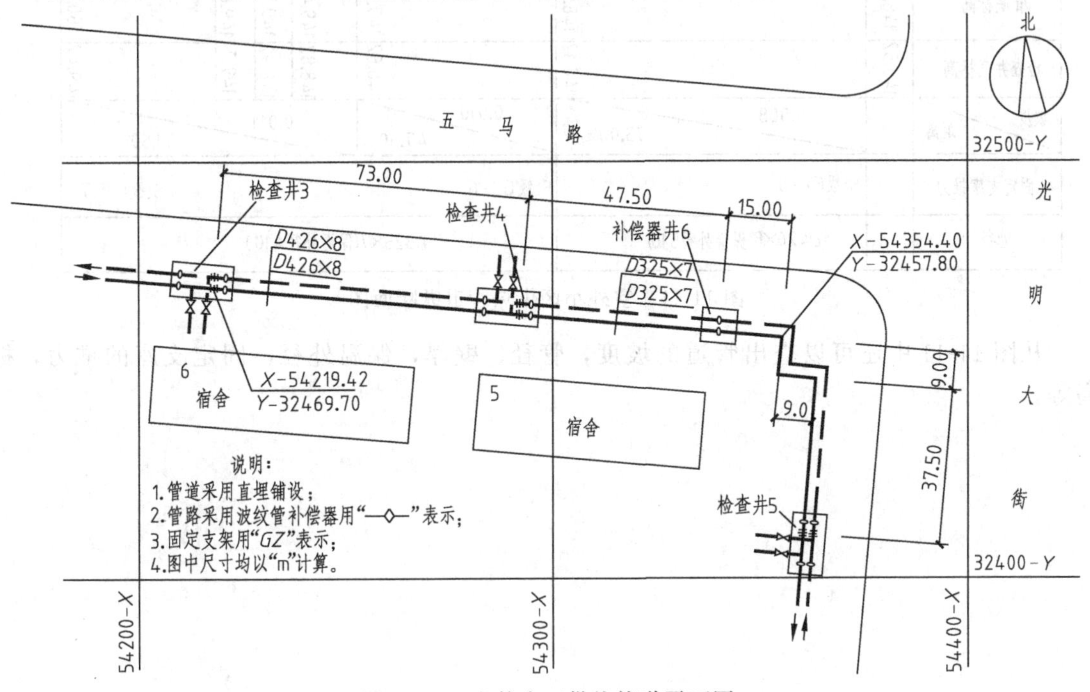

图 11-10 室外小区供热管道平面图

1. 室外采暖管道平面图的识读

① 查明室外采暖管道的名称、用途、平面位置、管道直径和连接方式。从图 11-10 可以看出供热管道和回水管道平行布置。从检查井 3 到检查井 4，此段管道距离为 73.00m、直径为 426mm、壁厚为 8mm。从检查井 4 到检查井 5，此段管道距离为 61.50m、直径为 325mm、壁厚为 7mm。图 11-10 上的尺寸以热水管道为准。管道的平面布置：检查井 3 固定支架的坐标为 "X-54219.42"、"Y-32469.70"，第一个转弯处的坐标为 "X-54354.40"、"Y-32457.80"。

② 了解管道敷设情况、辅助设备布置情况。由设计说明可知采暖管道采用直埋敷设，检查井内设有波纹管补偿器、固定支架等。固定支架用 "GZ" 表示，长度单位为 "m"。

2. 室外采暖管道纵断面图的识读

图 11-11 为室外供热管道纵断面图。从检查井 3 开始：节点为 J_{49}，地面标高为 150.21m，管底标高为 148.12m，检查井底标高为 147.52m，距热源出口距离为 799.35m。其余检查井识读同检查井 3。

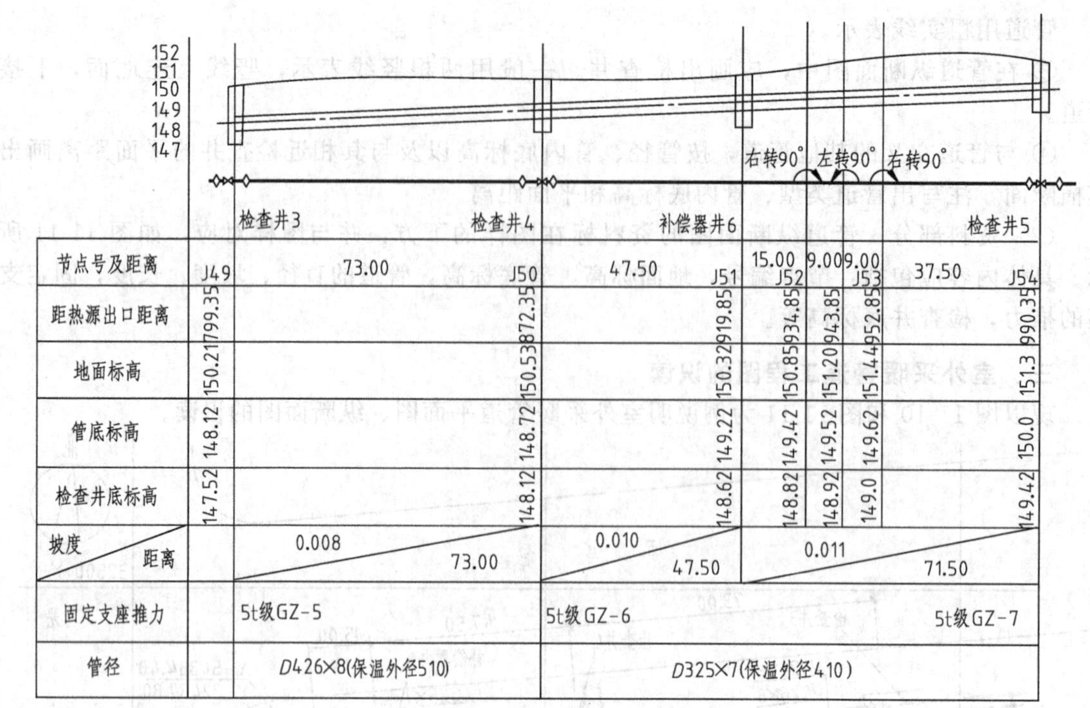

图 11-11　室外小区供热管道纵断面图

从图 11-11 中还可以查出管道的坡度，管径、壁厚，保温外径，固定支座的推力，标高等。

第十二章 燃气工程施工图

第一节 燃气工程施工图的基本规定

为统一燃气工程制图规则，保证制图质量，提高制图效率，符合燃气工程的设计、施工、存档等要求，国家制定了《燃气工程制图标准》(CJJ/T 130—2009)。该标准适用于下列燃气工程的手工和计算机制图。

① 新建、改建、扩建工程的各阶段设计图、竣工图；

② 既有燃气设施的实测图；

③ 通用设计图、标准设计图。

燃气工程制图除应遵守该标准外，还应符合《房屋建筑制图统一标准》(GB/T 50001)、《技术制图》(GB/T 14689) 等国家现行相关标准的规定。

一、图纸编排顺序

图纸的排列宜符合下列顺序：工程项目的图纸目录、选用标准图或图集目录、设计施工说明、设备及主要材料表、图例、设计图。

各专业设计图纸应独立编号。图纸编号宜符合下列顺序：目录、总图、流程图、系统图、平面图、剖面图、详图等。平面图宜按建筑层次由下至上排列。

二、图线

图线的宽度 (b) 应根据图纸的比例和类别按现行国家标准《房屋建筑制图统一标准》(GB/T 50001) 的规定选择。线宽可分为粗、中、细三种。一张图纸上同一线型的宽度应保持一致，一套图纸中大多数图样同一线型的宽度宜保持一致。

燃气工程中常用线型的画法及用途宜符合表 12-1 的规定。表 12-1 中未给出的其他线型的画法及用途应符合国家现行相关标准的规定。

同一张图中，虚线、点画线、双点画线的线段长及间隔应一致，点画线、双点画线的点应间隔均分，虚线、点画线、双点画线应在线段上转折或交汇。当图纸幅面较大时，可采用线段较长的虚线、点画线、双点画线。

表 12-1 常用线型的画法及用途

名称	线 型	线宽	用途示例
粗实线	————	b	(1)单线表示的管道 (2)设备平面图及剖面图中的设备外轮廓线 (3)设备及零部件等编号标志线 (4)剖切符号线 (5)表格外轮廓线
中实线	————	$0.50b$	(1)双线表示的管道 (2)设备和管道平面及剖面图中的设备外轮廓线 (3)尺寸起止符 (4)单线表示的管道横剖面

续表

名称	线　型	线宽	用途示例
细实线		0.25*b*	(1)可见建(构)筑物、道路、河流、地形地貌等的轮廓线 (2)尺寸线、尺寸界线 (3)材料剖面线、设备及附件等的图形符号 (4)设备、零部件及管路附件等的编号引出线 (5)较小图形中心线 (6)管道平面图及剖面图中的设备及管路附件的外轮廓线 (7)表格内线
粗虚线		*b*	(1)被遮挡的单线表示的管道 (2)设备平面及剖面图中被遮挡设备的外轮廓线 (3)埋地的单线表示的管道
中虚线		0.50*b*	(1)被遮挡的双线表示的管道 (2)设备和管道平面及剖面图中被遮挡设备的外轮廓线 (3)埋地的双线表示的管道
细虚线		0.25*b*	(1)被遮挡的建(构)筑物的轮廓线 (2)拟建建筑物的外轮廓线 (3)管道平面和剖面图中被遮挡设备及管路附件的外轮廓线
点画线		0.25*b*	(1)建筑物的定位轴线 (2)设备中心线 (3)管沟或沟槽中心线 (4)双线表示的管道中心线 (5)管路附件或其他零部件的中心线或对称轴线
双点画线		0.25*b*	假想轮廓线
波浪线		0.25*b*	设备和其他部件自由断开界线
折断线		0.25*b*	(1)建筑物的断开界线 (2)多根管道与建筑物同时被剖切时的断开界线 (3)设备及其他部件的断开界线

三、比例

图中比例应采用阿拉伯数字表示。当一张图上只有一种比例时，应在标题栏中标注；当一张图中有两种及以上的比例时，应在图名的右侧或下方标注（图 12-1）；当一张图中垂直方向和水平方向选用不同比例时，应分别标注两个方向的比例（如在燃气管道纵断面图中，纵向和横向可根据需要采用不同的比例，如图 12-1 所示）。

图 12-1　比例标注示意图

同一图样的不同视图、剖面图宜采用同一比例。流程图和按比例绘制确有困难的局部大样图，可不按比例绘制。燃气工程制图常用比例宜符合表 12-2 的规定。

表 12-2　燃气工程制图常用比例

图　　名	常 用 比 例
规划图、系统布置图	1∶100000，1∶50000，1∶25000，1∶20000，1∶10000，1∶5000，1∶2000
制气厂、液化厂、储存站、加气站、灌装站、气化站、混气站、储配站、门站、小区庭院管网等的平面图	1∶1000，1∶500，1∶200，1∶100
工艺流程图	不按比例
瓶组气化站、瓶装供应站、调压站等的平面图	1∶500，1∶100，1∶50，1∶30
厂站的设备和管道安装图	1∶200，1∶100，1∶50，1∶30，1∶10
室外高压、中低压燃气输配管道平面图	1∶1000，1∶500
室外高压、中低压燃气输配管道纵断面图	横向 1∶1000，1∶500　纵向 1∶100，1∶50
室内燃气管道平面图、系统图、剖面图	1∶100，1∶50
大样图	1∶20，1∶10，1∶5
设备加工图	1∶100，1∶50，1∶20，1∶10，1∶2，1∶1
零部件详图	1∶100，1∶20，1∶10，1∶5，1∶3，1∶2，1∶1，2∶1

四、管径及管道坡度标注

管径标注应以毫米（mm）为单位，管径的表示方法应根据管道材质确定，且宜符合表 12-3 的规定。

管道管径的标注方式应符合下列规定：

① 当管径的单位采用毫米（mm）时，单位可省略不写；

② 水平管道宜标注在管道上方；垂直管道宜标注在管道左侧；斜向管道宜标注在管道斜上方；

③ 管道规格变化处应绘制异径管图形符号，并应在该图形符号前后分别标注管径；

④ 单根管道时，应按图 12-2 的方式标注；

⑤ 多根管道时，应按图 12-3 的方式标注。

D219×5

图 12-2　单管管径标注示意

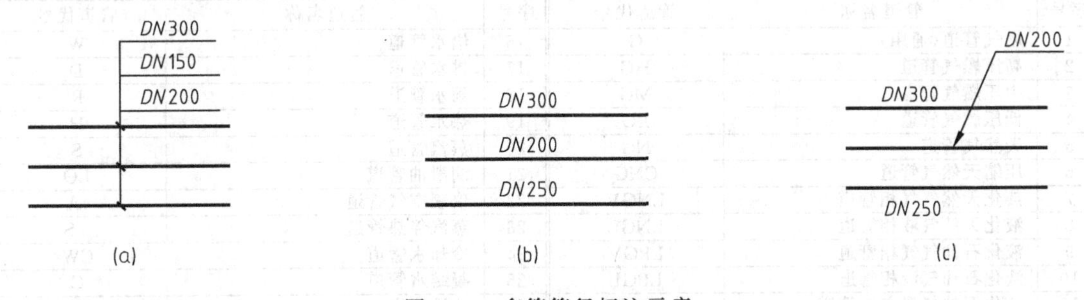

图 12-3　多管管径标注示意

管道坡度应采用单边箭头表示，箭头指向标高降低的方向，箭头部分宜比数字每端长出 1～2mm（图 12-4）。

表 12-3 管径的表示方法

管道材质	示例
钢管、不锈钢管	(1)以“外径 D×壁厚”表示(如:$D$108×4.5) (2)以公称直径 DN 表示(如:$DN$200)
铜管	以“外径×壁厚”表示(如:ϕ8×1)
铸铁管	以公称直径 DN 表示(如:$DN$300)
钢筋混凝土管	以公称内径 D_0 表示(如:D_0=800)
铝塑复合管	以公称直径 DN 表示(如:$DN$65)
聚乙烯管	按对应国家现行产品标准的内容表示(如:de110,$SDR$11)
胶管	以“外径×壁厚”表示(如:ϕ12×2)

图 12-4 管道坡度标注示意

五、设备和管道编号标注

当图纸中的设备或部件不便用文字标注时，可进行编号。在图样中应只注明编号，其名称和技术参数应在图纸附设的设备表中进行对应说明。编号引出线应用细实线绘制，引出线始端应指在编号件上。宜采用长度为 5～10mm 的粗实线作为编号的书写处（图 12-5）。

在图纸中的管道编号标志引出线末端，宜采用直径为 5～10mm 的细实线圆或细实线作为编号的书写处（图 12-6）。

图 12-5 设备编号标注示意

图 12-6 管道编号标注示意

六、燃气工程常用图例

1. 管道代号

燃气工程常用管道代号应符合表 12-4 的规定，自定义的管道代号不应与表 12-4 中的示例重复，并应在图面中说明。

表 12-4 燃气工程常用管道代号

序号	管道名称	管道代号	序号	管道名称	管道代号
1	燃气管道(通用)	G	16	给水管道	W
2	高压燃气管道	HG	17	排水管道	D
3	中压燃气管道	MG	18	雨水管道	R
4	低压燃气管道	LG	19	热水管道	H
5	天然气管道	NG	20	蒸汽管道	S
6	压缩天然气管道	CNG	21	润滑油管道	LO
7	液化天然气气相管道	LNGV	22	仪表空气管道	IA
8	液化天然气液相管道	LNGL	23	蒸汽伴热管道	TS
9	液化石油气气相管道	LPGV	24	冷却水管道	CW
10	液化石油气液相管道	LPGL	25	凝结水管道	C
11	液化石油气混空气管道	LPG-AIR	26	放散管道	V
12	人工煤气管道	M	27	旁通管道	BP
13	供油管道	O	28	回流管道	RE
14	压缩空气管道	A	29	排污管道	B
15	氮气管道	N	30	循环管道	CI

2. 燃气厂站常用图形符号

燃气厂站常用图形符号见表 12-5。

表 12-5　燃气厂站常用图形符号

序号	名　称	图形符号	序号	名　称	图形符号
1	气源厂		8	专用调压站	
2	门站		9	汽车加油站	
3	储配站、储存站		10	汽车加气站	
4	液化石油气储配站		11	汽车加油加气站	
5	液化天然气储配站		12	燃气发电站	
6	天然气、压缩天然气储配站		13	阀室	
7	区域调压站		14	阀井	

3. 燃气工程常用设备图形符号

燃气工程常用设备图形符号见表 12-6。

表 12-6　常用设备图形符号

序号	名　称	图形符号	序号	名　称	图形符号
1	低压干式气体储罐		9	调压器	
2	低压湿式气体储罐		10	Y 形过滤器	
3	球形储罐		11	网状过滤器	
4	卧式储罐		12	旋风分离器	
5	压缩机		13	分离器	
6	烃泵		14	安全水封	
7	潜液泵		15	防雨罩	
8	鼓风机		16	阻火器	
			17	凝水缸	

续表

序号	名称	图形符号	序号	名称	图形符号
18	消火栓		27	火炬	
19	补偿器				
20	波纹管补偿器		28	管式换热器	
21	方形补偿器		29	板式换热器	
22	测试桩		30	收发球筒	
23	牺牲阳极		31	通风管	
24	放散管		32	灌瓶嘴	
25	调压箱		33	加气机	
26	消声器		34	视镜	

4. 常用检测、计量仪表图形符号

常用检测、计量仪表图形符号见表12-7。

表12-7 检测、计量仪表图形符号

序号	名称	图形符号	序号	名称	图形符号
1	压力表		7	腰轮式流量计	
2	液位计		8	涡轮流量计	
3	U形压力计	U	9	罗茨流量计	
4	温度计		10	质量流量计	
5	差压流量计		11	转子流量计	
6	孔板流量计				

5. 常用燃气用具及设备图形符号

常用燃气用具及设备图形符号见表12-8。

表12-8　燃气用具及设备图形符号

序号	名　称	图形符号	序号	名　称	图形符号
1	用户调压器		8	炒菜灶	
2	皮膜燃气表		9	燃气沸水器	
3	燃气热水器		10	燃气烤箱	
4	壁挂炉、两用炉		11	燃气直燃机	Z
5	家用燃气双眼灶		12	燃气锅炉	G
6	燃气多眼灶		13	可燃气体泄漏探测器	
7	大锅灶		14	可燃气体泄漏报警控制器	И

第二节　室内燃气工程施工图

一、室内燃气系统（居民用户）的构成

燃气管道进入居民用户有中压进户和低压进户两种方式，其室内燃气系统的构成大同小异。我国主要采用低压进户方式。

居民用户的室内燃气系统一般由用户引入管、水平干管、立管、用户支管、燃气计量表、燃气用具连接管和燃气用具组成。中压进户时，还设有调压（减压）装置。图12-7为某居民住宅楼（五层）的室内燃气系统（低压进户）剖视图。

用户引入管一般指距建筑物外墙2m起到进户总阀门止的这段燃气管道。用户引入管与城镇管网或庭院低压分配管道连接，把燃气引入室内。用户引入管末端设进户总阀门，用于室内燃气系统在事故或检修情况下关闭整个系统。进户总阀门一般设置在室内，对重要用户应在室外另设阀门。

水平干管（又称水平盘管）是指当一根用户引入管连接多根立管时，各立管与引入管的连接管。水平干管一般敷设在楼梯间或辅助房间的墙壁上。

燃气立管是多层（及高层）居民住宅的室内燃气分配管道，一般敷设在厨房或走廊内。当系统较复杂时，还可能设总立管，由总立管引出到用户立管，再进户内。

用户支管从燃气立管引出，连接每一户居民的室内燃气设施。用户支管上应设置旋塞阀（俗称表前阀）和燃气计量表。表前阀用于事故或检修情况下关断该居民用户的燃气管路，燃气计量表用于计量该用户的用气量。

燃气用具连接管指连接用户支管与燃气用具的管段，由于该管段一般为垂直管段，因此

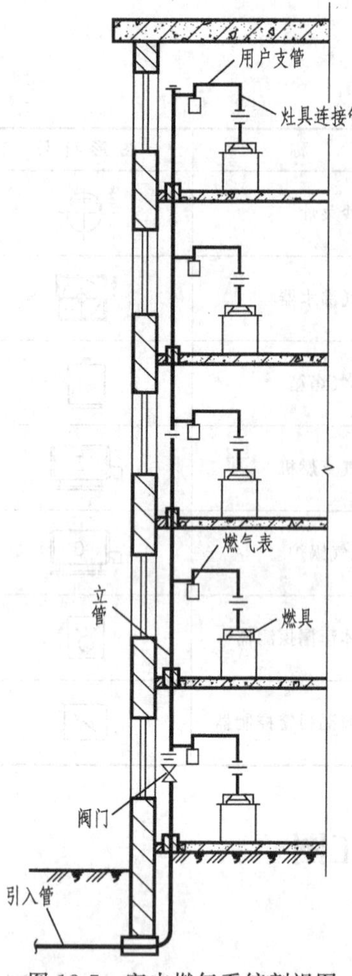

图 12-7　室内燃气系统剖视图

也称下垂管。在用具连接管上，距地面 1.5m 左右装有旋塞阀（俗称灶前阀），用于关闭燃气用具的气源。

中压进户和低压进户的室内燃气系统差别不大。中压进户时，只是在用户支管上的旋塞阀与燃气计量表之间加装一用户调压器（或其他减压装置），以调节燃气用具前的燃气压力为低压。

二、室内燃气工程施工图的图示内容和图示方法

室内燃气工程施工图应绘制平面图和系统图。当管道、设备布置较为复杂，系统图不能表示清楚时，宜辅以剖面图。室内燃气设备、入户管道等处的连接做法宜绘制详图（大样图）。

1. 室内燃气平面图

（1）平面图应能较全面地反映该工程中调压器、计量表具、燃气用具、燃气管道及管道附件的平面特征和与之相关的其他设计内容。

（2）室内燃气管道平面图应在建筑物的平面施工图、竣工图或实际测绘平面图的基础上绘制。平面图应按直接正投影法绘制。明敷的燃气管道应采用粗实线绘制；墙内暗埋或埋地的燃气管道应采用粗虚线绘制；图中的建筑物应采用细线绘制。

（3）一般情况下应绘制引入管所在层的平面图、标准层平面图和特殊层的平面图。但在下列情况下可予以简化：

① 当建筑物标准层与引入管所在层的厨房个数和建筑平面布置完全相同时，标准层平面图可省略。此时应在引入管所在层的平面图上注明标准层厨房布置和燃气配管与引入管所在层相同，并在图中注明所有省略楼层的替代标高。

② 对于建筑户型较少，其图纸重复利用率较高的项目，可按户型绘制厨房平面图和轴测图。此时应注明各种户型设计内容所适用的建筑物编号。

③ 设有地上暗厨房（无直通室外的门和窗的厨房称为“暗厨房”）和建筑物有跃层及退层的厨房平面图不宜省略。

（4）平面图中应绘出燃气管道、燃气表、调压器、阀门、燃具等。特殊部位宜绘制大样图或采用标准图。

（5）平面图中应标注燃气引入管、水平干管及较长燃气支管的管径及其代号标记。中压进户的项目应同时注明中压和低压管道的压力级制代号。套管管径及代号可列表或用其他方式说明。

（6）平面图中应标出房间功能名称、建筑物主轴线和各层的标高。同时，宜注明引入管、立管与建筑物主轴线的距离或与墙面的净距。

（7）一般应在平面图中标注引入管所在层次建筑物的室外地坪设计标高。

（8）底图中建筑物的门窗、楼梯间（包括跃层建筑的户内楼梯）、建筑退层、厨房等主要设施应予以保留。

（9）燃气立管应予以编号，且宜放在相同直径的圆中。立管编号可用“RL*n*”（或其他符号）表示，“RL”表示燃气立管，“*n*”表示立管的序号。一般情况，立管编号宜按建筑物轴线的序号或按气流方向有规律地编写，一幢建筑物的立管编号不应重复。

（10）设计户数及特殊事宜，例如，设计户数与本张图相同的层次、暗厨房、退层和跃层的设置情况等，应在该建筑物的第一张平面图中注明。

图 12-8 为简化的某住宅楼室内燃气平面布置图。

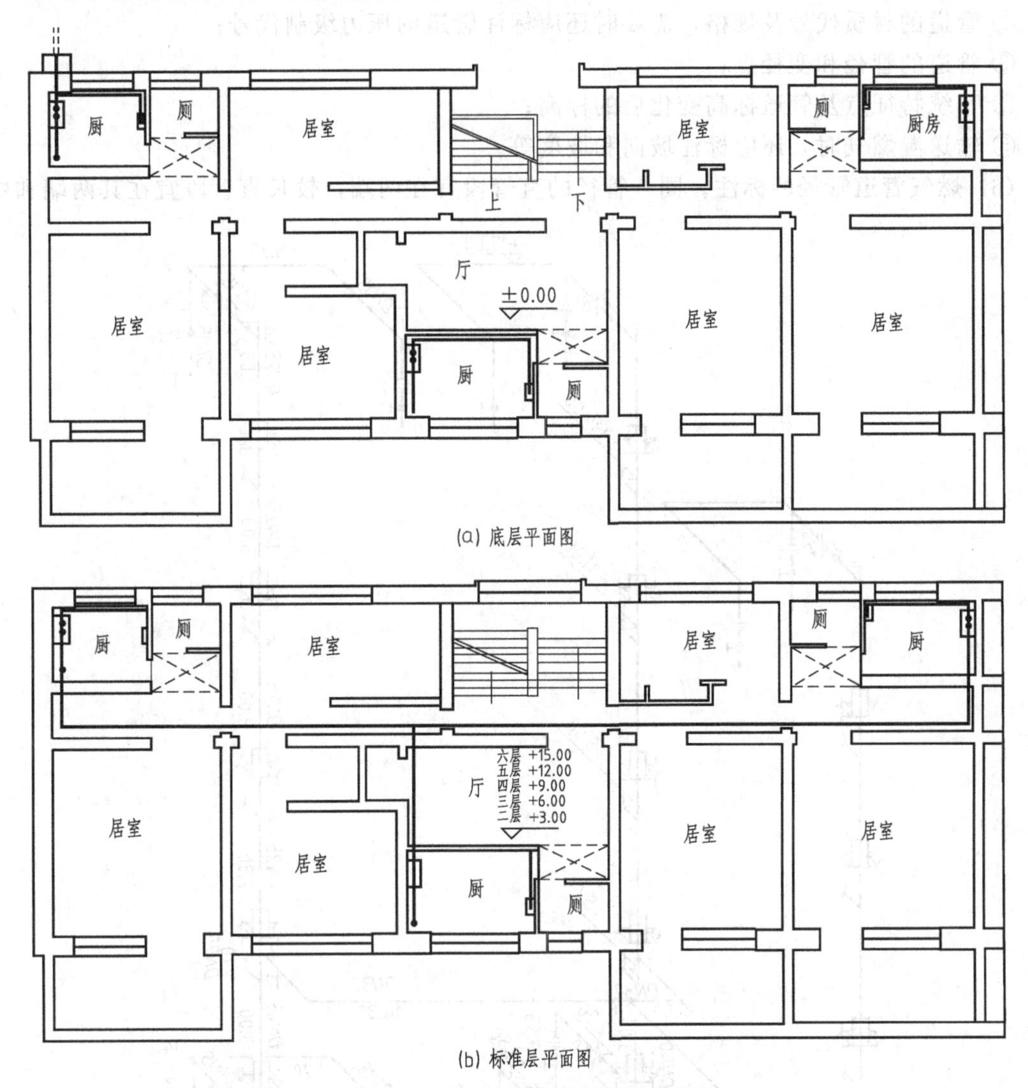

图 12-8　某住宅楼室内燃气平面图

2. 室内燃气系统图

（1）室内燃气系统图应能全面系统地反映该工程中调压器、燃气表、燃气用具、燃气管道及管道附件的竖向特征及之间的相互关系；应能准确反映该工程中调压器、计量表具、燃气用具及主要管道附件与建筑物及其构件垂直方向的相互关系。

（2）系统图应按 45°正面斜轴测法绘制。系统图的布图方向应与平面图一致，并应按比例绘制；当局部管道按比例不能表示清楚时，可不按比例。

（3）系统图与平面图的绘制范围应一致，系统图中立管的编号应与平面图中立管的编号一一对应。

（4）当某根立管与另一根立管完全相同或完全对称时，在保证视图清晰、图面布局合理的前提下，系统图中可合并绘制。

（5）系统图中一般应包含下列内容：

① 调压器、燃气表、燃气用具、燃气管道、阀门、建筑楼层、套管、金属软管、燃气专用软管、承重支架或固定支架及主要管道附件等；

② 管道的材质代号及规格，需要时还应标注管道的压力级制代号；

③ 管道的管径和变径点；

④ 系统特征点及管道标高变化后的标高；

⑤ 输送湿燃气时，还应标注坡向和坡度等。

（6）燃气管道管径的标注。同一管径的直管段宜在两端，较长直管段宜在其两端和中间

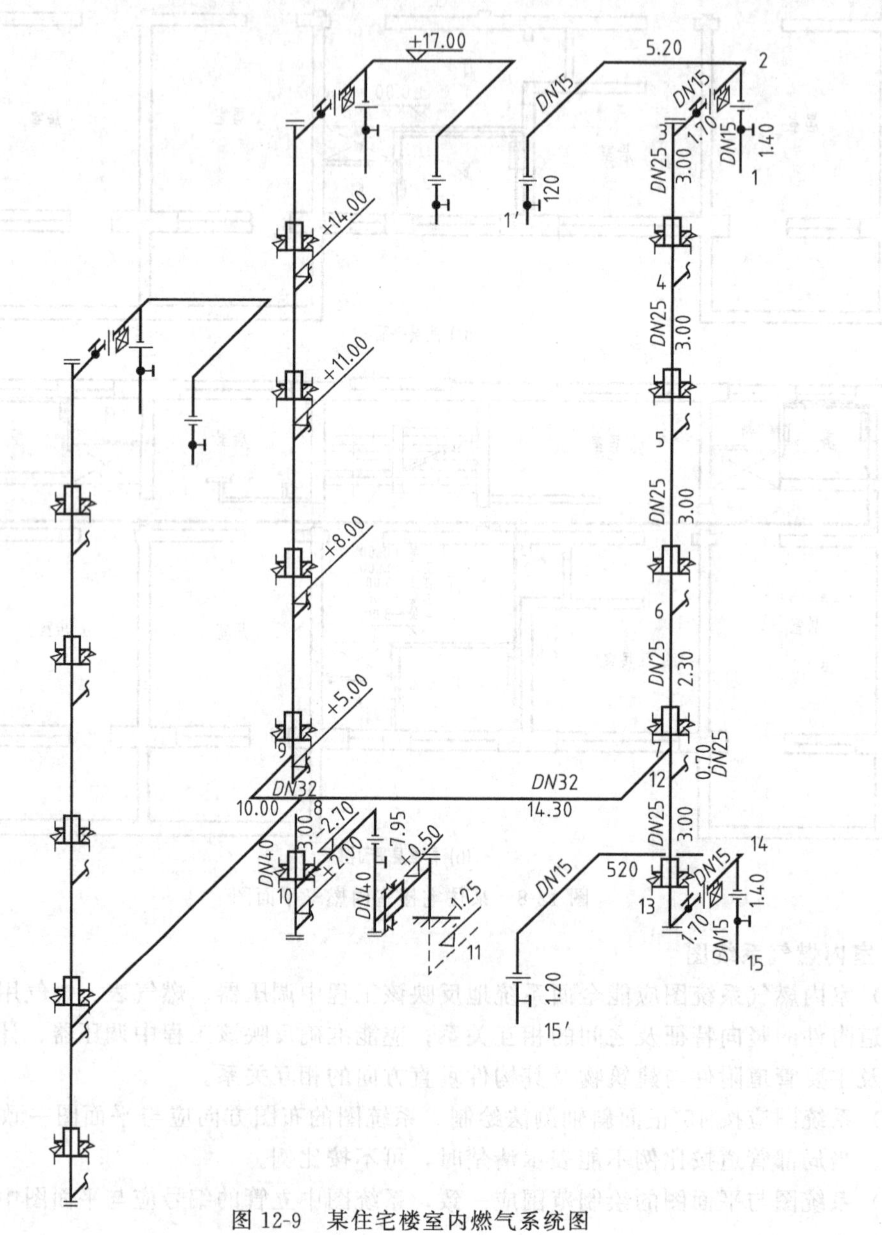

图 12-9 某住宅楼室内燃气系统图

标注管径；非直线管段的管径宜标注在起弯处和其他便于阅图的地方；当管段较短时，可将管径标注在此管段的中间；不同管径的管段宜标注在变径点前、后和另外两端。

(7) 标高的标注。下列部位一般应标注标高：

① 建筑物首层（±0.000）、各楼层（需要时包括屋面）设计标高和建筑物室外地坪设计标高；

② 立管阀门、进户三通、金属软管、二次登高管、用户支管、架空楼前管、屋顶水平管及不设在楼板上的承重支架处；

③ 燃气管道标高突变时的起、止点和较长水平管段的两端；

④ 计量表底；

⑤ 燃气用具接管处等。

(8) 坡向及坡度的标注。需要设计坡度的水平管道应标注坡向及坡度；燃气管道的坡向和坡度一般宜同时标注；常用坡度可在设计说明中叙述。

图 12-9 为与图 12-8 对应的某住宅楼室内燃气系统图，图中凡未画出的室内管线布置均与顶层布置相同。

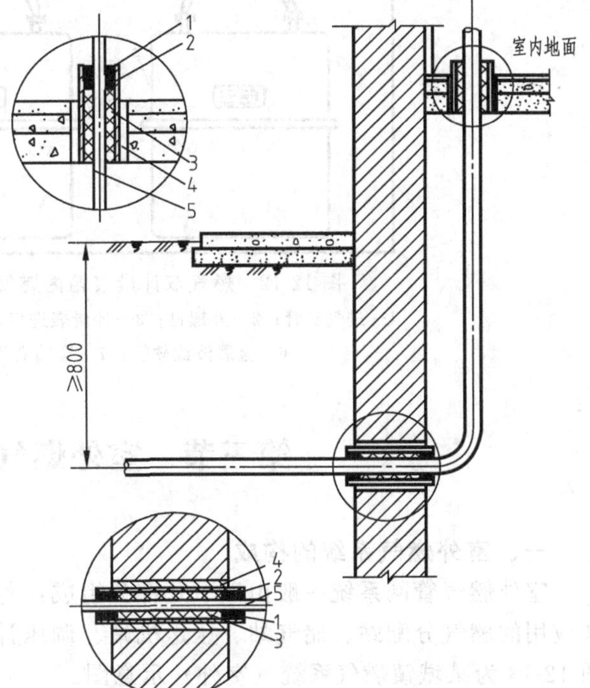

图 12-10　某住宅楼燃气引入管详图

1—沥青密封层；2—套管；3—油麻填料；4—水泥砂浆；5—燃气管道

三、室内燃气工程详图

平面图和系统图的比例一般较小，很多细部表达不清楚，常用较大比例的详图（大样图）表示。室内燃气工程中，通常对室内燃气设备、入户管道等处的连接做法及特殊节点绘制详图。图 12-10～图 12-12为几个室内燃气工程详图示例。

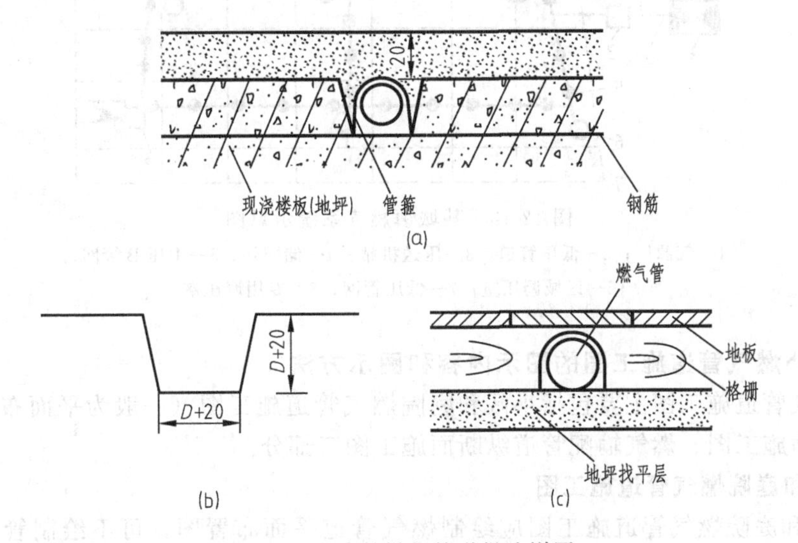

图 12-11　暗敷燃气管道做法详图

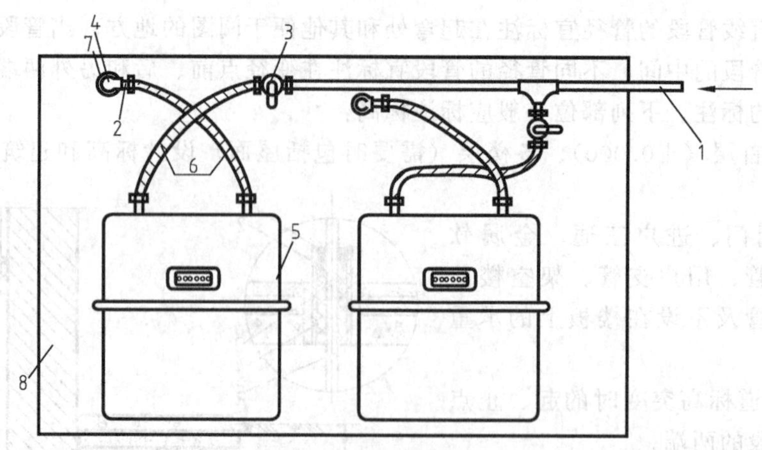

图 12-12 燃气双计量表箱内燃气管道与计量表安装详图

1—进气支管；2—外螺钉；3—计量表进口球阀；4—弯头；5—燃气计量表；6—金属波纹软管；7—穿墙套管；8—户外计量表箱

第三节 室外燃气工程施工图

一、室外燃气系统的构成

室外燃气管网系统一般由以下几部分组成：各种压力的燃气管道；用于燃气输配、储存和应用的燃气分配站、储气站、压送机站、调压计量站等各种站室；监控及数据采集系统。图 12-13 为某城镇燃气系统（室外）示意图。

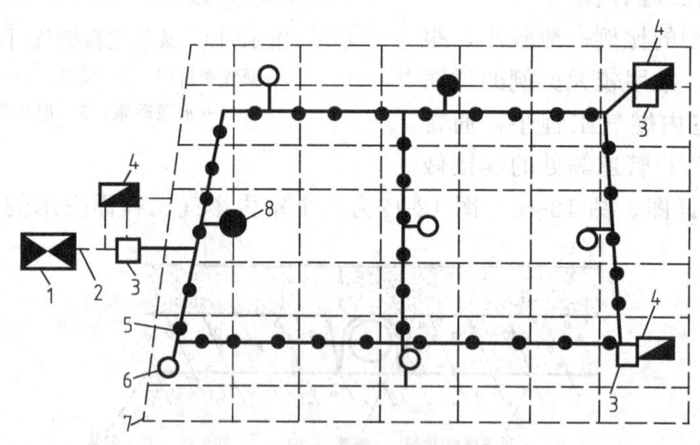

图 12-13 某城镇燃气系统示意图

1—气源厂；2—低压管道；3—压送机站；4—储配站；5—中压 B 管网；6—区域调压室；7—低压管网；8—专用调压室

二、室外燃气管道施工图的图示内容和图示方法

室外燃气管道施工图主要包括小区和庭院燃气管道施工图（一般为平面布置图）、燃气输配管道平面施工图、燃气输配管道纵断面施工图三部分。

1. 小区和庭院燃气管道施工图

① 小区和庭院燃气管道施工图应绘制燃气管道平面布置图，可不绘制管道纵断面图。当小区较大时，应绘制区位示意图对燃气管道的区域进行标识。

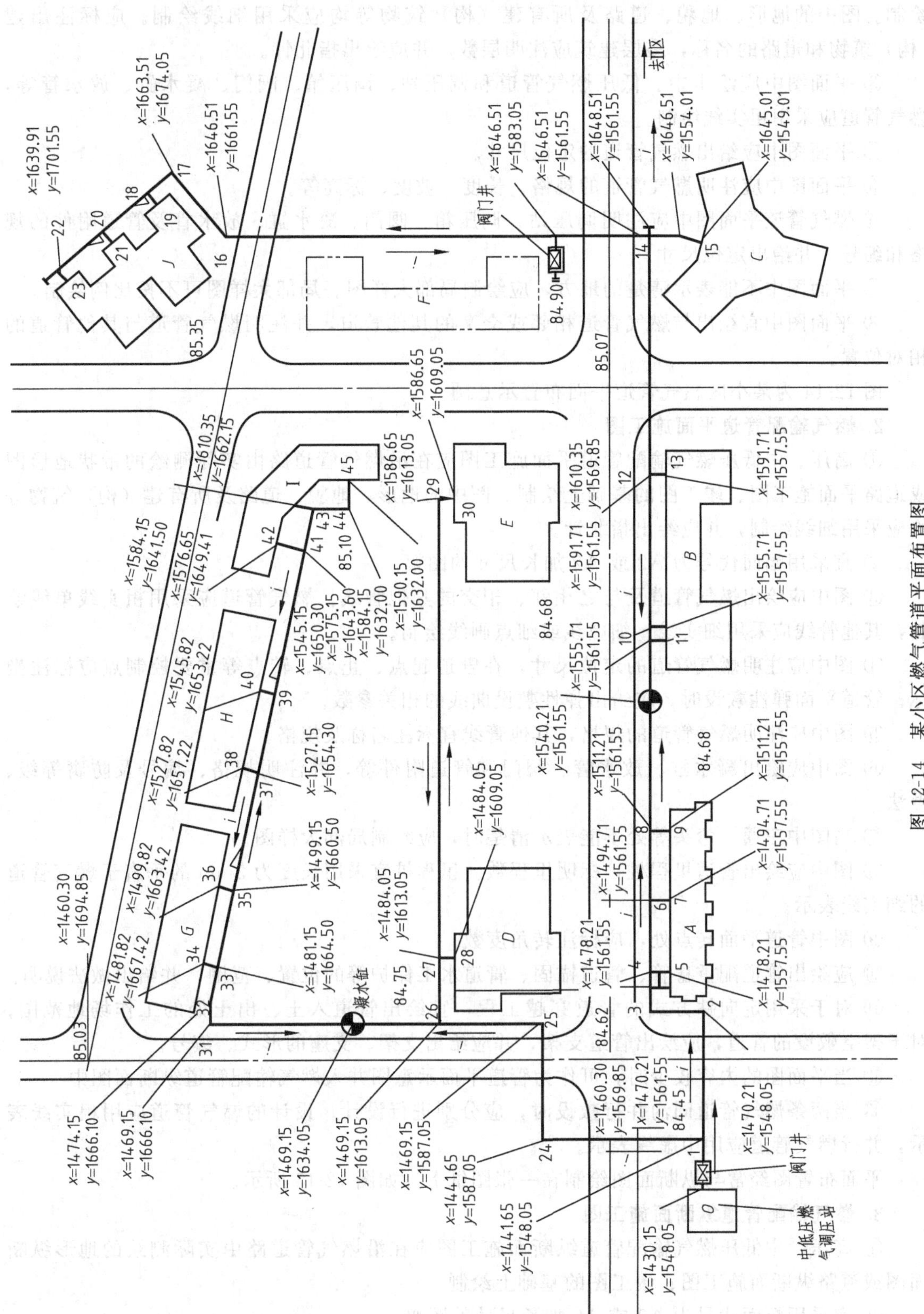

图 12-14 某小区燃气管道平面布置图

② 燃气管道平面图应在小区和庭院的平面施工图、竣工图或实际测绘地形图的基础上绘制。图中的地形、地貌、道路及所有建（构）筑物等均应采用细线绘制。应标注出建（构）筑物和道路的名称，多层建筑应注明层数，并应绘出指北针。

③ 平面图中应绘出中、低压燃气管道和调压站、调压箱、阀门、凝水缸、放水管等，燃气管道应采用粗实线绘制。

④ 平面图中应给出燃气管道的定位尺寸。

⑤ 平面图中应注明燃气管道的规格、长度、坡度、标高等。

⑥ 燃气管道平面图中应注明调压站、调压箱、阀门、凝水缸、放水管及管道附件的规格和编号，并给出定位尺寸。

⑦ 平面图中不能表示清楚的地方，应绘制局部大样图。局部大样图可不按比例绘制。

⑧ 平面图中宜绘出与燃气管道相邻或交叉的其他管道，并注明燃气管道与其他管道的相对位置。

图 12-14 为某小区燃气管道平面布置示意图。

2. 燃气输配管道平面施工图

① 高压、中低压燃气输配管道平面施工图应在沿燃气管道路由实际测绘的带状地形图或道路平面施工图、竣工图的基础上绘制。图中的地形、地貌、道路及所有建（构）筑物等均应采用细线绘制，并应绘出指北针。

② 宜采用幅面代号为 A2 或 A2 加长尺寸的图幅。

③ 图中应绘出燃气管道及与之相邻、相交的其他管线。燃气管道应采用粗实线单线绘制，其他管线应采用细实线、细虚线或细点画线绘制。

④ 图中应注明燃气管道的定位尺寸，在管道起点、止点、转点等重要控制点应标注坐标；管道平面弹性敷设时，应给出弹性敷设曲线的相关参数。

⑤ 图中应注明燃气管道的规格，其他管线宜标注名称及规格。

⑥ 图中应绘出凝水缸、放水管、阀门和管道附件等，并注明规格、编号及防腐等级、做法。

⑦ 当图中三通、弯头等处不能表示清楚时，应绘制局部大样图。

⑧ 图中应绘出管道里程桩，标明里程数。里程桩宜采用长度为 3mm 的垂直于燃气管道的细实线表示。

⑨ 图中管道平面转点处，应标注转角度数。

⑩ 应绘出管道配重稳管、管道锚固、管道水工保护等的位置、范围，并给出做法说明。

⑪ 对于采用定向钻方式的管道穿越工程，宜绘出管道入土、出土处的工作场地范围；对于架空敷设的管道，应绘出管道支架，并应给出支架、支座的形式、编号。

⑫ 当平面图的内容较少时，可作为管道平面示意图并入燃气输配管道纵断面图中。

⑬ 当两条燃气管道同沟并行敷设时，应分别进行设计。设计的燃气管道应用粗实线表示，并行燃气管道应用中虚线表示。

平面布置图经常与纵断面图绘制在一张图纸上，如图 12-15 所示。

3. 燃气输配管道纵断面施工图

① 高压、中低压燃气输配管道纵断面施工图应在沿燃气管道路由实际测绘的地形纵断面图或道路纵断面施工图、竣工图的基础上绘制。

② 宜采用幅面代号为 A2 或 A2 加长尺寸的图幅。

③ 对应标高标尺，应绘出管道的现状地面线、设计地面线、燃气管道及与之交叉的其

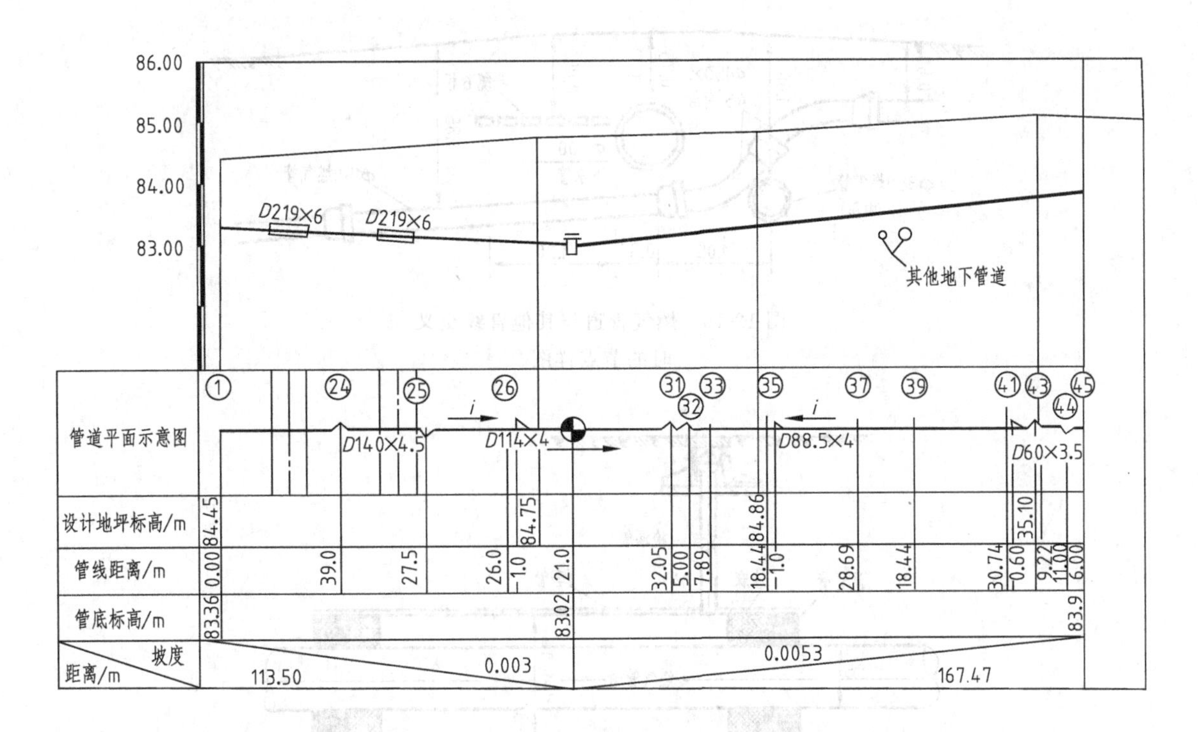

图 12-15 某燃气管道的平面及纵断面示意图

他管线。穿越有水的河流、沟渠、水塘等处应绘出水位线。燃气管道应采用中粗实线双线绘制。现状地面线、其他管线应采用细实线绘制；设计地面线应采用细虚线绘制。

④ 应绘出燃气管道的平面示意图。

⑤ 对应平面图中的里程桩，应分别标明管道里程数、原地面高程、设计地面高程、设计管底高程、管沟挖深、管道坡度等。

⑥ 管道纵向弹性敷设时，图面应标注出弹性敷设曲线的相关参数。

⑦ 图中应绘出凝水缸、放水管、阀门、三通等，并注明规格和编号。

⑧ 应绘出管道配重稳管、管道锚固、管道水工保护、套管保护等的位置、范围，并给出做法说明及相关的大样图。

⑨ 对于采用定向钻方式的管道穿越工程，应在管道纵断图中绘出穿越段的土壤地质状况。对于架空敷设的管道，应绘出管道支架，并给出支架、支座的形式、编号、做法。

⑩ 应注明管道的材质、规格及防腐等级、做法。

⑪ 宜注明管道沿线的土壤电阻率状况和管道施工的土石方量。

⑫ 图中管道竖向或空间转角处，应标注转角度数及弯头规格。

⑬ 对于顶管穿越或加设套管敷设的管道，应标注出套管的管底标高。

⑭ 应标出与燃气管道交叉的其他管线及障碍物的位置及相关参数。

图 12-15 为某管道的平面及纵断面示意图。

三、室外燃气管道施工详图

室外燃气管道施工图中有管道节点详图、管道附属设施安装详图、构筑物详图等。图 12-16～图 12-20 为几个室外燃气工程详图示例。

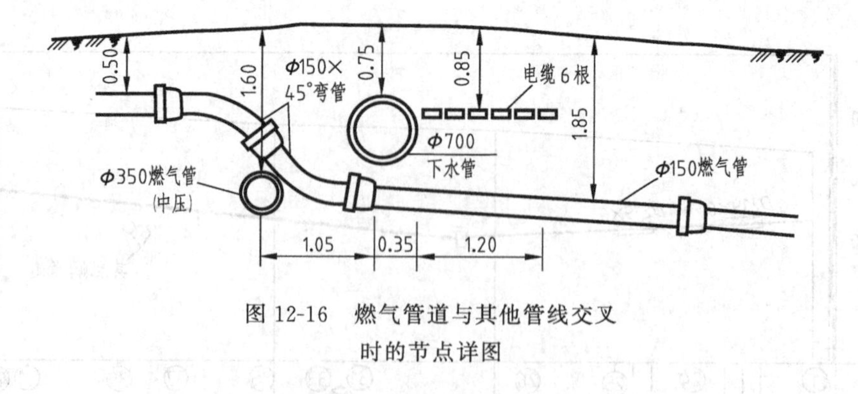

图 12-16 燃气管道与其他管线交叉时的节点详图

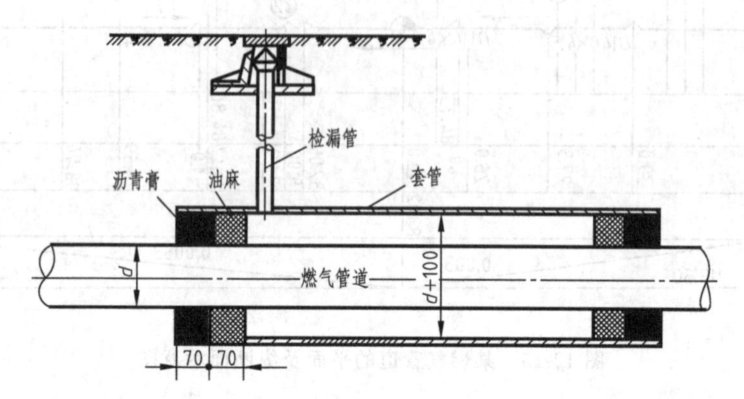

图 12-17 燃气管道穿越障碍物时采用套管及检漏管的节点详图

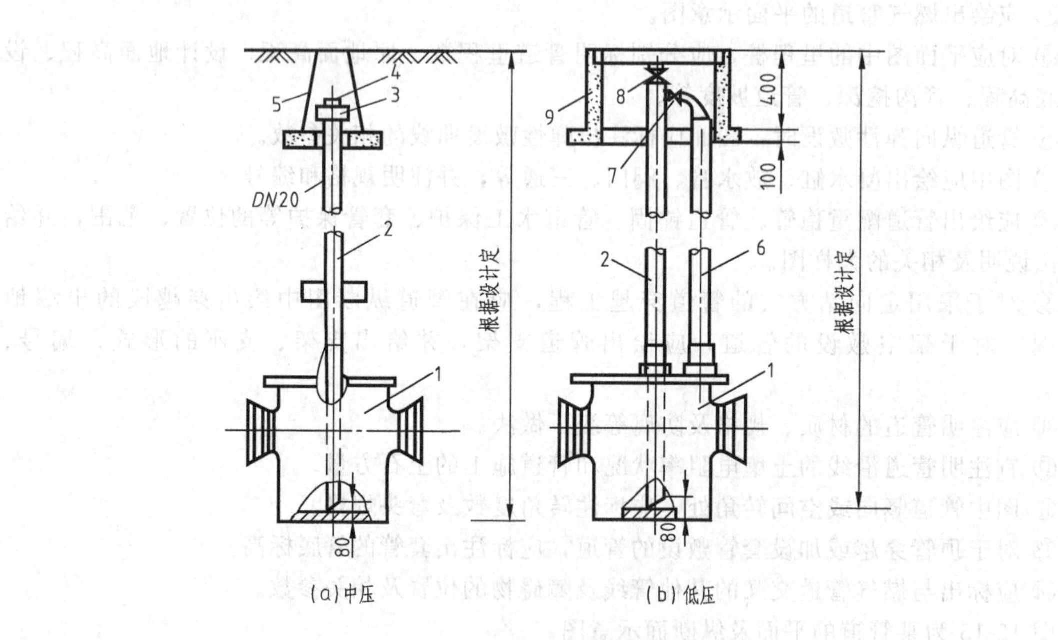

图 12-18 铸铁排水器详图

1—凝水罐；2—排水管；3—管箍；4—丝堵；5—铸铁护罩；6—循环管；7—旋塞；8—排水阀；9—井墙

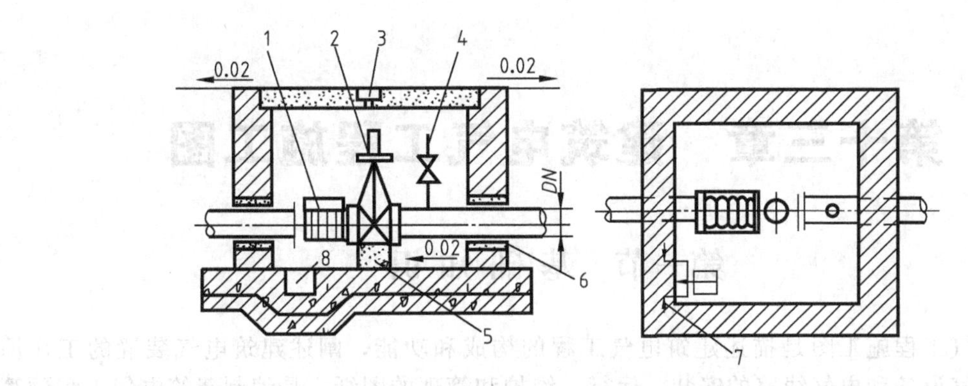

图 12-19　方形阀门井构造详图

1—波纹管补偿器；2—阀门；3—井盖；4—放散阀；5—阀门底支座；6—填料层；7—爬梯；8—集水坑

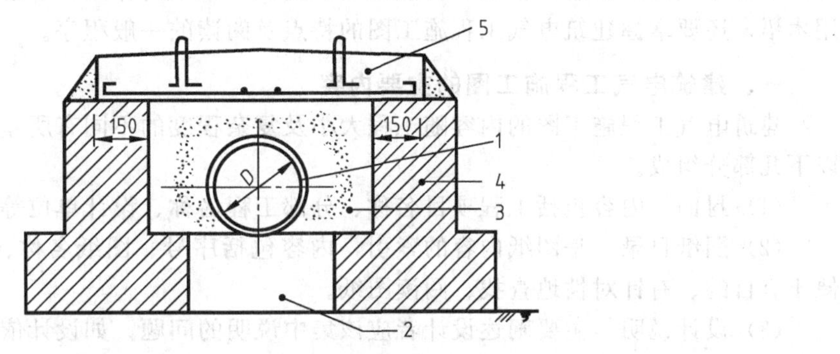

图 12-20　燃气管道地沟示意图

1—燃气管道；2—原土夯实；3—填砂；4—砖墙沟壁；5—盖板

第十三章　建筑电气工程施工图

第一节　基础知识

建筑电气工程施工图是描述建筑电气工程的构成和功能，阐述建筑电气装置的工作原理，指导电气设备和电气线路的安装、运行、维护和管理的图纸；是编制建筑电气工程预算和施工方案的重要依据，也是指导施工的重要依据。建筑电气工程施工图的种类很多，阅读建筑电气工程施工图，不但要掌握有关电气工程施工图的基本知识，了解各种电气图形符号，了解电气图的构造、种类、特点以及在建筑工程中的作用，了解电气图的基本规定和常用术语，还要掌握建筑电气工程施工图的特点及阅读的一般程序。

一、建筑电气工程施工图的主要内容

建筑电气工程施工图的内容随工程大小及复杂程度的不同有所差异，其主要内容通常由以下几部分组成。

（1）封面　内容包括工程项目名称、分部工程名称、设计单位等内容。

（2）图纸目录　是图纸内容的索引，内容包括序号、图纸名称、图号、张数、张次等。便于有目的、有针对性地查找、阅读图纸。

（3）设计说明　主要阐述设计者应该集中说明的问题，如设计依据、设计参数、安装要求和方法等。帮助读图者了解设计者的设计意图和对整个工程施工的要求，提高读图效率。

（4）主要设备材料表　给出该工程设计所使用的设备及主要材料。内容主要包括序号、设备材料名称、规格型号、单位、数量等，为编写工程概预算及设备、材料的订货提供依据。

（5）电气系统图　主要表示整个工程或其中某一项目的供电方式和电能输送之间的关系，也用来表示某一装置和主要组成部分的电气关系。

（6）电气平面图　表示各种电气设备与线路的平面布置位置，是进行建筑电气工程施工的重要依据。一般包括照明平面图、防雷平面图、综合布线系统平面图、火灾自动报警系统施工平面图等。由于电气平面图缩小的比例较大，因此不能表现电气设备的具体位置，只能反映电气设备之间的相对位置关系。

（7）设备布置图　表示各种电气设备平面与空间的位置、安装方式及其相互关系。由平面图、立面图、断面图、剖面图及各种构件详图等组成。

（8）电路图　表示某一具体设备或系统电气工作原理，用来指导某一设备与系统的安装、接线、调试、使用和维护。

（9）安装接线图　表示成套装置、设备或装置的连接关系，用以进行接线和检查的一种简图。在进行系统校线时配合电路图能很快查出元件接点位置及错误。

（10）大样图（详图、标准图）　表示电气工程中某一设备、装置等的具体安装方法的图纸。

二、建筑电气工程施工图识读的一般程序

1. 建筑电气工程施工图的特点

① 建筑电气工程施工图采用标准的图形符号并加注文字符号绘制。

② 任何电路都必须构成回路。电路应包括电源、用电设备、导线和开关控制设备四个组成部分。

③ 电路中的电气设备和元件都是通过导线连接起来的，导线可长可短，能比较方便地跨越较远的空间距离。

④ 建筑电气工程施工是与主体工程及其他安装工程施工配合进行的，因此，应该将建筑电气工程施工图与有关土建工程图、管道工程图等对应起来阅读。

⑤ 建筑电气工程施工图对于所属设备的安装方法、技术要求等，往往不能完全反映出来。阅读图纸时，有关安装方法、技术要求等问题，要注意阅读有关标准图集和有关规范并参照执行，达到编制工程预算和施工方案的目的。

2. 阅读建筑电气工程施工图的一般程序

阅读建筑电气工程施工图的一般程序为：了解概况先浏览，重点内容反复看；安装方法找大样，技术要求查规范。

(1) 看标题栏及图纸目录　了解工程名称、项目内容、设计日期及图纸数量和内容等。

(2) 看总说明　了解工程总体概况及设计依据，了解图纸中未能表达清楚的各有关事项。如供电电源的来源、电压等级、线路敷设方法、设备安装高度及安装方式、补充使用的非国标图形符号、施工中应注意的事项等。有些分项局部问题是分项工程的图纸说明的，看分项工程图纸时，也要先看设计说明。

(3) 看系统图　了解系统的基本组成、主要电气设备、元件等连接关系及其规格、型号、参数等，掌握系统的组成概况。

(4) 看平面布置图　平面布置图是建筑电气工程施工的主要依据。如照明平面图，防雷、接地平面图，火灾自动报警系统平面图，综合布线系统平面图等。这些平面图都是用来表示设备安装位置、线路敷设部位、敷设方法及所用导线型号、规格、数量、管径大小的。在阅读了系统图，了解了系统组成概况之后，就可依据平面图编制工程预算和施工方案，具体组织施工了，因此对平面图必须熟读。阅读建筑电气工程施工平面图的一般顺序是：进线→总配电箱→干线→支干线→分配电箱→用电设备。

(5) 看电路图　了解系统中用电设备的电气自动控制原理，用来指导设备的电气装置安装和控制系统的调试工作。因电路图多是采用功能布局法绘制的，看图时应依据功能关系从上至下或从左至右一个回路一个回路地阅读。熟悉电路中各电器的性能和特点，对读懂图纸是很有帮助的。

(6) 看安装接线图　了解设备或电器的布置与接线，与电路图对应阅读，掌握进线控制系统的配线和调校。

(7) 看安装大样图　安装大样图是用来详细表示设备安装方法的图纸，是依据施工平面图，进行安装施工和编制工程材料计划时的重要参考图纸。特别是对于初学安装的人更显重要，甚至可以说是不可缺少的。安装大样图多采用全国通用电气装置标准图集，其选用的依据是设计说明或施工平面内容。

(8) 看设备材料表　设备材料表提供了该工程使用的设备、材料型号、规格和数量，是编制购置设备、材料计划的重要依据之一。

三、建筑电气工程施工图中常用的图形符号

1. 建筑电气工程施工图的图示特点

建筑电气工程施工图采用正投影法绘制。在画图时要选取合适的比例，细部构造配以较

大比例的详图并加以文字说明，由于电气构配件和材料种类繁多，常采用国家标准中的有关规定和图例来表示。建筑电气工程施工图和其他图样一样，要遵守统一性、正确性和完整性的原则。统一性，是指各类工程图样的符号、文字和名称要前后一致；正确性，是指图样的绘制要正确无误，符合国家标准，并能正确指导施工；完整性，是指各类技术元件齐全。

一套完整的建筑电气工程施工图包括：目录，电气设计说明，电气系统图，电气平面图，设备控制图，设备安装大样图（详图），安装接线图，设备材料表等。对不同的建筑电气工程项目，在表达清楚的前提下，根据具体情况，可适当取舍。

2. 建筑电气工程施工图中常用的图形符号

电气图形符号是电气技术领域的重要信息语言，常用的电气符号见表 13-1。

表 13-1 常用电气符号

名 称	图 例	名 称	图 例
接地		接通的连接片	
柔性连接		断开的连接片	
屏蔽导体		电阻器	
绞合导线		电动机	M
电缆中的导线		发电机	G
同轴对		整流器	
屏蔽同轴对		逆变器	
电缆密封终端		光电发生器	G
连接点		接地极	E
端子		地下线路	
端子板		避雷线、带、网	LP
阴接触件、插座		避雷针	
阳接触件、插头		电气箱、柜、屏	
插头和插座		中性线	
保护线		保护接地线	PE

续表

名　称	图　例	名　称	图　例
保护线和中性线公用线		电流表	A
电压表	V	功率因数表	cosφ
电能表	Wh	无功电能表	varh
接地线	E	电缆桥架线路	
电缆沟线路		过孔线路	
避雷器		火花间隙	
架空线路		管道线路	
电动阀	M	电磁阀	M
手动操作开关		手动三极开关	3 3
负荷开关		断路器	

第二节　建筑强电工程施工图

一、照明工程施工图的识读

照明工程施工图的识读主要掌握照明的系统图和平面图，系统图表明照明系统回路，从照明配电箱引出线路，表明控制关系。平面图是了解平面灯具的布置线路的走向，控制开关的设置等，两者均很重要。

常用照明配电系统接线示意图见表13-2。

表 13-2 常用照明配电系统接线示意图

序号	供电方式	照明配电系统接线示意图	方案说明
1	单台变压器系统	220/380V 电力负荷 正常照明 疏散照明	照明与电力负荷在母线上分开供电，疏散照明线路与正常照明线路分开
2	一台变压器及一路备用电源线系统	220/380V 备用电源 电力负荷 正常照明 备用照明	照明与电力负荷在母线上分开供电，暂时继续工作的备用照明由备用电源供电
3	一台变压器及蓄电池组系统	蓄电池组 自动切换装置 220/380V 电力负荷 正常照明 备用照明	照明与电力负荷在母线上分开供电，暂时继续工作的备用照明由蓄电池供电
4	两台变压器系统	220/380V 电力负荷 电力负荷 应急照明 正常照明	照明与电力负荷在母线上分开供电，正常照明和应急照明由不同变压器供电
5	变压器-干线(一台)系统	220/380V 正常照明 电力负荷	对外无低压联络线时，正常照明电源接自干线总断路器之前

续表

序号	供电方式	照明配电系统接线示意图	方案说明
6	变压器-干线（两台）系统	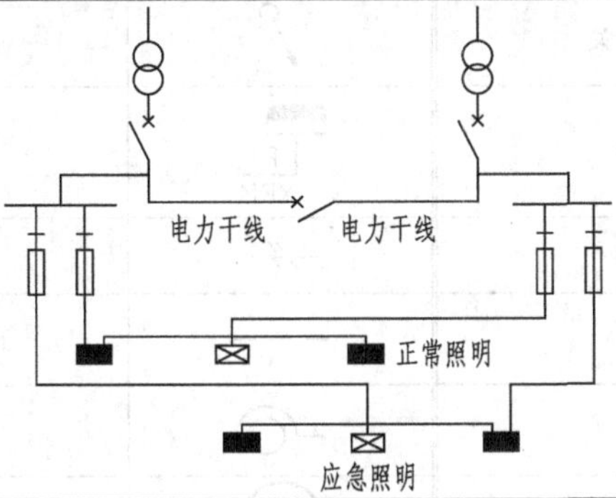 电力干线 电力干线 正常照明 应急照明	两段干线件间设联络断路器，照明电源接自变压器低压总开关的后侧，当一台变压器停电时，通过联络开关接到另一段干线上，应急照明由两段干线交叉供电
7	由外部线路供电系统（2路电源）	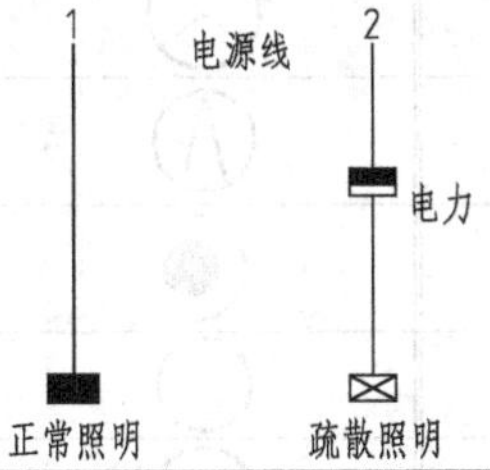 1 电源线 2 电力 正常照明 疏散照明	适用于不设变电所的重要或较大的建筑物，几个建筑物的正常照明可共用一路电源线，但每个建筑物进线应装带保护的总断路器
8	由外部线路供电系统（1路电源）	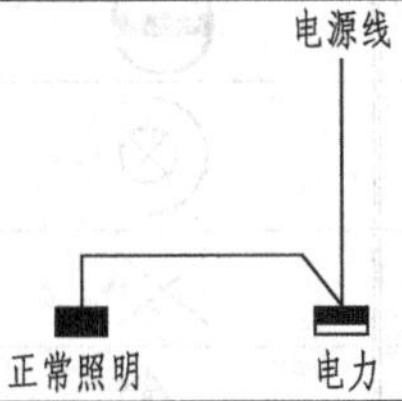 电源线 正常照明 电力	适用于次要的或较小的建筑物，照明接于电力配电箱总断路器前
9	多层建筑低压供电系统	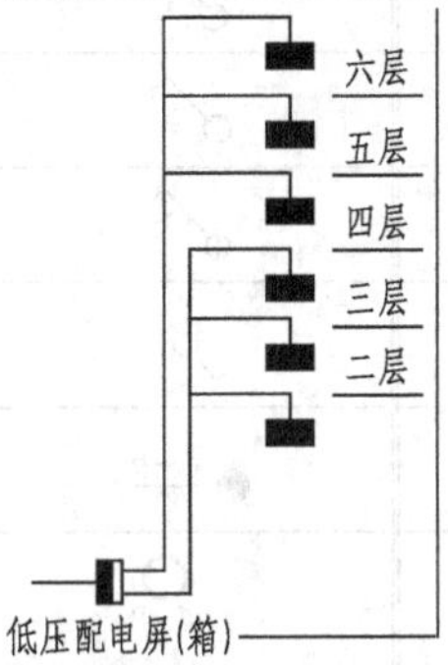 六层 五层 四层 三层 二层 低压配电屏(箱)	在多层建筑内，一般采用干线式供电，总配电箱装在底层

照明系统一般符号及标注方法见表13-3。

表13-3　照明系统一般符号及标注方法

图例	名称	图例	名称
	天棚灯		隔爆灯
	灯具一般符号		防爆荧光灯
	壁灯	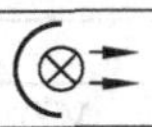	聚光灯
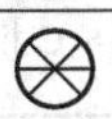	花灯	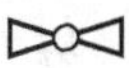	吊式风扇
	矿山灯		单极双控拉线开关

续表

图例	名称	图例	名称
	单极暗装开关		管线引下
	双极开关	P1 XRM	配电盘 编号/型号
kW·h	电度表		三根
	调光器		直流线路应急照明线
	管线引上		弯灯
	管线由上引下		广照型灯
	两根		深照型灯
n	*n* 根线		局部照明灯
	荧光灯		防爆灯
	双管荧光灯		安全灯
	安全灯		投光灯一般符号
	防水防尘灯		瓷质座式灯头
	乳白玻璃球形灯		单极拉线开关
	排风扇		单极开关
	应急灯		单极防爆开关
	泛光灯		双控开关
30	设计照度 30lx	$\frac{a-b}{c}$	*a-b* 为双测垂直照度，lx *c* 为水平照度，lx
	开关一般符号		管线由下引来
	单极密闭（防水）开关		管线由下引上
t	单极延时开关		四根
a	照明照度检查点 （*a*—水平照度）		进户线
	管线由上引来		36V 以下交流线路

相序标注

U① $L_1$②	A 相	V① $L_2$②	B 相	W① $L_3$②	C 相

① 交流设备端。
② 交流电源端。

现以实例说明电气照明工程施工图的识读方法与过程。

图 13-2 是某办公楼一楼照明平面图，配电箱 AL1 引进一路电源分配给七路负载，其中有两路备用。配电箱中有主开关和七个分开关（图 13-1）。其中照明三路，插座两路，另外两路为备用。两路插座采用漏电保护开关。WL1 提供卫生间、门厅及办公室照明（各房间又有开关），WL2 提供中部两房间照明，五行荧光灯均由分开关控制。WL3 提供包房、配餐、主食加工、副食加工、门卫兼收发几个方面的照明。各房间及门厅照明灯具均由独立开关控制。平面图未示出插座位置。图 13-3 为二层办公室、走廊、门厅、开水间、卫生间照明平面图。图 13-4 为 AL2 配电箱系统图，反映出一路进线，总开关，七路分开关七路出线，其中两路备用，在平面图中示出了插座平面位置。三路插座和一路备用均为漏电保护开关。

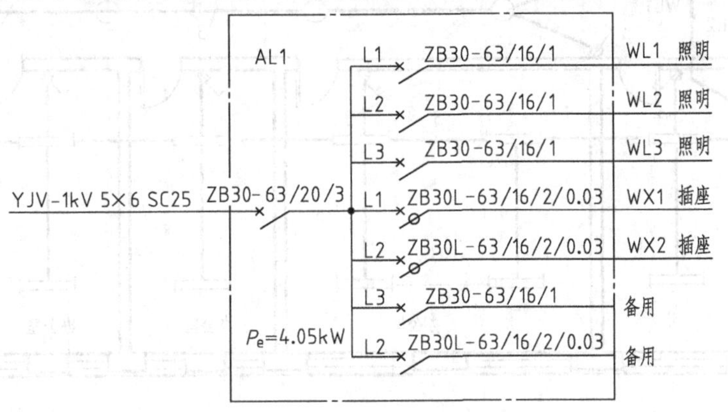

图 13-1　AL1 配电箱系统图

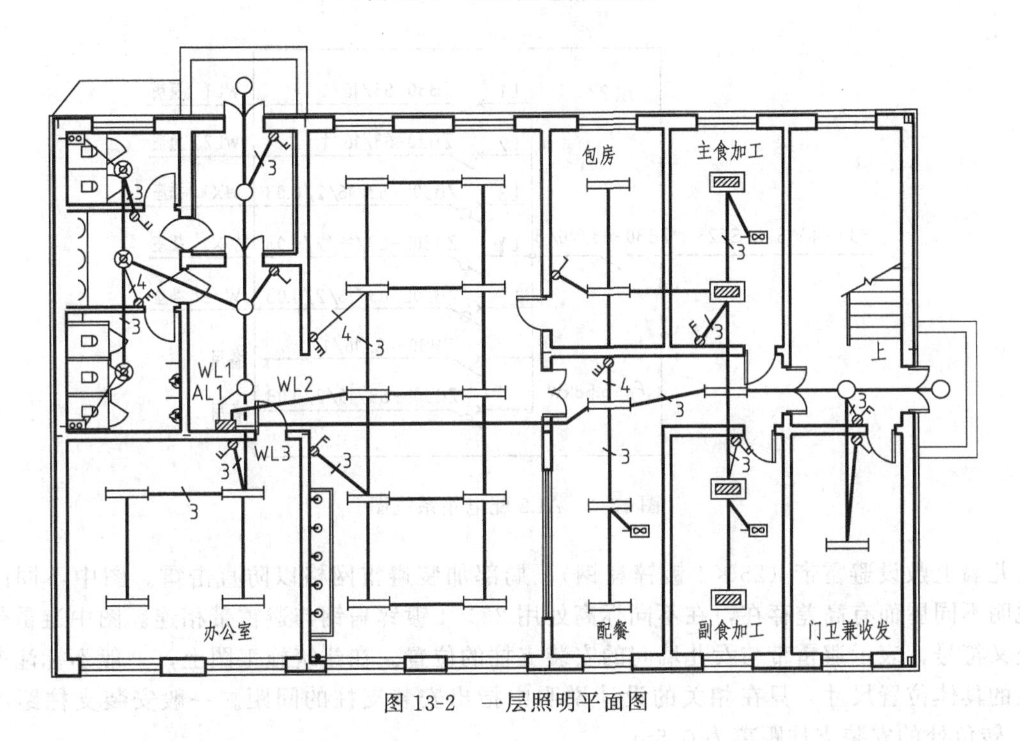

图 13-2　一层照明平面图

二、建筑防雷与接地工程施工图的识读

1. 建筑防雷工程施工图的识读

图 13-5 所示为某大楼屋面防雷电气工程图。图中建筑物为一级防雷保护，在屋顶水箱

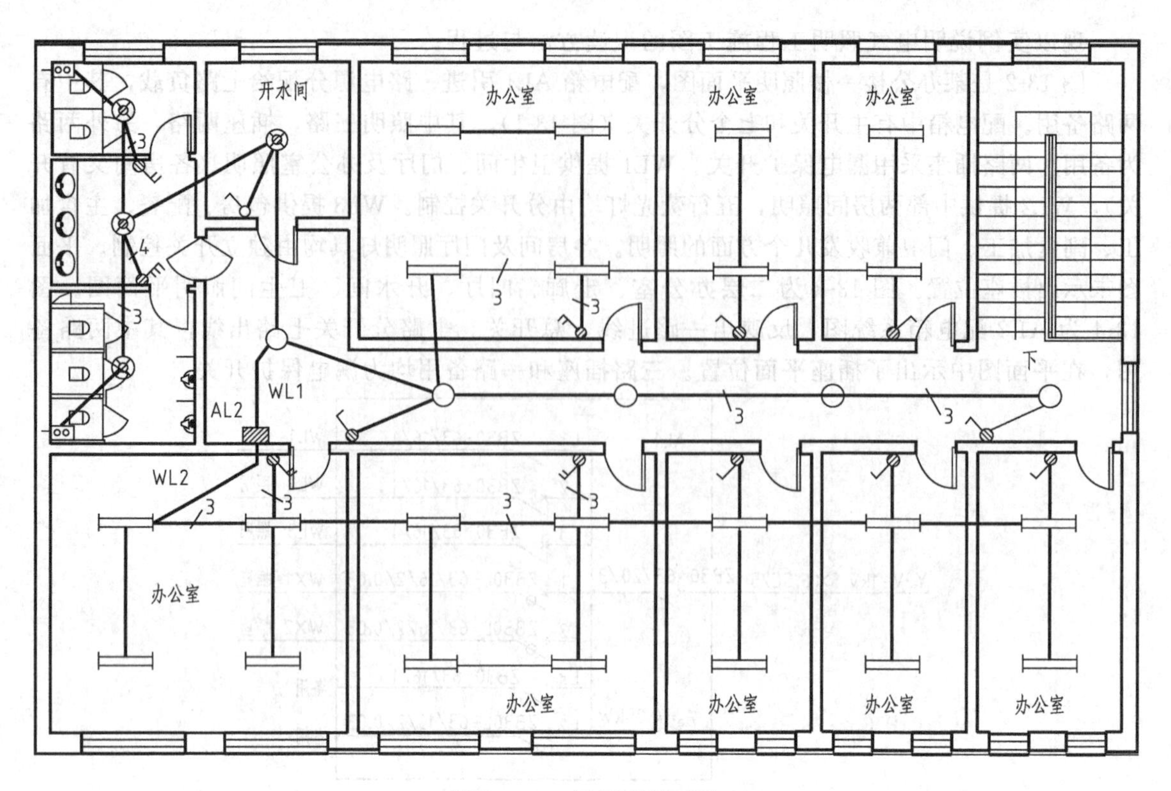

图 13-3 二层照明平面图

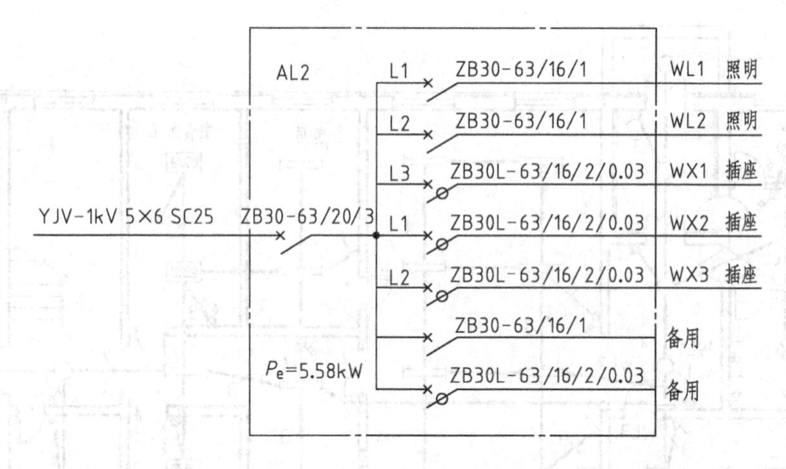

图 13-4 AL2 配电箱系统图

及女儿墙上敷设避雷带（25×4 镀锌扁钢），局部加装避雷网格以防直击雷。图中不同的标高说明不同屋面有高差存在，在不同标高处用 25×4 镀锌扁钢与避雷带相连。图中避雷带上的交叉符号，表示避雷带与女儿墙间的安装支柱的位置。在建筑施工图上，一般不标注安装支柱的具体位置尺寸，只在相关的设计说明中指出安装支柱的间距。一般安装支柱距离为 1m，转角处的安装支柱距离为 0.5m。

屋面上所用金属构件均与接地体可靠连接，5 个航空障碍灯、卫星天线的金属支架均应可靠接地。屋面避雷网格在屋面顶板内 50mm 处安装。

大楼避雷引下线共 22 条，图中用带方向为斜下方的箭头及实圆点来表示。实际工程是

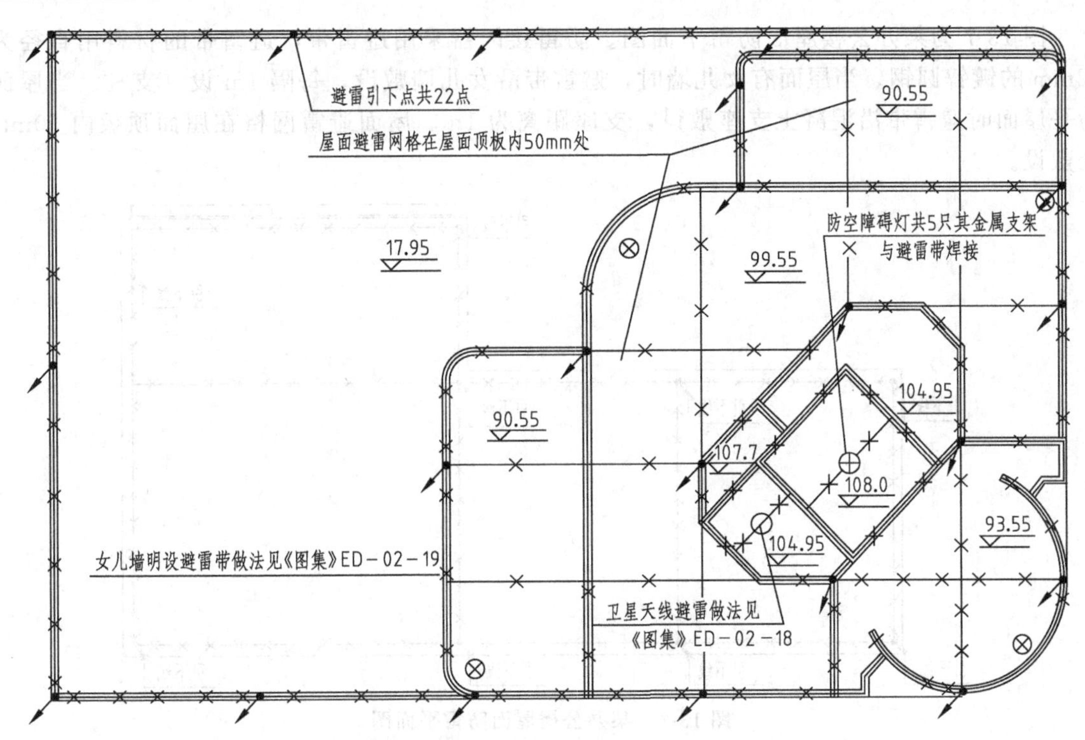

图 13-5 某大楼屋面防雷电气工程图

利用柱子中的两根主筋作为避雷引下线，作为引下线的主筋要可靠焊接。

大楼每三层沿建筑物四周在结构圈梁内敷设一条 25×4 镀锌扁钢或利用结构内的主筋焊接构成均压环。所有引下线与建筑物内的均压环连接。自 30m 以上，所有的金属栏杆、金属门窗均与防雷系统可靠连接，防止侧击雷的破坏。

图 13-6 为某住宅楼屋面防雷平面图的一部分。在不同标高的女儿墙以及电梯机房的屋檐等容易受雷击部位，都设置了避雷带。两根主筋作为避雷引下线，避雷引下线要可靠焊接。

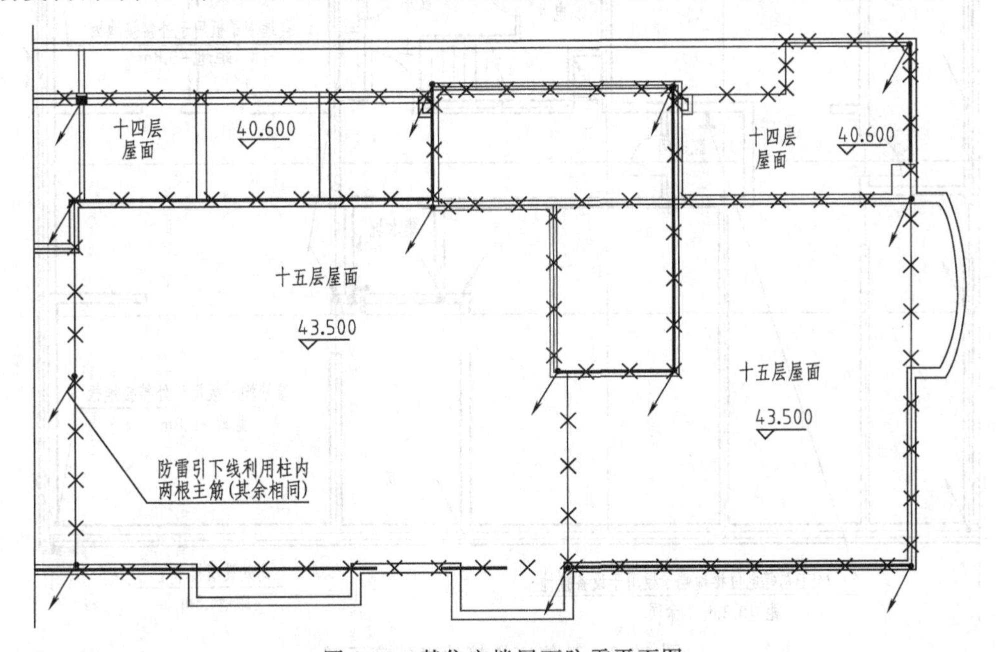

图 13-6 某住宅楼屋面防雷平面图

图 13-7 为某办公楼屋面防雷平面图。防雷接闪器采用避雷带，避雷带的材料用直径为 12mm 的镀锌圆钢。当屋面有女儿墙时，避雷带沿女儿墙敷设，每隔 1m 设一支柱。当屋面为平屋面时避雷带沿混凝土支座敷设，支座距离为 1m。屋面避雷网格在屋面顶板内 50mm 处敷设。

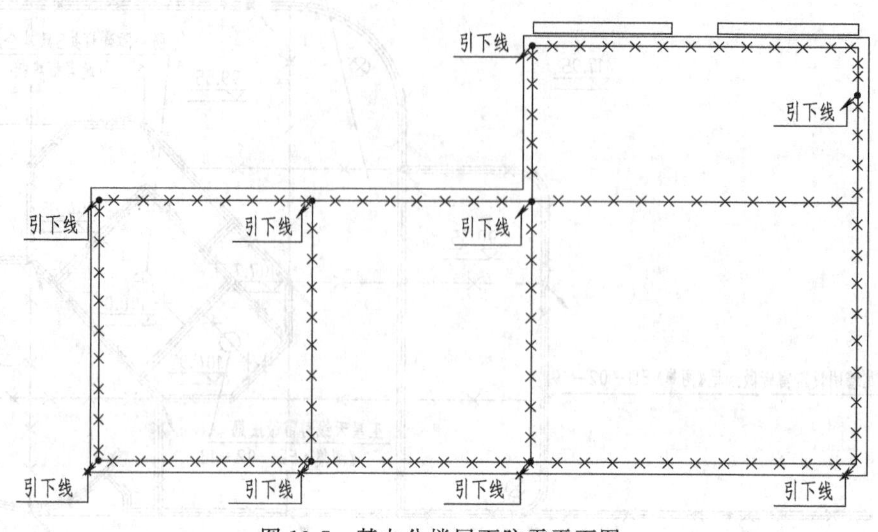

图 13-7 某办公楼屋面防雷平面图

2. 建筑接地工程施工图的识读

图 13-8 为某住宅楼接地电气施工图的一部分，防雷引下线与建筑物防雷部分的引下线

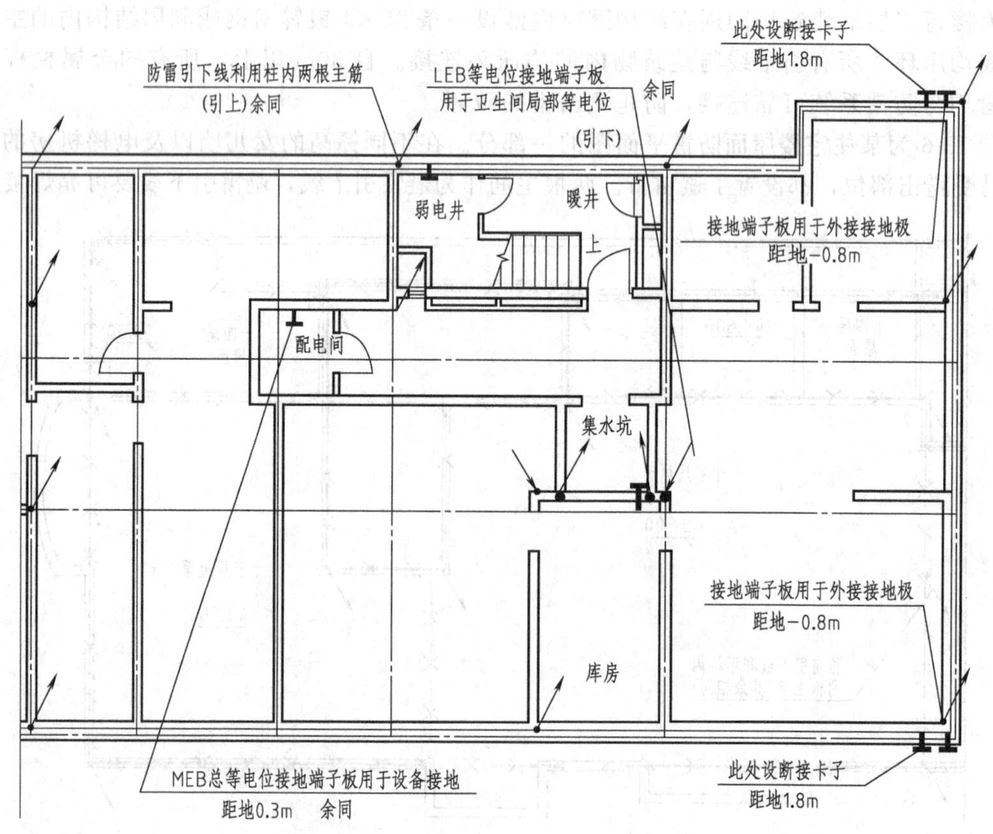

图 13-8 某住宅楼接地电气施工图

对应。在建筑物转角 1.8m 处设置断接卡子，用于接地电阻测量；在距建筑物两端 0.8m 处设置有接地端子板，用于外接人工接地体。根据有关规定，人工接地体的安装位置要在建筑物 3m 之外，垂直人工接地体应采用长度为 2.5m 的角钢或镀锌圆钢，两接地体的间距一般为 5m，水平接地体一般采用镀锌扁钢材料，接地线均采用扁钢或圆钢，并应敷设在易于检测的地方，且应有防止机械损伤及防止化学腐蚀的保护措施。当接地线与电缆或其他电线交叉时，其间距至少应维持 25mm。在接地线与管道、公路等交叉处以及其他可能使接地线遭受机械损伤的地方，均应套钢管保护。所以预留接地体接地端子板时，要考虑人工接地体的安装位置。在住宅卫生间的位置，设置 LEB 等电位接地端子板，用于对各卫生间的局部等电位可靠接地；在配电间距地 0.3m 处，设有 MEB 总等电位接地端子板，用于设备接地。

图 13-9 为某办公楼接地电气施工图。图中有 8 个避雷引下线，有 2 个距地 0.3m 的接地端子板，有 4 个断线卡子用于测量接地电阻。图中接地断线卡子未标明用途，这种情况一般可以在设计说明中找到答案。

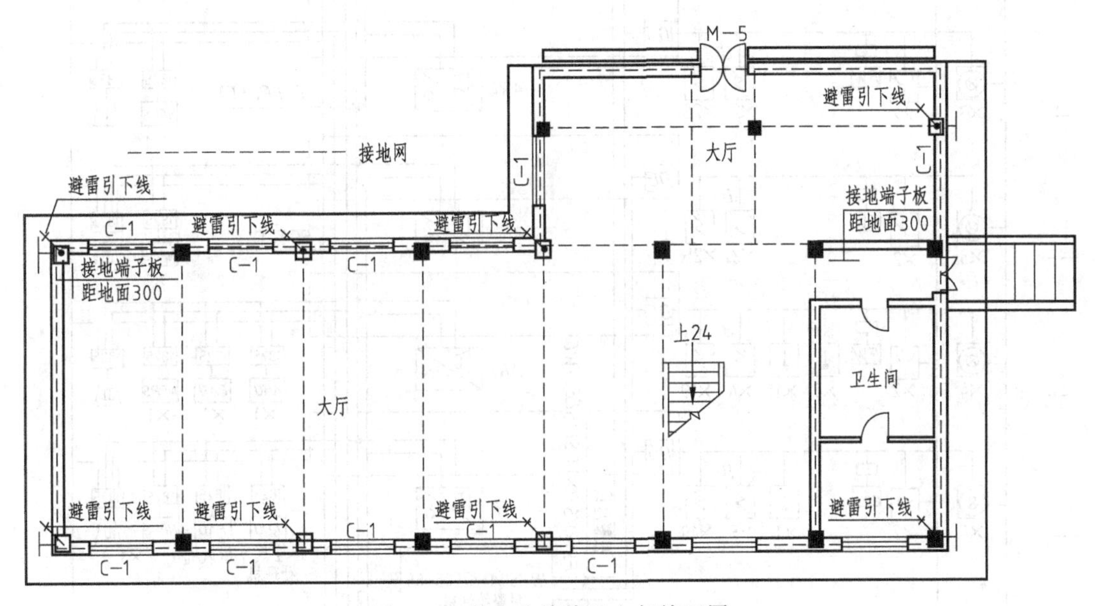

图 13-9　某办公楼接地电气施工图

第三节　建筑弱电工程施工图

弱电系统涉及的知识范围较为广泛，掌握各部分弱电系统的基本知识对弱电系统识图非常重要。因此应了解弱电系统中所涉及的各种设备的基本功能和特点、工作方式、技术参数，这些对了解整个系统极为重要。只有对弱电系统有较好的理解才能对系统技术图有较为深入的了解和掌握。

一、自动消防报警与联动控制系统电气施工图的识读

1. 工程概况

某综合楼，建筑总面积 7000m^2，总高度 30m；地下 1 层、地上 8 层。图 13-10 为该工程系统图，图 13-11 为地上一层火灾报警平面布置图，其余各层在此不再给出。

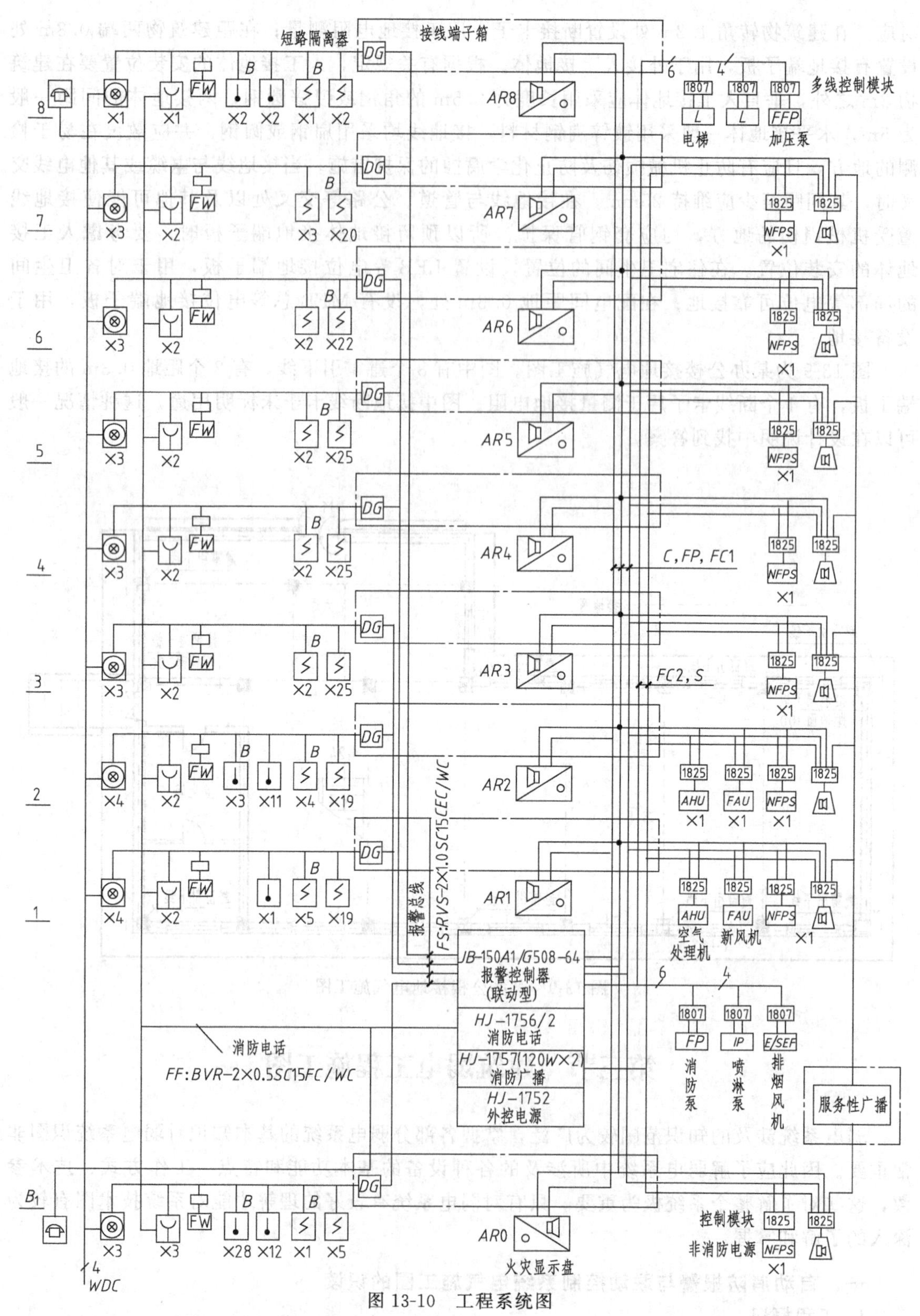

图 13-10　工程系统图

WDC—去直接启动泵；FC1—联动控制总线 BV-2×1.0SC15WC/FC/CEC；C—RS-485 通信总线 RVS-2×1.0SC15WC/FC/CEC；FC2—多线联动控制总线 BV-2×1.5SC20WC/FC/CEC；FP—24V DC 主机电源总线 BV-2×4SC15WC/FC/CEC；S—消防广播线 BV-2×1.5SC15WC/FC/CEC

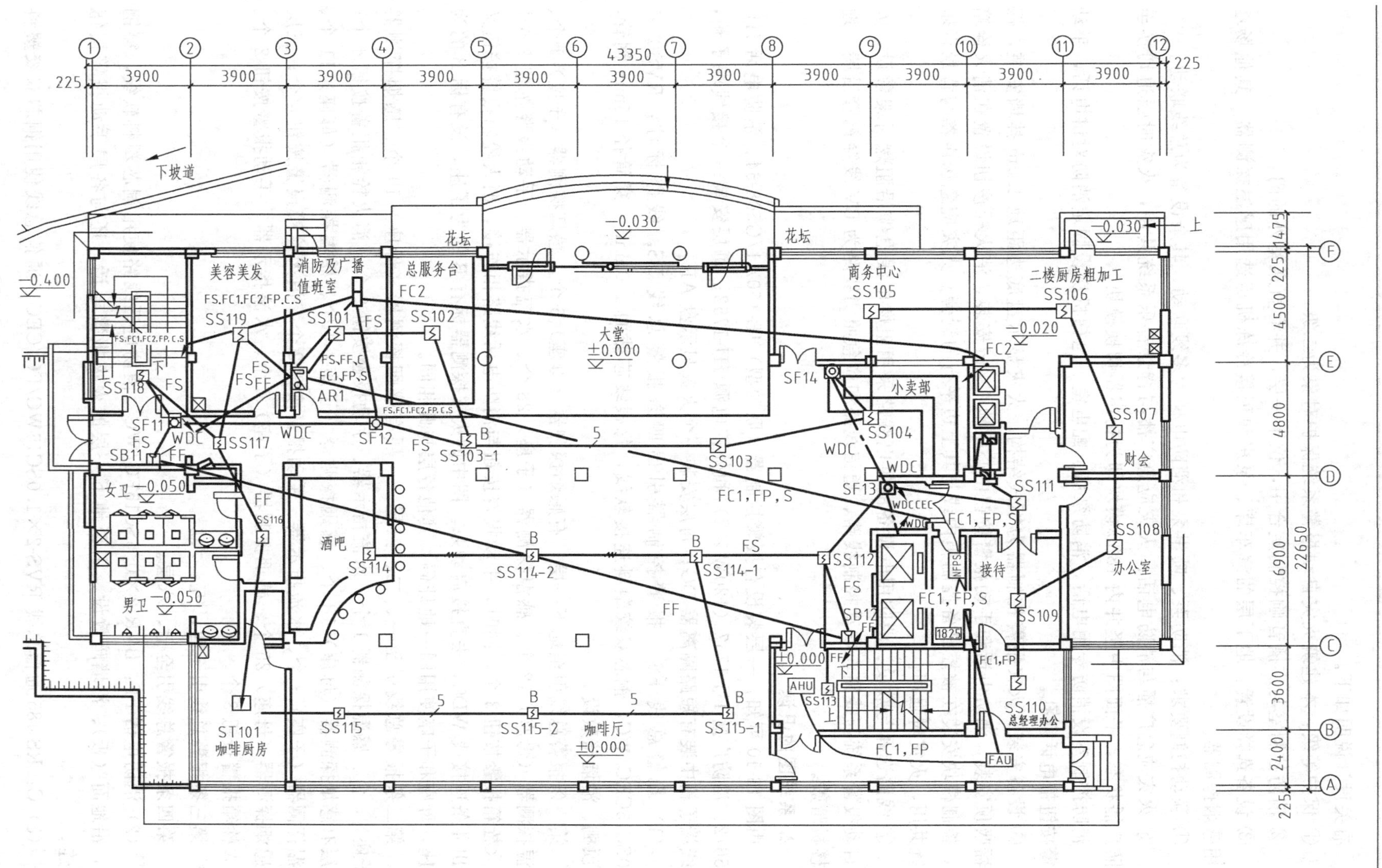

图 13-11　一层火灾报警平面布置图

有关设计说明如下。

① 保护等级：本建筑火灾自动报警系统保护对象为二级。

② 消防控制室与广播音响控制室合用，位于一层，并有直通室外的门。

③ 设备选择设置：地下层的汽车库、泵房和顶楼冷冻机房选用感温探测器，其他场地选用感烟探测器。

④ 联动控制要求：消防泵、喷淋泵和消防电梯为多线联动，其余设备为总线联动。

⑤ 火灾应急广播与消防电话：火灾应急广播与背景音乐系统共用，火灾时强迫切换至消防广播状态，平面图中竖井内1825模块即为扬声器切换模块。

消防控制室设消防专用电话，消防泵房、配电室、电梯机房设固定消防对讲电话，手动报警按钮带电话塞孔。

⑥ 设备安装：火灾报警控制器为柜式结构。火灾显示盘底边距地1.5m挂墙安装，探测器吸顶安装，消防电话和手动报警按钮中心距地1.4m安装，消火栓按钮设置在消火栓箱内，控制模块安装在被控设备控制柜内或与其上边平行的近旁。火灾应急扬声器与背景音乐系统共用，火灾时强切。

⑦ 线路选择与敷设：消防用电设备的供电线路采用阻燃电线电缆沿阻燃桥架敷设，火灾自动报警系统与线路、联动控制线路、通信线路和应急照明线路为BV线穿钢管沿墙、地和楼板暗敷。

2. 系统图的识读

由图13-10可知，一层装设有报警控制器（联动型）JB-150A1/G508-64、消防电话HJ-1756/2、消防广播HJ-1757（120W×2）和外控电源HJ-1752；每层安装一个接线端子箱，接线端子箱中装有短路隔离器DG；每层安装一个火灾显示盘AR。

（1）报警总线FS　报警控制器引出四条报警总线FS。线路标注：RVS-2×1.0SC15CEC/WC，铜芯双绞塑料连接软线，每根线芯截面1.0mm^2，穿管径15mm钢管，沿顶棚、沿墙暗敷设。

第一条报警总线引至地下一层，有感烟探测器（母座）5个、感烟探测器（子座）1个、感温探测器（母座）12个、感温探测器（子座）28个、水流指示器、手动报警按钮3个、消火栓箱报警按钮3个。同时，手动报警按钮与消防电话线路相连接，消火栓箱报警按钮又引出4条连接线WDC，去直接启动泵。图中的火灾探测器标有B的为子座，没有标B的为母座，母座和子座使用同一地址码，其他各层与此相同。

第二条报警总线引至一、二、三层。一层有感烟探测器（母座）19个、感烟探测器（子座）5个、感温探测器1个、水流指示器、手动报警按钮2个、消火栓箱报警按钮4个；二层有感烟探测器（母座）18个、感烟探测器（子座）4个、感温探测器（母座）11个、感温探测器（子座）3个、水流指示器、手动报警按钮2个、消火栓箱报警按钮4个；三层有感烟探测器（母座）25个、感烟探测器（子座）2个、水流指示器、手动报警按钮2个、消火栓箱报警按钮3个。

第三条报警总线引至四、五、六层。

第四条报警总线引至七、八层。

（2）消防电话FF：BVR-2×0.5SC15FC/WC　消防电话线路使用铜芯塑料软线，穿钢管，沿地面（板）、沿墙暗敷设，引至地下一层的火灾报警电话，还与各层手动报警按钮相连。

（3）C：RS-485通信总线RVS-2×1.0SC15WC/FC/CEC　通信总线使用铜芯双绞塑料

连接软线，沿墙、地面（板）、顶棚暗敷设，连接各层火灾显示盘 AR。

（4）FP：24V DC 主机电源总线 BV-2×4SC15WC/FC/CEC 主机电源使用铜芯塑料绝缘导线，连接各层火灾显示盘 AR 和控制模块 1825 所控制的各联动设备。

（5）FC1：联动控制总线 BV-2×1.0SC15WC/FC/CEC 联动控制总线连接控制模块 1825 所控制的各联动设备。

（6）FC2：多线联动控制总线 BV-2×1.5SC20WC/FC/CEC 多线联动控制总线连接控制模块 1807 所控制的消防泵、喷淋泵、排烟风机和设置于八层的电梯、加压泵等。

（7）S：消防广播线 BV-2×1.5SC15WC/CEC 消防广播线连接各层警报发声器。广播还有服务广播，与消防广播的扬声器合用。

3. 平面图的识读

图 13-11 为一层火灾报警平面图。因报警控制器装设于一层，所以，平面图从一层看起。

报警控制器放置于消防及广播值班室内，共引出四条线路。

（1）引向轴线②，有 FS、FC1、FC2、FP、C、S 共 6 条线路，再引向地下一层。

（2）引向轴线③，再进入本层接线端子箱（火灾显示盘 AR1）。

FS 引向轴线②、③之间的感烟火灾探测器 SS119。

FS 引向轴线③、④之间的感烟火灾探测器 SS101。

①、②线路上有一层的 19 个感烟火灾探测器（母座）SS101～SS119；5 个感烟火灾探测器（子座）SS115-1、SS115-2、SS114-1、SS114-2、SS113-1；1 个感温火灾探测器 ST101，最后合成一个环线。其中 SS114、SS114-1、SS114-2 之间配 3 根线是因为线座与子座之间的连接增加，SS115、SS115-1、SS115-2 之间配 5 根线的原因也是如此。为减少配线路径，线路中也设有几条分支，如 SS110、SS113、SS118 等。图中“SS”为感烟探测器的文字符号标注，“ST”为感温探测器的文字符号标注。

FF 引向轴线②与轴线Ⓓ相交处的手动报警按钮 SB11，并在此向上引线至 SB21；有引向轴线⑨和轴线Ⓒ相交处的 SB12，并在此分别向上至 SB22 和向下引线至轴线⑧处的 SB01。

引向轴线⑩处的 NFPS，有 FC1、FP、S 等线路。NFPS 接 FP 和 FC1，有连接到轴线⑩处的新风机 FAU 和轴线⑧处、楼梯间中的空气处理机 AHU；控制模块 1825 接 FC1、FP、S，又连接扬声器。

一层的 4 个消火栓箱报警按钮 SF11 装设于轴线②与轴线Ⓔ相交处，并连接 SS118、SB11、WDC（向下引）、SF12；SF12 装设于轴线④与轴线Ⓔ相交处，连接 SS103-1 和报警控制器；SF13 装设于轴线Ⓓ与轴线⑨相交处，连接 SS111、SS112、WDC（向下引）、WDC 引至 SF14、WDC 引至电梯间墙再向上引；SF14 装设于轴线⑧、⑨之间的轴线Ⓔ处，连接 SS104。

（3）引向轴线④，再向上引线，有 FS、FC1、FC2、FP、C、S 共 6 条线路。

（4）引向轴线⑩，为 FC2，再向下引线。

二、综合布线系统施工图的识读

1. 系统图

图 13-12～图 13-14 所示为某科研楼综合布线系统图。说明如下。

① 由 ODF 至各 HUB 的光缆采用单模或多模光缆，其上所标的数字为光纤芯数。

② 由 MDF 到 1～5FD 的电缆采用 25 对大对数电缆，其上所标的数字为电缆根数。

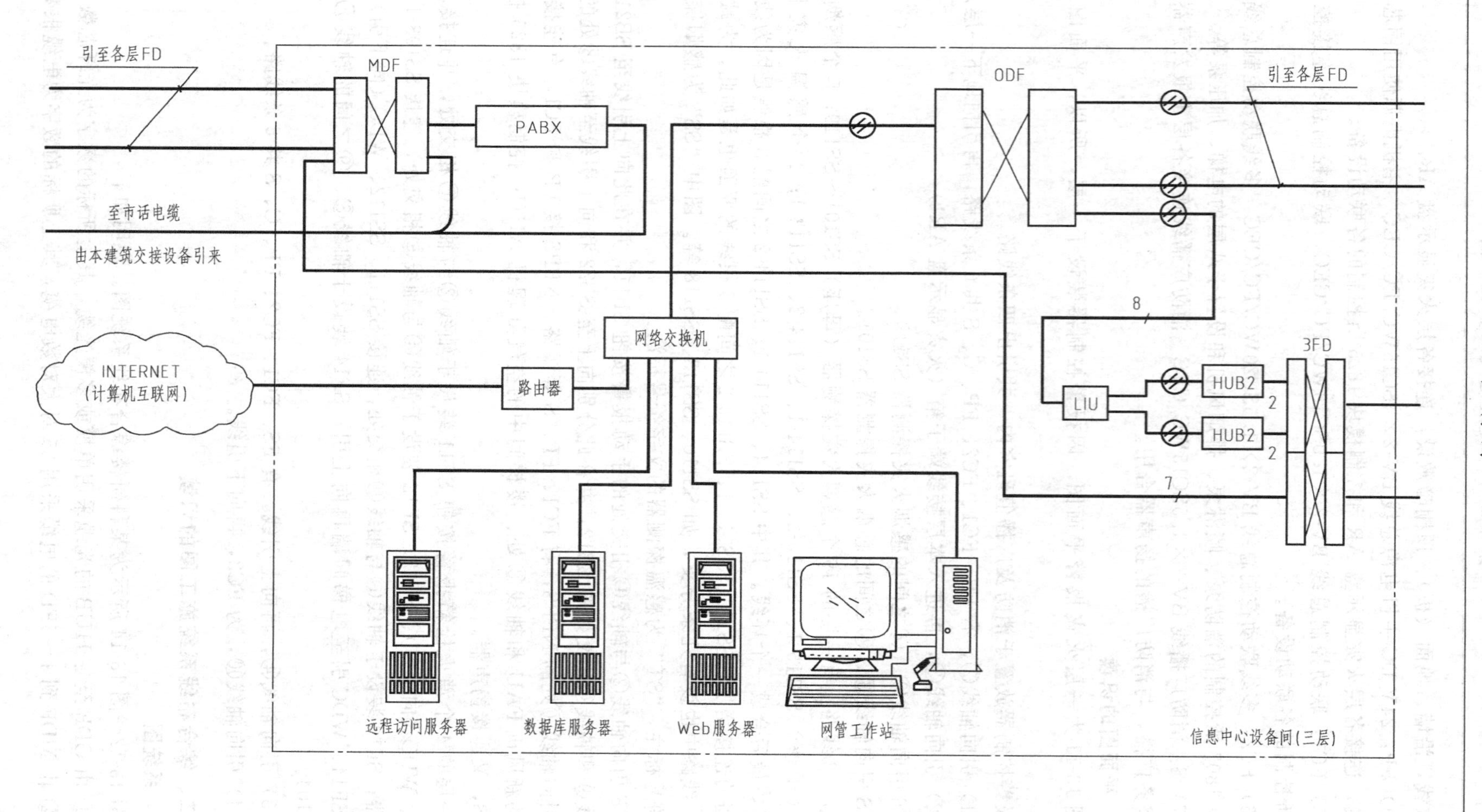

图 13-12 科研综合楼综合布线系统图（一）

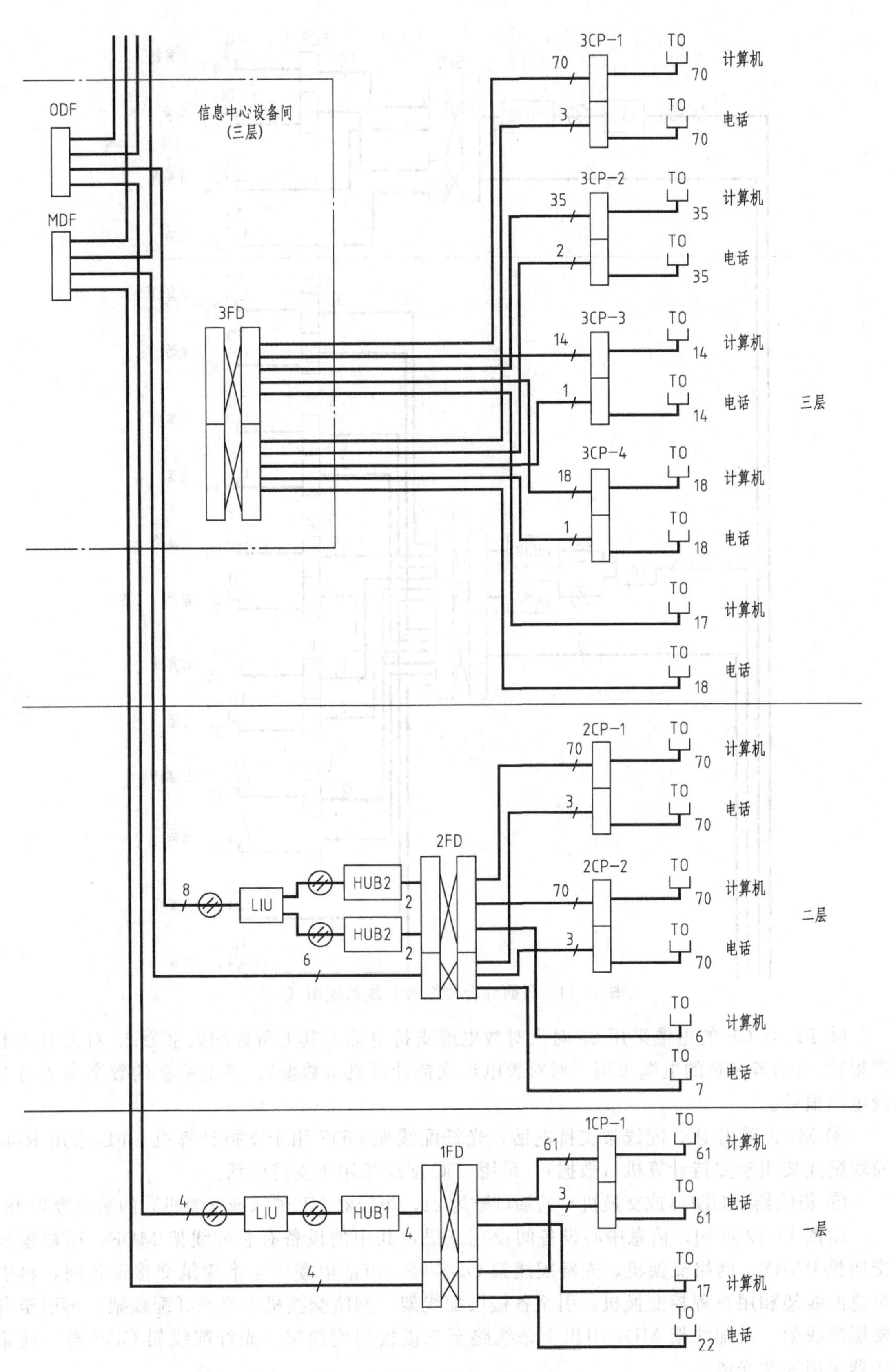

图 13-13　科研综合楼综合布线系统图（二）

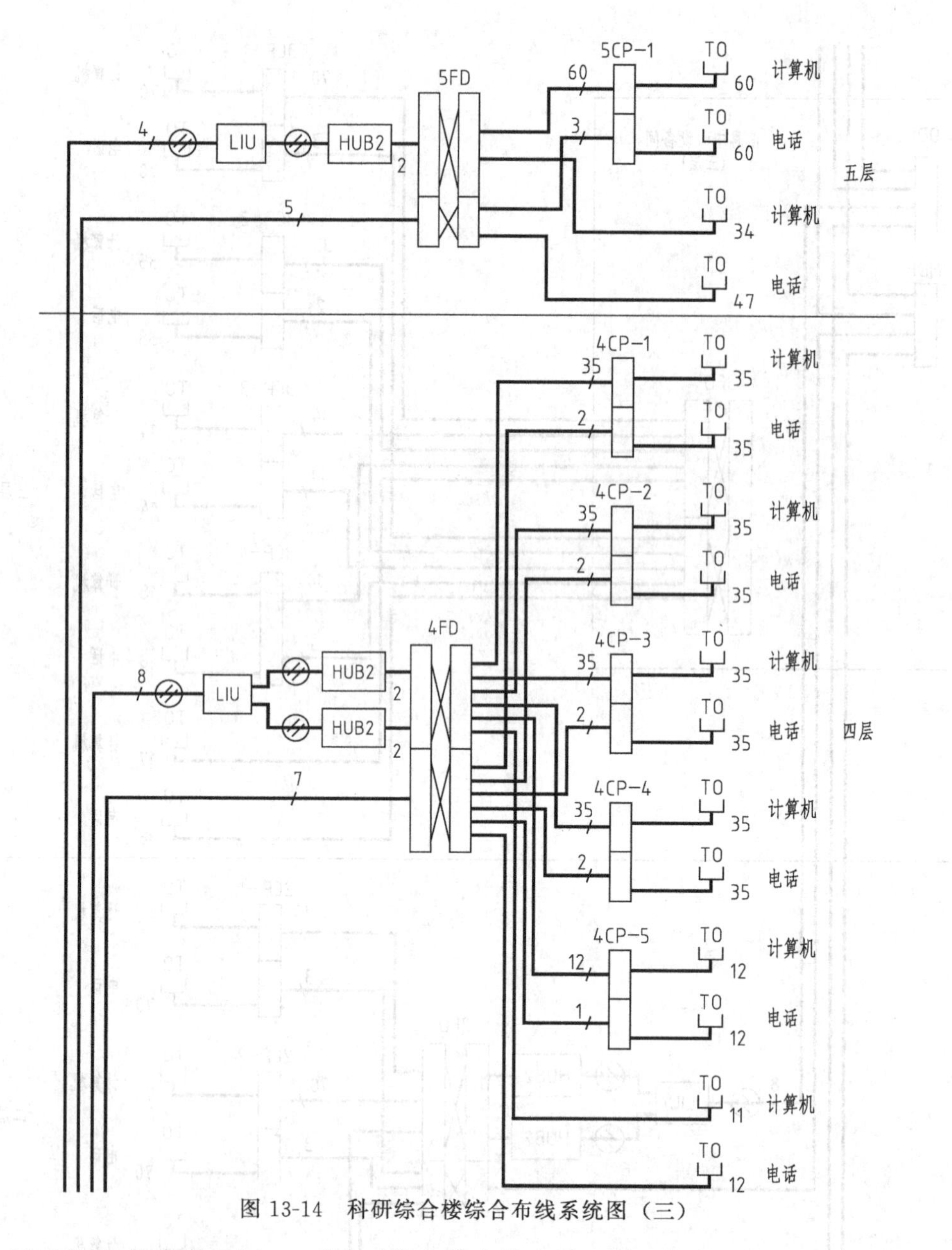

图 13-14 科研综合楼综合布线系统图（三）

③ FD 至 CP 的电缆采用 25 对大对数电缆支持电话，其上所标的数字为 25 对大对数电缆根数；FD 至 CP 的电缆采用 4 对对绞电缆支持计算机（数据），其上所标的数字为 4 对对绞电缆根数。

④ MDF 采用 IDC 配线架支持电话，光纤配线架 ODF 用于支持计算机。FD 采用 RJ45 模块配线架用于支持计算机（数据），采用 IDC 配线架用于支持电话。

⑤ 集线器 HUB1（或交换机）的端口数为 24，集线器 HUB2（或交换机）的端口数为 48。

由图 13-12 可知，信息中心设备间设在三层，其中的设备有总配线架 MDF、用户程控交换机 PABX、网络交换机、光纤配线架 ODF 等。市话电缆引至本建筑交接设备间，再引至总配线架和用户程控交换机，引至各楼层配线架。网络交换机引至光纤配线架，再引至各楼层配线架。总配线架 MDF 引出 7 条线路至三楼楼层配线架。光纤配线架 ODF 至三楼集线器采用 8 芯光缆。

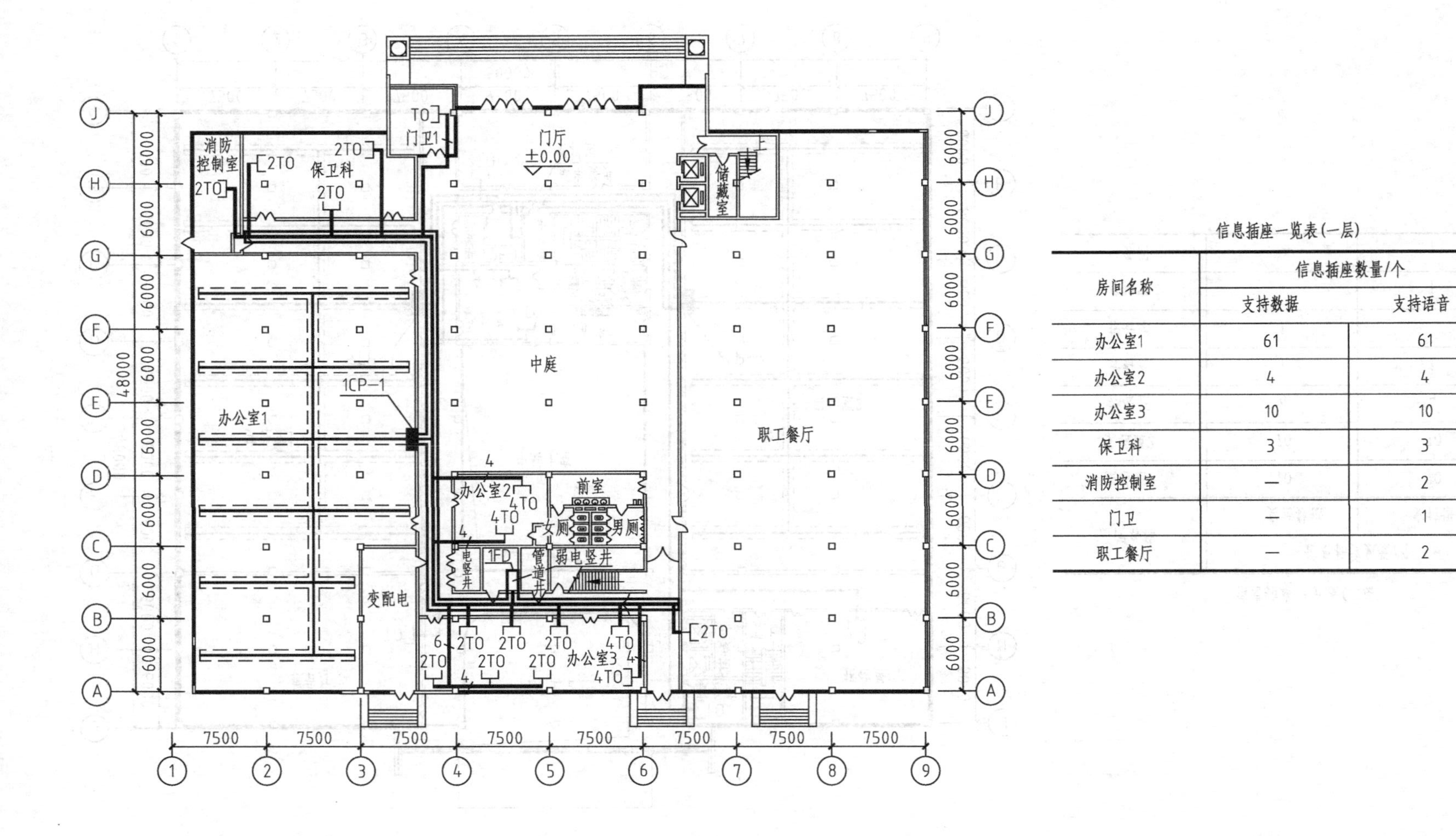

信息插座一览表(一层)

房间名称	信息插座数量/个	
	支持数据	支持语音
办公室1	61	61
办公室2	4	4
办公室3	10	10
保卫科	3	3
消防控制室	—	2
门卫	—	1
职工餐厅	—	2

图 13-15　科研综合楼一层综合布线平面图

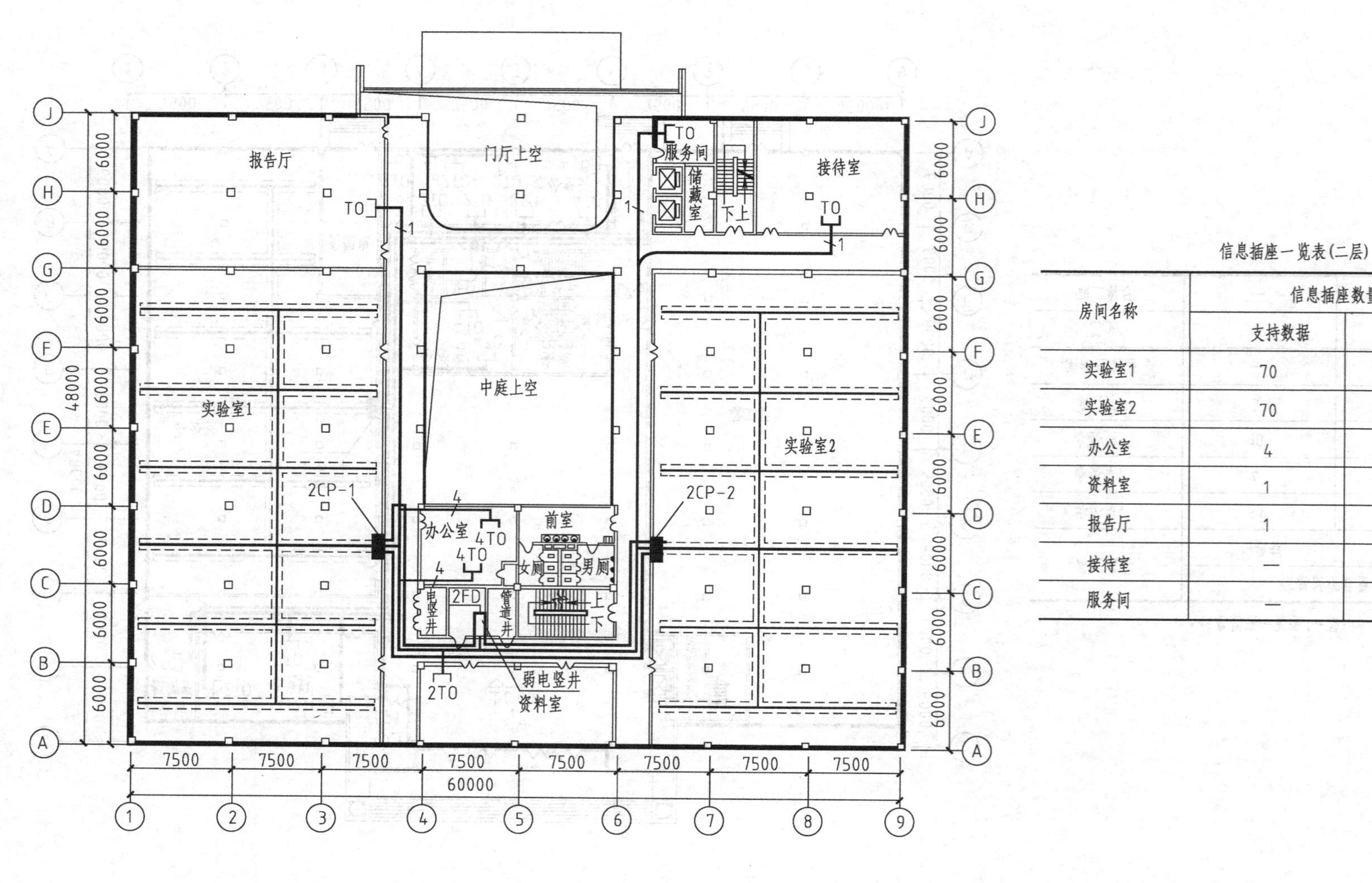

图 13-16　科研综合楼二层综合布线平面图

信息插座一览表(二层)

房间名称	信息插座数量/个	
	支持数据	支持语音
实验室1	70	70
实验室2	70	70
办公室	4	4
资料室	1	1
报告厅	1	—
接待室	—	1
服务间	—	1

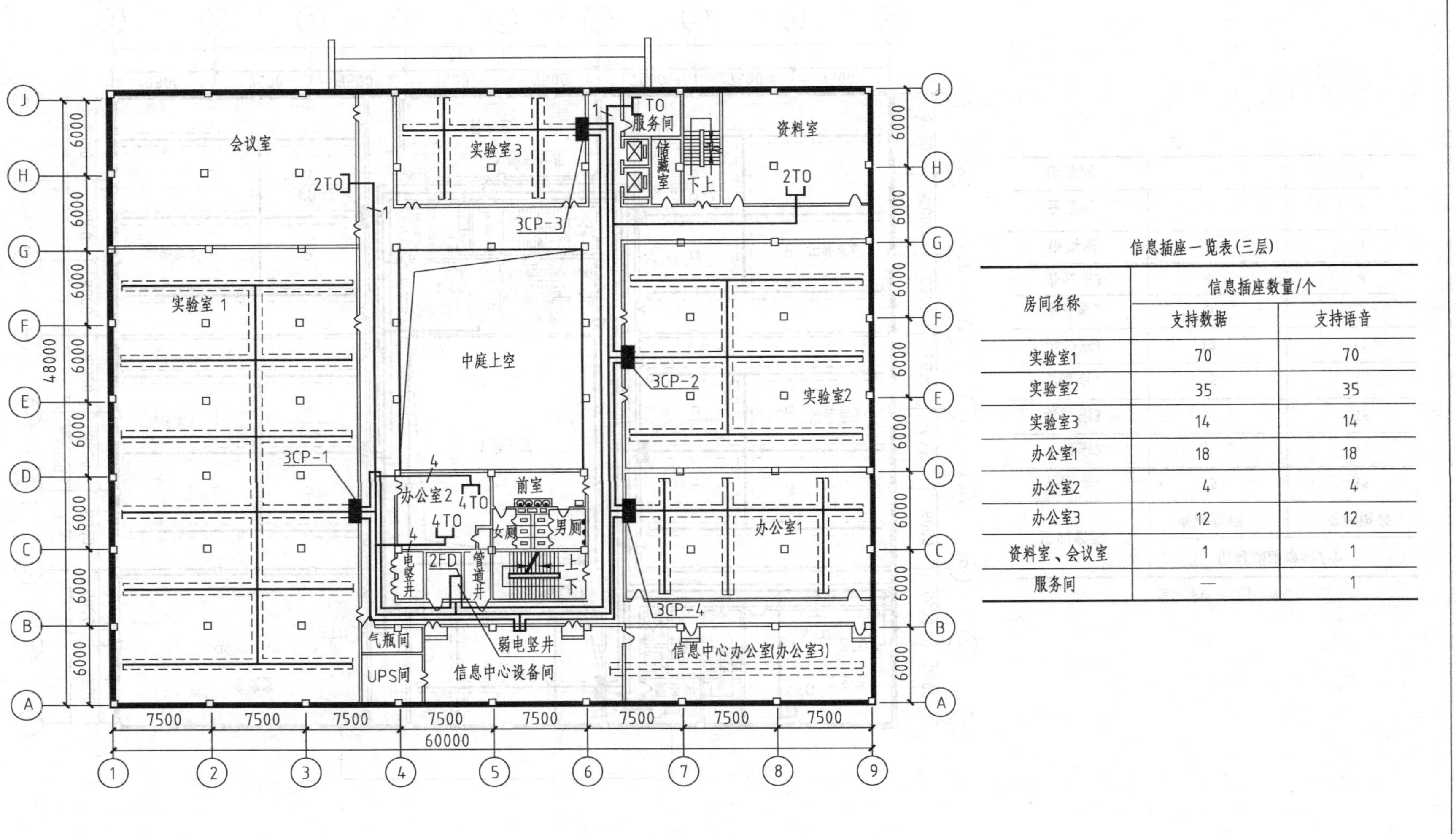

信息插座一览表(三层)

房间名称	信息插座数量/个	
	支持数据	支持语音
实验室1	70	70
实验室2	35	35
实验室3	14	14
办公室1	18	18
办公室2	4	4
办公室3	12	12
资料室、会议室	1	1
服务间	—	1

图 13-17　科研综合楼三层综合布线平面图

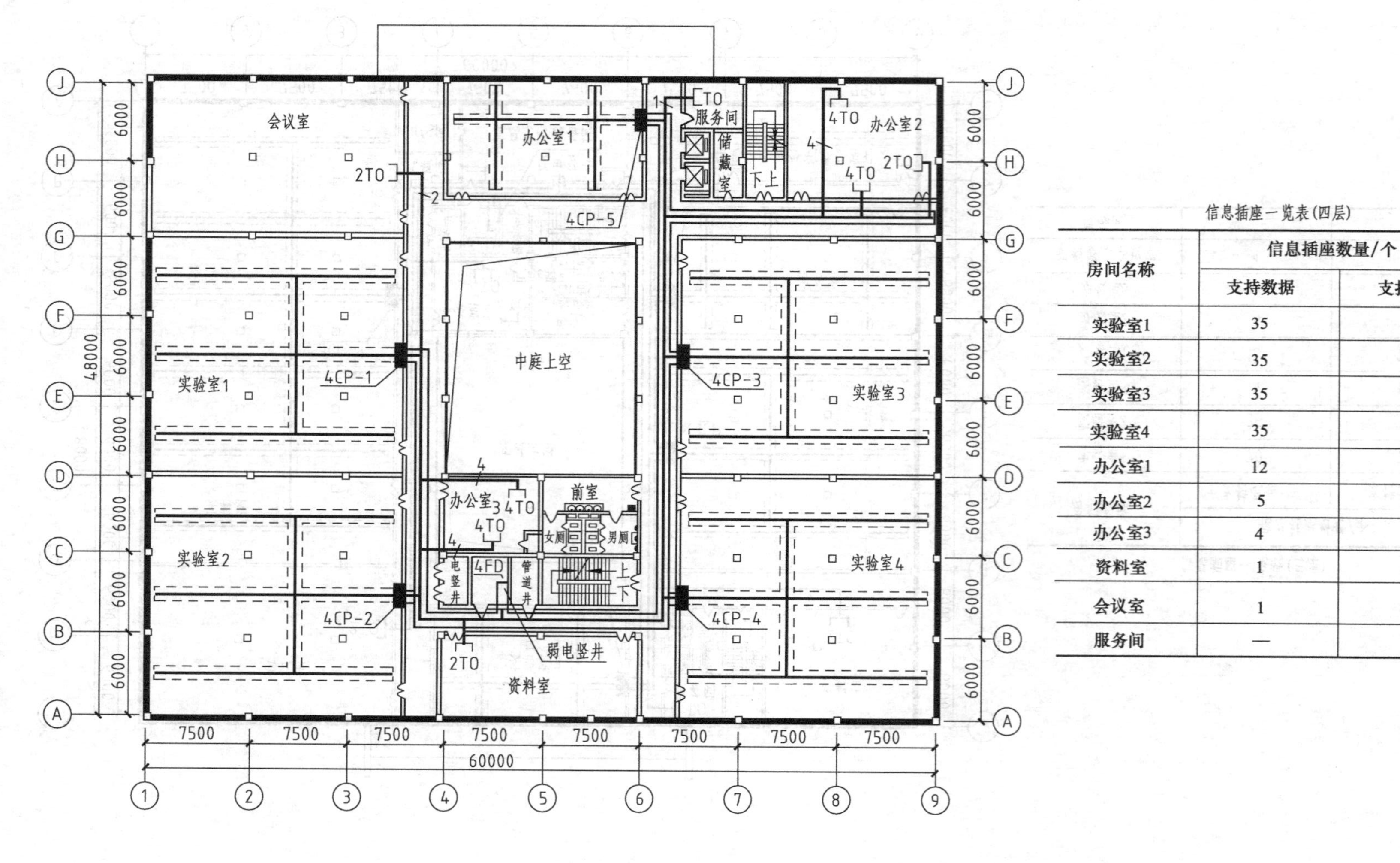

信息插座一览表(四层)

房间名称	信息插座数量/个	
	支持数据	支持语音
实验室1	35	35
实验室2	35	35
实验室3	35	35
实验室4	35	35
办公室1	12	12
办公室2	5	5
办公室3	4	4
资料室	1	1
会议室	1	1
服务间	—	1

图 13-18 科研综合楼四层综合布线平面图

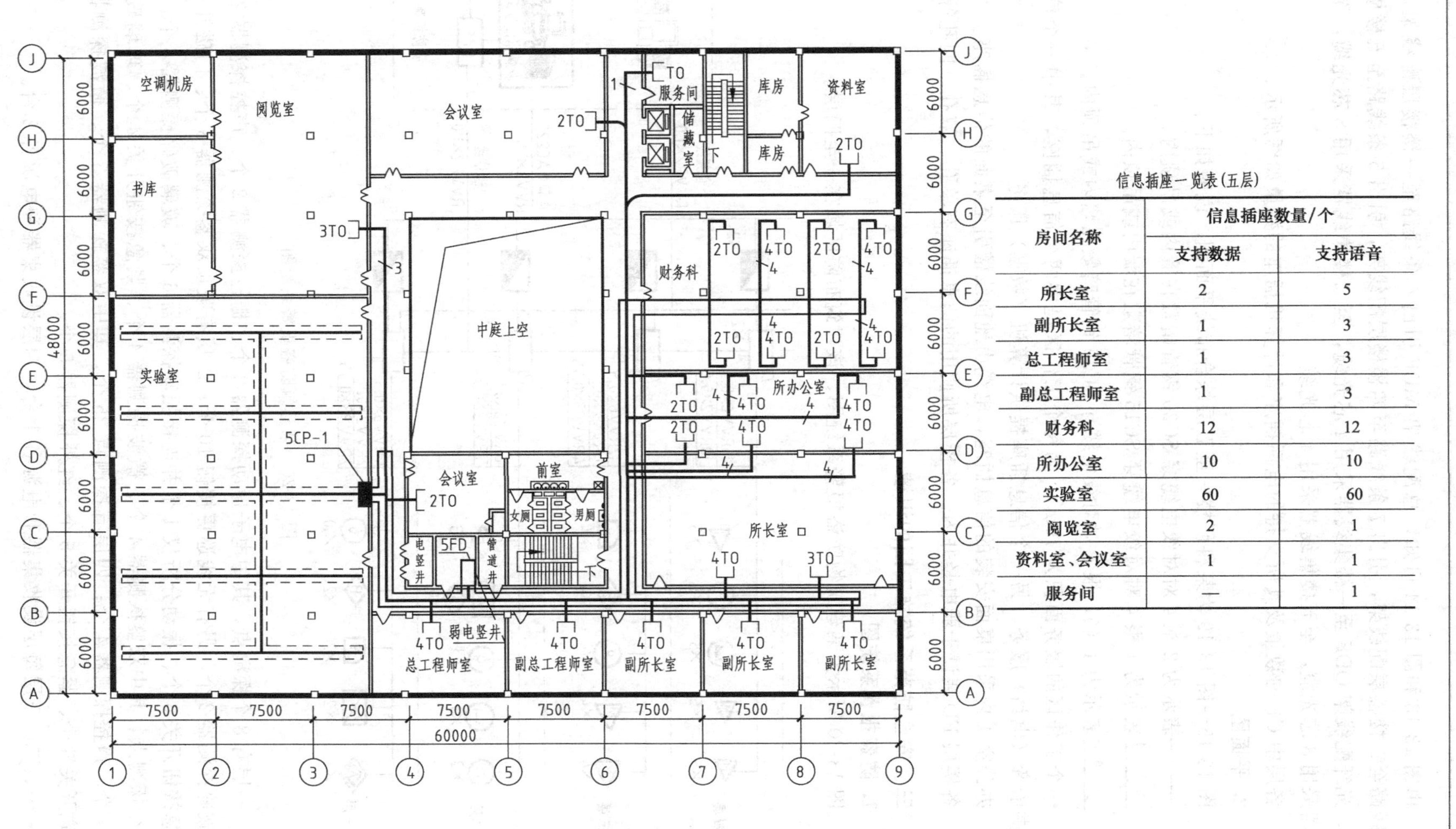

信息插座一览表(五层)

房间名称	信息插座数量/个	
	支持数据	支持语音
所长室	2	5
副所长室	1	3
总工程师室	1	3
副总工程师室	1	3
财务科	12	12
所办公室	10	10
实验室	60	60
阅览室	2	1
资料室、会议室	1	1
服务间	—	1

图 13-19　科研综合楼五层综合布线平面图

由图 13-13 和图 13-14 可知，总配线架 MDF 引出 4 条线路至一楼楼层配线架，引出 6 条线路至二楼楼层配线架，引出 7 条线路至四楼楼层配线架，引出 5 条线路至五楼楼层配线架。光纤配线架 ODF 至一楼集线器采用 4 芯光缆，至二楼集线器采用 8 芯光缆，至四楼集线器采用 8 芯光缆，至五楼集线器采用 4 芯光缆。

各层中 CP 的数量及其所支持的电话插座和计算机插座的数量如图所示。

2. 平面图

图 13-15～图 13-19 为某科研楼一至五层综合布线平面图。说明如下：

———表示为 2 根 4 对对绞电缆穿 SC20 钢管暗敷在墙内或吊顶内。

—/—1 表示为 1 根 4 对对绞电缆穿 SC15 钢管暗敷在墙内或吊顶内。

—/—4(6) 表示为 4（6）根 4 对对绞电缆穿 SC25 钢管暗敷在墙内或吊顶内。

一个工作区的服务面积为 $10m^2$，为每个工作区提供两个信息插座，其中一个信息插座提供语音（电话）服务，另一个信息插座提供计算机（数据）服务。

办公室 1 内采用桌面安装的信息插座，电缆由地面线槽引至桌面的信息插座。

各楼层 FD 装设于弱电竖井内。各楼层所使用的信息插座有单孔、双孔、四孔等几种。

三、安全防范系统施工图的识读

1. 防盗报警系统图

图 13-20 所示为某建筑物防盗报警系统图，该建筑布防区域在一至四层。

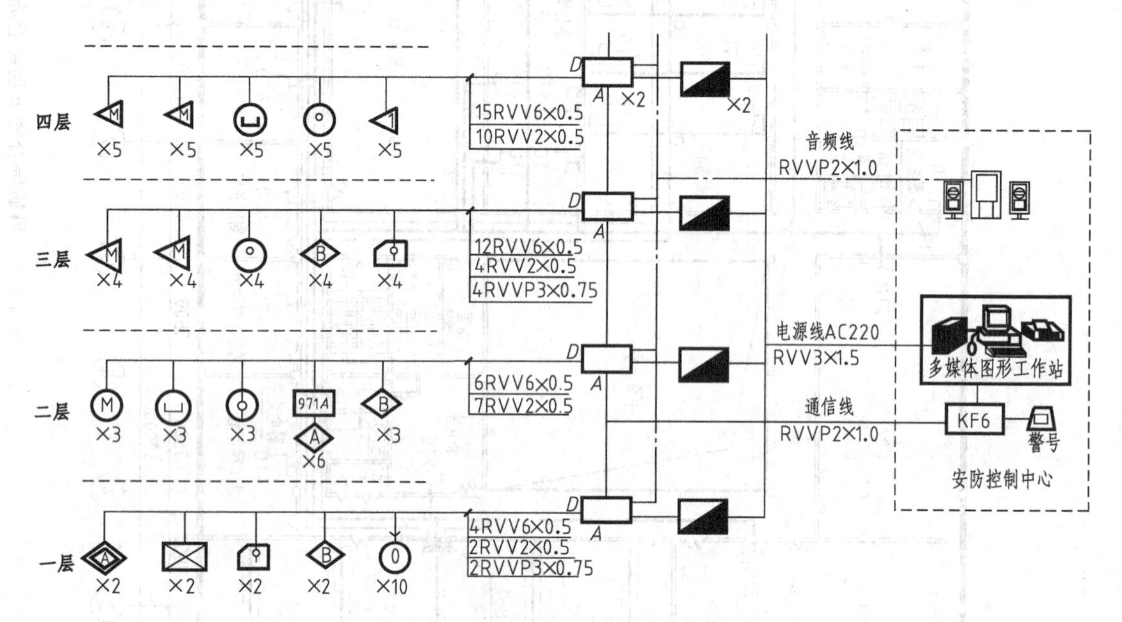

图 13-20 某建筑防盗报警系统图

一层有 8 个探测点，其中电子振动探测器 2 个、栅栏探测器 2 个、声控探测器 2 个、玻璃破碎探测器 2 个，另有无线巡更按钮 10 个；二层有吸顶双鉴探测器 3 个、门磁开关 3 个、紧急按钮开关 3 个、振动分析仪 1 个并连接振动探测器 6 个、玻璃破碎探测器 6 个；三层有 20 个探测点，其中双鉴探测器 4 个、微波探测器 4 个、紧急按钮开关 4 个、玻璃破碎探测器 4 个、声控探测器 4 个；四层有探测点 25 个，其中双鉴探测器 5 个、微波探测器 5 个、门磁开关 5 个、紧急按钮开关 5 个、红外探测器 5 个。

一、二、三层每层设收集器和电源各 1 台，四层设收集器和电源各 2 台。

收集器到双鉴探测器、吸顶双鉴探测器、玻璃破碎探测器、红外探测器、微波探测器、电子振动探测器采用 RVV6×0.5 或 RVV4×0.5 线；到振动探测器、紧急按钮、门磁开关、栅栏探测器采用 RVV2×0.5 线；声控探测器采用 RVVP3×0.75 线；警号采用 RVVP3×0.75 线。

2. 门禁系统图

图 13-21 所示为某建筑物出入口控制系统设备布置图。

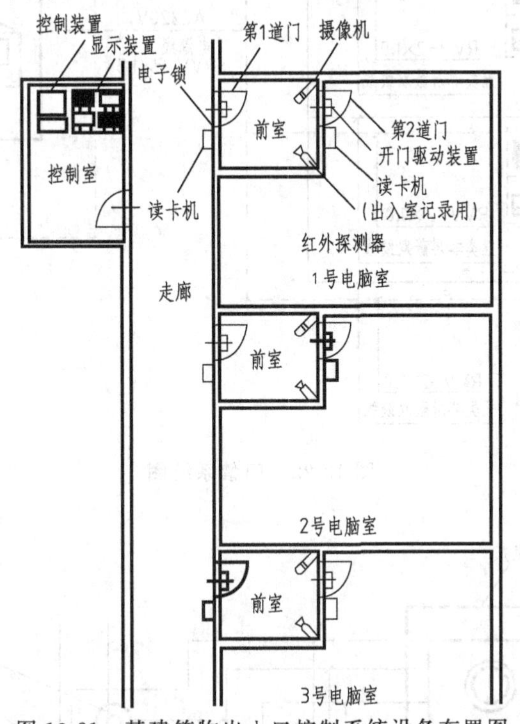

图 13-21 某建筑物出入口控制系统设备布置图

图 13-22 所示为门禁系统图。使用五类非屏蔽双绞线将主控模块连接到各层读卡模块，读卡模块到读卡器、门磁开关、出门按钮、电控锁所用导线如图 13-23 所示。

3. 楼宇可视对讲系统图

图 13-24 所示为某高层住宅可视对讲系统图。由图可知，管理中心通过通信线路 RS-232 与电脑相连，并安装于物业管理办公室内；由此引至楼宇对讲主机 DH-100-C，KVV-ZR-7×1.0-CT 为阻燃铜芯聚氯乙烯绝缘聚氯乙烯护套控制电缆，7 芯，每根芯截面 1.0mm²，电缆桥架敷设，SYV-75-5-1 为实心聚氯乙烯绝缘聚氯乙烯护套射频同轴电缆，特性阻抗 75Ω；再引至各楼层分配器 DJ-X，“300×400”为楼层分配器规格尺寸，RV-2×1.0 为双芯铜芯塑料连线软线，每根芯截面 1.0mm²，穿管径 20mm 的水煤气钢管敷设；然后引至各室内分机，各室内分机接室外门铃。

门口主机和各楼层分配箱由辅助电源供电。门口主机装有电控锁。

二层及以上各层均相同。

楼宇可视对讲系统图

图 13-24 所示为某住宅可视对讲系统图。该建筑为 8 层，为清楚起见只显示两个单元，主要有门口机和户内以及控制线路，此外对小区内的各单元还可通过管理机进行管理，对监控情况可以进行记录打印等。

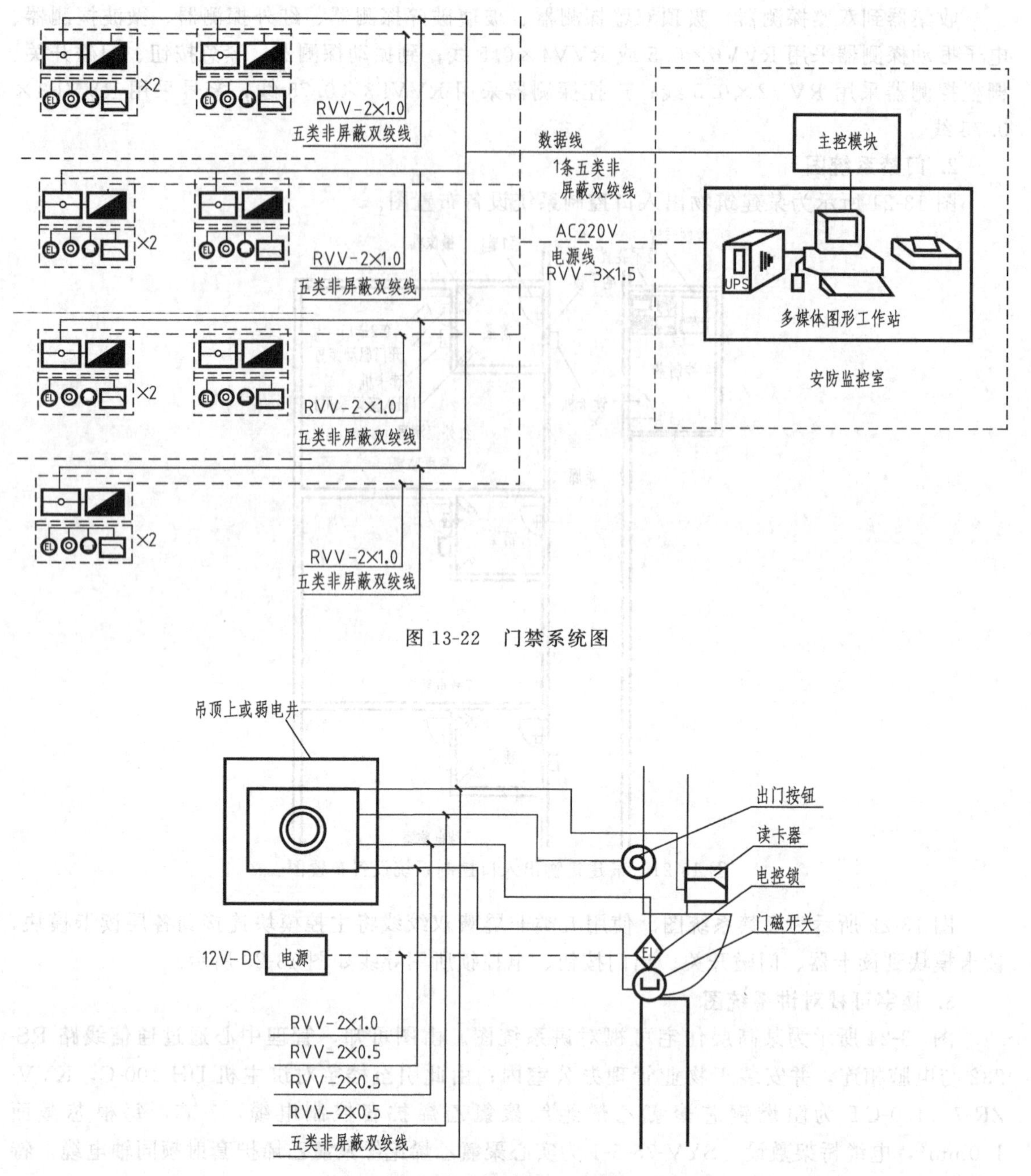

图 13-22 门禁系统图

图 13-23 门禁系统单门模块接线示意图

本楼宇保安对讲系统主要由管理员机、数码式门口机、解码器、系统电源、报警电源、安保型非可视住户话机、报警探头等设备组成。管理员机在保安值班室内安装，用于与来访者或住户双向对讲，接收住户报警信号并进行信号处理及向中央计算机传递。住户话机用于与来访者通话，开启防盗门，可与管理员通话，室内分机上带一路报警。住户话机通常挂墙安装在住户家中，安装高度以距地 1.4～1.5m 为宜。外形简洁、优雅，环境协同性好，接受访客呼叫并监视，遥控开锁可呼叫管理中心并直接通话四路报警防区。

电源线也与信号线配线一致，线长按最高楼层来选择。采用 RVVP-4×0.5＋SYWV-75-5 线材穿 PVC25 沿墙敷设。

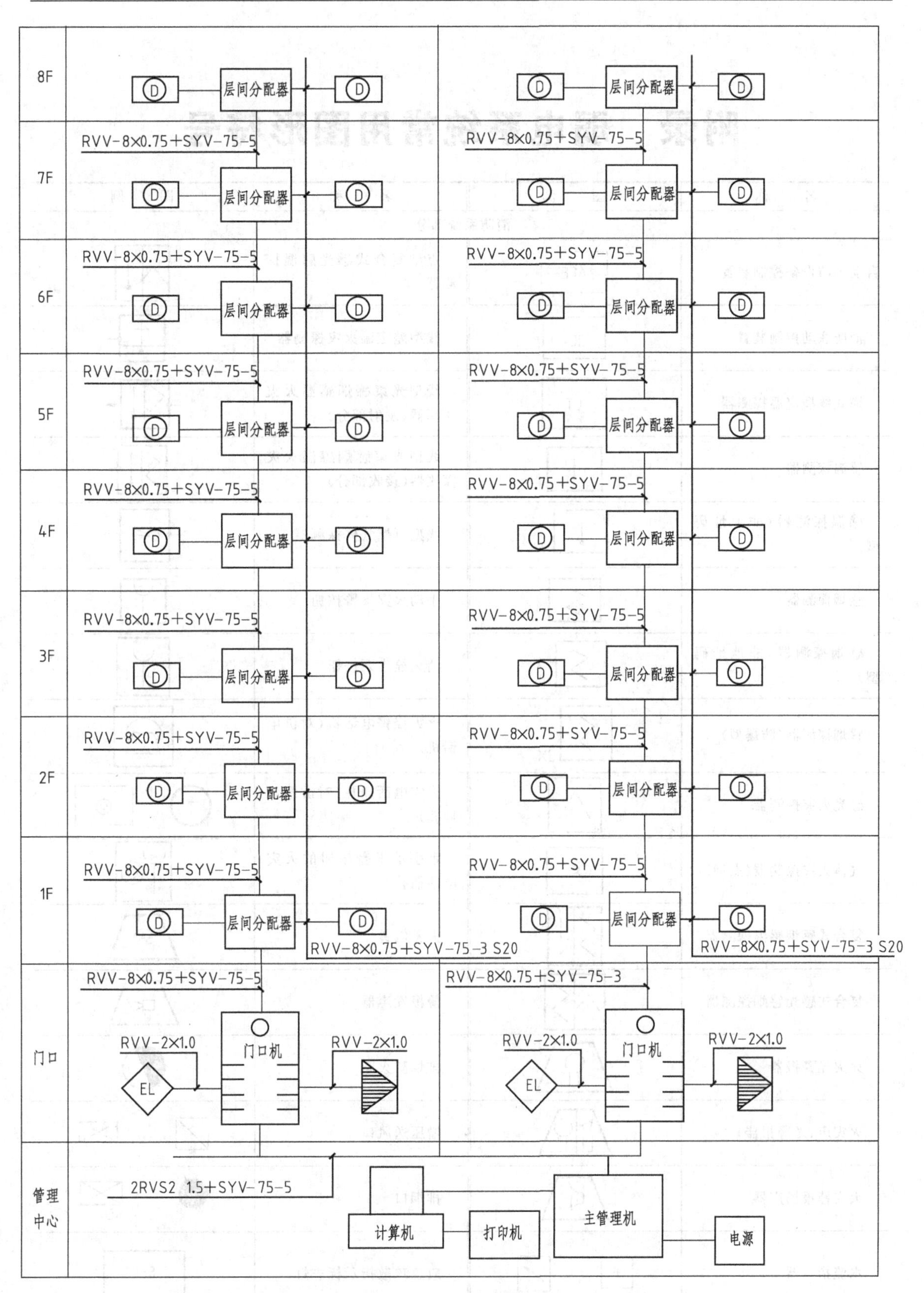

图 13-24　某住宅可视对讲系统图

附录　弱电系统常用图形符号

名　　称	图　　例	名　　称	图　　例
		消防系统部分	
自动消防设备控制装置	AFE	点型复合式感光感温探测器	
消防联动控制装置	IC	线型差定温火灾探测器	
缆式线型定温探测器	CT	线型光束感烟感温火灾探测器(发射部分)	
感温探测器		线型光束感烟感温火灾探测器(接收部分)	
感温探测器(非地址码型)	N	线型可燃气体探测器	
感烟探测器		手动火灾报警按钮	
感烟探测器(非地址码型)	N	消火栓启泵按钮	
感烟探测器(防爆型)	EX	火灾报警电话机(对讲电话机)	
感光火灾探测器		火灾电话插孔(对讲电话插孔)	T
气体火灾探测器(点型)		带手动报警按钮的火灾电话插孔	
复合式感烟感温探测器		火警电铃	
复合式感光感烟探测器		警报发声器	
火灾光警报器		排烟防火阀	
火灾声、光警报器		增压送风口	
火灾警报扬声器		排烟口	SE
水流指示器	F	应急疏散指示标志灯	EEL

续表

名　称	图　例	名　称	图　例
压力开关	P	应急疏散指示标志灯（向右）	EEL
带监视信号的检修阀		应急疏散照明灯	EL
报警阀		消火栓	
防火阀（需表示风管的平面图用）		配电箱（切断非消防电源用）	
防火阀（70℃熔断开关）		电控箱（电梯迫降）	LT
防烟防火阀（24V 控制，70℃熔断开关）	E	紧急启、停按钮	
防火阀（280℃熔断开关）	280	启动钢瓶	
防烟防火阀（24V 控制，280℃熔断开关）	280E	放气指示灯	
排风扇		煤气管道阀门执行器	V
综合布线部分			
自动交换设备		集合点	CP
自动交换设备（可指出设备类型）	*	电话机一般符号	
总配线架	MDF	防爆电话机一般符号	
数字配线架	DDF	对讲机内部电话设备	
光纤配线架	ODF	电话出线座	TP
单频配线架	VDF	分线盒的一般符号	简化形
中间配线架	IDF	室内分线盒	
楼层配线架	FD	室外分线盒	

续表

名称	图例	名称	图例
综合布线配线架(用于概略图)		分线箱的一般符号	简化形
集线器	HUB	壁龛分线箱	简化形 W
架空交接箱		壁龛交接箱	
落地交接箱		光纤配线设备	LIU
电信插座的一般符号		信息插座	TO
信息插座	形式1: nTO 形式2: nTO	光发射机	
传真机的一般符号		光纤或光缆的一般符号	
光接收机		光电转换器	O E
光连接器(插头-插座)		电光转换器	E O
光纤光路中的转换接点		光衰减器	A
安防部分			
防盗探测器		被动红外线探测器	IR
防盗报警控制器		主动红外线探测器	Tx IR Rx
超声波探测器	U	被动红外/微波双鉴探测器	IR/M
微波探测器	M	玻璃破碎探测器	B
振动探测器	V	紧急脚挑开关	

续表

名　　称	图　　例	名　　称	图　　例
门磁开关		紧急按钮开关	
压力垫开关		报警按钮	
出门按钮		遮挡式微波探测器	Tx M Rx
压敏探测器	P	读卡机	
非接触式读卡机		指纹读入机	
报警警铃		报警喇叭	
声光报警器		报警闪灯	
保护巡逻打卡器		保安控制器	
楼宇对讲电控防盗门主机		可视电话机	
对讲电话分机		对讲门口主机	
电控门锁	EL	电磁门锁	ML
可视对讲机		可视对讲户外机	
层接线箱		彩色电视接收机	

参 考 文 献

[1] 孙成明，张万江，马学文. 建筑电气施工图识读 [M]. 北京：化学工业出版社，2009.
[2] 张玉萍. 建筑弱电工程读图识图与安装 [M]. 北京：中国建材工业出版社，2009.
[3] 侯志伟. 建筑电气识图与工程实例 [M]. 北京：中国电力出版社，2007.
[4] 杨光臣. 建筑电气工程识图与绘制 [M]. 北京：中国建筑工业出版社，2001.
[5] 杨光臣，杨波等. 怎样阅读建筑电气与智能建筑工程施工图. 北京：中国电力出版社，2007.
[6] 朱栋华. 建筑电气工程图识图方法与实例 [M]. 北京：中国水利电力出版社，2005.
[7] 魏艳萍. 建筑制图与阴影透视 [M]. 北京：中国电力出版社，2003.
[8] 焦鹏寿. 建筑制图 [M]. 北京：中国电力出版社，2003.
[9] 林晓新. 工程制图 [M]. 北京：机械工业出版社，2001.
[10] 颜金樵. 工程制图 [M]. 北京：高等教育出版社，1991.